U0322165

建筑装饰工程概预算

（第2版）

主　编　侯小霞　王永利　夏莉莉

副主编　杨　婷　李昊鹏

北京理工大学出版社
BEIJING INSTITUTE OF TECHNOLOGY PRESS

内 容 提 要

本书第2版根据高等院校人才培养目标以及专业教学改革的需要，结合《建设工程工程量清单计价规范》（GB 50500—2013）、《房屋建筑与装饰工程工程量计算规范》（GB 50854—2013）及建筑工程概预算编审规程进行编写。全书共分10章，主要内容包括：绪论、建设工程概预算概述、建筑装饰工程定额、建设工程项目费用、建筑装饰工程工程量计算、建筑装饰工程材料用量计算、建筑装饰投资估算编制、建筑装饰设计概算编制、建筑装饰施工图预算编制、建筑装饰工程结算与竣工决算、工程量清单及其计价等，同时，书后附有装饰工程工程量清单前九位全国统一编码。

本书可作为高等院校建筑装饰工程技术、工程造价、工程管理等专业的教材，也可供工程技术、造价、咨询、监理等从业人员学习和参考。

版权专有 侵权必究

图书在版编目（CIP）数据

建筑装饰工程概预算 / 侯小霞，王永利，夏莉莉主编. —2版. —北京：北京理工大学出版社，2014.2（2018.8重印）

ISBN 978-7-5640-8831-6

Ⅰ.①建… Ⅱ.①侯… ②王… ③夏… Ⅲ.①建筑装饰－建筑概算定额－高等学校－教材 ②建筑装饰－建筑预算定额－高等学校－教材 Ⅳ.①TU723.3

中国版本图书馆CIP数据核字（2014）第018307号

出版发行 / 北京理工大学出版社有限责任公司
社　　址 / 北京市海淀区中关村南大街5号
邮　　编 / 100081
电　　话 / （010）68914775（总编室）
　　　　　（010）82562903（教材售后服务热线）
　　　　　（010）68948351（其他图书服务热线）
网　　址 / http://www.bitpress.com.cn
经　　销 / 全国各地新华书店
印　　刷 / 北京紫瑞利印刷有限公司
开　　本 / 787毫米×1092毫米　1/16
印　　张 / 19
字　　数 / 462千字
版　　次 / 2014年2月第2版　2018年8月第12次印刷
定　　价 / 52.00元

责任编辑 / 王玲玲
文案编辑 / 王玲玲
责任校对 / 周瑞红
责任印制 / 边心超

第2版前言

随着我国工程建设市场的快速发展，以及招标投标制、合同制的逐步推行，工程造价计价依据的改革正不断深化，工程造价管理改革也日渐加深，工程造价管理制度日益完善，市场竞争也日趋激烈，特别是《建设项目施工图预算编审规程》（CECA/GC 5—2010）、《建设项目工程结算编审规程》（CECA/GC 3—2010）、《建设工程工程量清单计价规范》（GB 50500—2013）及《房屋建筑与装饰工程工程量计算规范》（GB 50854—2013）等9个工程量计算规范的颁布实施，对做好建设工程概预算编制与管理工作提出了更高的要求。对于《建筑装饰工程概预算》一书来说，其中部分内容已不符合当前装饰装修工程概预算编制与管理工作实际，已不能满足高等院校教学工作的需要。

《建筑装饰工程概预算》一书自出版发行以来，经有关院校教学使用，深受广大师生的喜爱，编者倍感荣幸。它对广大学生从理论上掌握装饰装修工程概预算的编制原理，从实践上掌握装饰装修工程概预算的编制方法提供了力所能及的帮助。为使《建筑装饰工程概预算》一书的内容更好地符合装饰装修工作实际，帮助广大高等院校相关专业师生更好地理解2013版清单计价规范及现行建设工程概预算编审的内容，掌握建标〔2013〕44号文件的精神，根据各院校使用者的建议，结合近年来高等教育教学改革的动态，我们对第1版的相关内容进行了修订。本次修订主要进行了以下工作：

（1）严格按照《建设工程工程量清单计价规范》（GB 50500—2013）和《房屋建筑与装饰工程工程量计算规范》（GB 50854—2013）的内容，以及建标〔2013〕44号文件进行，修订后的教材更符合装饰装修概预算编制工作实际，更好地满足了当前高等院校教学工作的需要，帮助学生进一步了解定额计价与工程量清单计价的区别与联系。

（2）修订时进一步强化了实用性，集概预算编制理论与编制技能于一体，对部分内容进一步进行了丰富与完善，对知识体系进行除旧布新，便于学生更形象、直观地掌握装饰装修工程概预算编制的方法与技巧。

（3）依据《房屋建筑与装饰工程工程量计算规范》（GB 50854—2013），对已发生了变动的装饰工程工程量清单项目，重新组织相关内容进行了介绍，并对照新版规范修改了其计量单位、工程量计算规则和工作内容。本次修订还增加了拆除工程工程量计算以及措施项目费用计算等内容。

（4）修订时还对装饰装修工程概预算工作中具有较强实用价值的内容进行了必要补充，如对装饰装修工程材料用量计算的相关内容进行了补充等。

（5）对各章节的学习重点、培养目标、本章小结进行了修订，在修订中对各章节知识体系进行了深入的思考，并联系实际进行知识点的总结与概括，使该部分内容更具有指导性与实用性，便于学生学习和思考。

本书由侯小霞、王永利、夏莉莉担任主编，杨婷、李昊鹏担任副主编。

本书在修订过程中，参阅了国内同行多部著作，部分高等院校老师提出了很多宝贵意见供我们参考，在此表示衷心的感谢！对于参与本书第1版编写但未参加本次修订的老师、专家和学者，本书所有编写人员向你们表示敬意，感谢你们对高等教育改革所做出的不懈努力，希望你们对本书保持持续关注并多提宝贵意见。

本书虽经反复讨论修改，但限于编者的学识和专业水平及实践经验，修订后的教材仍难免有疏漏或不妥之处，恳请广大读者指正。

编　者

第1版前言

建筑装饰装修行业的迅速发展，极大地改变了我国建筑装饰装修面貌，推进了我国建筑装饰装修技术的进步；建筑装饰装修不仅广泛应用于宾馆、酒店、银行、写字楼、政府部门办公大楼，以及车站、码头、候机楼、休闲场所等领域，而且已普遍进入寻常百姓家。

建筑装饰工程造价是根据设计图纸所规定的工程数量及其相应的劳动力、材料和机械台班消耗量进行编制的，主要用于确定整个建筑装饰工程所需的资金额度。建筑装饰工程费用是建筑工程造价的重要组成部分，也是建设项目总费用的一部分。认真开展建筑装饰工程的技术经济分析与概预算工作，是合理筹措、节约和控制建筑装饰工程投资，提高项目投资效率的重要手段和必然选择。随着各类建筑装饰装修档次的不断提高，装饰工程费用在整个建筑工程造价中所占的比重也在不断增长，普通建筑装饰工程费用占工程总造价的30%～50%，较高档次的建筑装饰工程费用甚至超过了总造价的50%。因此，合理、准确地确定建筑装饰工程造价，是工程造价管理部门和工程造价计价人员的一项重要任务。

"建筑装饰工程概预算"是高等院校工程管理相关专业学习工程造价的核心课程，本课程要解决的主要问题是使学生从理论上掌握建筑装饰工程概预算的编制原理，从实践中掌握建筑装饰工程概预算的编制方法。

本教材由侯小霞、刘芳任主编，杨婷、杜宏任副主编。全书以满足高等院校土建学科相关专业教学要求为目标，本着"必需、够用"的原则，以"讲清概念、强化应用"为主旨进行编写，重点阐述了建筑装饰工程概预算的基础知识和编制方法。本教材共分为8章，主要包括建筑装饰工程定额、建筑装饰工程工程量计算、建筑装饰工程费用、建筑装饰工程投资估算、建筑装饰工程设计概算、建筑装饰工程施工图预算、建筑装饰工程结算与竣工决算、建筑装饰工程工程量清单计价等内容。

为方便教学，本教材在各章前面设置了【学习重点】和【培养目标】，给学生的学习和老师的教学做出了引导；在各章后面设置了【本章小结】和【思考与练习】，从更深的层次给学生以思考和复习的提示，从而构建了一个"引导—学习—总结—练习"的教学全过程，目的是培养学生综合运用理论知识解决实际问题的能力，提高实际工作技能，从而满足企业用人的需要。

本教材可作为高等院校工程管理相关专业的教材，也可作为工程造价人员的培训教材和相关工程技术管理人员的自学用书。本教材在编写过程中，参阅了国内同行多部著作，部分高等院校老师对教材的编写提出了很多宝贵意见和建议，在此表示衷心的感谢！

本教材的编写虽经推敲核证，但限于编者的专业水平和实践经验，仍难免有疏漏或不妥之处，恳请广大读者批评指正。

编　者

目 录

绪　　论

一、建筑装饰工程的作用、分类及特点

(一)建筑装饰工程的作用

建筑装饰工程是建筑工程的重要组成部分,它是在已经建立起来的建筑实体上进行装饰的工程,包括建筑内外装饰和相应的设施。归纳起来,建筑装饰工程具有以下主要作用:

(1)保护建筑主体结构。通过建筑装饰,使建筑物主体不受风雨和有害气体的侵蚀。

(2)保证建筑物的使用功能。这里是指建筑装饰应满足建筑物在灯光、卫生、隔声等方面的要求。

(3)强化建筑物的空间序列。对公共娱乐设施、商场、写字楼等建筑物的内部进行合理布局和分隔,可以满足这些建筑物在使用上的各种要求。

(4)强化建筑物的意境和气氛。通过建筑装饰,对室内外的环境进行再创造,从而使居住者或使用者获得精神享受。

(5)起到装饰性作用。通过建筑装饰,可达到美化建筑物和周围环境的目的。

(二)建筑装饰工程的分类

通常情况下,建筑装饰工程按建筑物的使用功能分为下述 11 类:

(1)酒店、宾馆、饭店、度假村装饰工程;

(2)展览馆、图书馆、博物馆装饰工程;

(3)商场、购物中心、店铺装饰工程;

(4)银行营业大厅、证券交易所装饰工程;

(5)办公楼、写字楼装饰工程;

(6)歌剧院、戏院、电影院装饰工程;

(7)歌舞厅、卡拉 OK 厅装饰工程;

(8)高级公寓、高层商住楼装饰工程;

(9)厨房厨具工程;

(10)园林雕塑工程;

(11)其他建筑装饰工程。

(三)建筑装饰工程的特点

1. 固定性

与一般工业生产相比较,虽然建筑装饰工程也是把资源投入产品的生产过程,其生产上的阶段性和连续性,组织上的专业化、协作和联合化,是和工业产品的生产相一致的,但是,其实施却有着自身一系列的技术经济特点。这些特点首先表现为建筑装饰产品的固定性。这是由于建筑装饰工程是在已经建立起来的建筑实体上进行的,而建筑实体在一个

地方建造后便不能移动，只能在建造的地方供人们长期使用，因此建筑装饰工程也只能在固定的地方进行。与一般工业生产中生产者和生产设备固定不动、产品在流水线上流动不同，建筑装饰的产品本身是固定的，生产者和生产设备必须不断地在建筑物不同部位上流动。这就决定了建筑装饰施工的流动性。

2．多样性

建筑装饰产品的另一个显著特点是其多样性。在一般工业生产部门，如机械工业、化学工业、电子工业等，生产的产品数量很大，而产品本身都是标准的同一产品，其规格相同、加工制造的过程也是相同的，按照同一设计图纸反复地连续进行批量生产；建筑装饰产品则不同，根据不同的用途，不同的自然环境、人文历史，不同的审美情趣、建造风格、造型、材料以及工艺各异的装饰作品、构配件等，从而表现出装饰产品的多样性。每一个建筑装饰产品都需要一套单独的设计图纸，而在施工时，根据特定的自然条件、工艺要求，采用相应的施工方法和施工组织。即使采用相同造型、相同材质的设计，因为各地自然条件、材料资源的不同，施工时往往也需要采用不同的构造处理、不同的材料配比等，使之与特定自然条件和材料特性等相适应，从而保证产品质量。这使得装饰产品具有明显的多样性。

3．体积庞大性

体积庞大是建筑装饰产品的另一个特点。由于建筑装饰产品的体积庞大，占用空间多，因而建筑装饰特别是建筑外装饰施工不得不在露天进行，即使是室内装饰施工，由于其作业的特点(如湿作业多，涂料施工、胶粘需要一定的温度、湿度条件等)，所以其受自然气候条件影响很大。

4．造价差异性

建筑装饰的流动性使得不同的建筑装饰产品具有不同的工程条件，因而在工程造价上亦有很大差异；建筑装饰产品的多样性决定了建筑装饰产品的个体性，这种个体性使不同的建筑装饰产品的费用也不同；此外，建筑装饰产品体积庞大及装饰施工作业的特点决定了建筑装饰受自然气候条件的影响很大，因而自然气候条件差异也使得不同的建筑装饰产品造价不同。

二、我国建筑装饰行业的现状和发展

(一)我国建筑装饰行业的现状

1．规模和总量

据中国建筑装饰协会的调查研究，我国建筑装饰业的规模大体如下：

全国共有建筑装饰企业 25 万余家，其中主营建筑装饰、具有国家建设主管部门审发的资质等级企业 2 万余家；兼营建筑装饰的如土建公司、安装公司、园林公司等，具有国家建设主管部门审发的资质等级企业约 5 万家；有营业执照，但由于规模小，未取得国家资质等级的企业约 18 万家，主要从事住宅装饰装修工程。全国建筑装饰行业施工队伍 850 多万人，其中工程技术人员超过 50 万人，吸纳农村剩余劳动力近 700 万人。因建筑装饰业的发展，建筑装饰材料生产、流通就业人数 500 多万人，从事建筑装饰业的有 1 400 多万人。全国建筑装饰行业完成年工程产值约 5 500 亿元，实现建筑业增加值近 1 700 亿元，约占国内生产总值(GDP)的 6.2％。根据国家的产业政策，国有资产正逐步退出建筑装饰行业，目前国有企业在建筑装饰企业总数中不足 1％，民营企业、合资企业占绝大多数。

2. 目前存在的主要问题

目前，我国建筑装饰行业虽然取得了长足的进步，为国民经济和社会进步做出了突出的贡献，但在发展中也存在着很多问题，归结起来，主要表现在以下几个方面：

(1)企业数量过多，供大于求，市场竞争残酷。我国现有企业数量及工程承接能力总量与工程年需求量相比已经供大于求，但仍有新的装饰工程企业在不断成立，建筑装饰施工企业数量还在增加，供求关系的严重失衡使工程的承揽更为困难。由于供大于求，企业生存极为困难，很多企业长时间承接不到工程。行业内特别是住宅装饰企业中，大量的广告充斥各种新闻媒体，以此承揽工程，形成广告大战。企业间的杀价竞争现象十分严重，整个行业已经到了微利的状态，有些工程甚至出现了因报价过低而亏损。企业承接任务不足，创利能力下降，自我积累、自我完善的条件差，严重影响了企业及行业的发展。

(2)企业规模过小，抗风险能力弱。我国建筑装饰行业内的企业规模普遍很小，企业的资金、人力、技术实力差，工程的承接能力普遍不足，很难抵御市场风险。材料生产企业的规范、设备水平、产品的质量同国际水平有较大差距，市场占有率普遍较低。到目前为止，我国尚无在国际上占有一席之地的建筑装饰行业旗舰式企业，即使是国内知名企业，其年产值同国际大公司年产值的数百亿美元相比，差距达数百倍，根本不在一个等级上。

(3)专业化程度低，竞争平台单一，价格竞争是主要形式。这是我国建筑装饰行业的一个大问题，行业内企业普遍都是什么都能干，但什么也干不好、干不精，专业化水平很低，企业没有自己的经营特色，没有自己的专利技术，不能形成自己的核心竞争力，形成了行业内企业不分层次的竞争。不论是什么类型的工程，都有一大批企业参与投标，而鲜有企业能够以自己独特的专业水准，针对工程的专业化设计与施工组织方案参与投标。众多企业挤在同一平台上竞争，其结果只能是价格的竞争和非商业手段的操作，从而造成企业自我积累能力和创利能力的下降，也影响到市场的规范化发展。

(4)技术开发滞后，自主的新材料、新工艺、新技术研制和推广能力差。我国建筑装饰行业的技术进步，主要依靠国外技术的引进，对外依赖性极强，而由我国企业自主开发、研制的新材料、新产品、新技术及新工艺很少，企业在科技方面的投入少，资金、研发力量不足。无论是施工企业还是材料生产企业，都没有自己的技术储备，给行业的持续发展造成了很大的障碍。特别是在新技术的推广上，市场信息不灵，推广力度不足，使工程质量水平受到了一定的影响，企业的项目创利能力很弱。

(5)对国际市场缺乏认识，对加入 WTO 后的新形势很难适应。由于长期习惯纵向的比较，企业看到的往往是发展和成绩，而不重视横向的比较，去发现差距和不足。面对加入WTO 后我国建筑装饰行业市场的国际化，行业内普遍对国际大公司了解不足，对国际市场的认识不够，对国际运作惯例和规则认识不清，对所面临的压力准备不充分，没有把企业放在国际市场的大环境下进行分析、研究，因而也就不能很好地摆正自己的位置，调整好企业发展战略。

(二)我国建筑装饰行业未来的发展趋势

1. 国际化、多元化的发展趋势

随着我国市场与国际接轨，建筑装饰市场的各方面都呈现出了国际化、多元化的变化趋势，在行业内的表现有以下四个方面：

(1)工程业主的国际化和多元化。无论是公共建筑还是住宅的装饰工程，越来越多的投资来源于国际资本，这种变化速度会随着我国在国际上经济、政治地位的提高和交往的增加而加快。

(2)设计、施工的国际化。大量的国际工程公司进入中国建筑装饰市场，给中国企业造成了压力，这种变化更多地表现为大量合资企业在市场承接工程。现在大城市中的大型标志性建筑，外国设计占了相当大的比重。

(3)材料生产的国际化。面对中国巨大的装饰材料市场，大量国际资本在我国投资建厂，生产新型的建筑装饰材料。这部分材料在技术质量和环保质量方面都优于国内企业生产的材料，因此，具有极强的竞争力和较高的市场占有率，给国内市场中国产材料的生产商带来了极大的压力。

(4)材料营销的国际化。一批国际上有很高知名度的材料经销商进驻我国装饰材料市场。例如英国的百安居、德国的欧贝德等，已经在中国市场上广泛布点，开展业务活动。

2. 科学技术的发展将引发建筑装饰行业的技术革新和技术革命

随着社会科学技术的进步，不断有新的科研成果转化成建筑装饰材料，不断有新的施工机具和施工技术进入建筑装饰行业，使建筑装饰行业在材料生产、工程设计、施工技术等方面发生重大变化，引发建筑装饰行业的技术革新和技术革命。根据建筑装饰行业发展和国家可持续发展战略目标的要求，建筑物的装饰装修的内容也会发生变化，智能化、自动化、节能化等将成为发展重点。在国家相关法规、标准的推动下，通过全行业的努力，在技术发展中取得更多、更新的成果，形成有我国企业自主知识产权的核心竞争能力，在建筑装饰技术市场具有竞争优势，减少对外的技术依赖，实现行业可持续发展目标，将会成为今后行业发展的重点。

3. 科学化企业管理和项目管理的发展趋势

随着我国建筑装饰市场与国际市场的接轨，我国企业的管理水平也要不断提高，其中最为突出的是工程项目的管理要与国际管理对接。无论是在工程项目承揽的招、投标过程，还是在工程施工中的商务洽谈和施工组织，以至工程的竣工验收和后期服务，都要按国际工程项目运作惯例进行。由于项目是企业管理水平及创造利润的载体，与国际接轨就会迫使我国企业改变企业管理及项目管理的现状，通过国际通行的认证手段，对企业管理进行改革，以提升管理水平，增强项目的创利能力，这也将成为今后行业发展中一项很重要的内容。

4. 重视环保与健康的发展趋势

在全球范围重视生态、注重环境保护的大背景下，我国社会对环保与健康的重视程度也在不断提高。建筑装饰行业作为环保改造的重点行业，近几年已经有了很大的变化，无论是在法制建设还是市场管理方面，都取得了很大的成绩，但距离发达国家还有一定的差距。随着我国社会环境保护意识的加强以及人们对自然关注程度的提高，今后市场准入会越来越严格、越来越接近国际先进水平，这就要求企业在装饰工程设计、材料生产以及施工组织过程中，全面树立环保意识，增加环保改造的投入。只有全面提升我国建筑装饰行业的环保水平，才能在未来的市场中站稳脚跟并取得长久发展。

5. 市场进一步细分化的趋势

市场进一步细分化是专业化的必然结果。要改变我国市场竞争平台狭小的局面，就要走专业化分工的道路，使企业在专业领域做专、做尖、做精，逐渐在各个细分市场上形成有独特经营特点的经营管理和市场运作方式，形成各个市场中的名牌。当前工业装饰市场与住宅装饰市场已经区分得十分明显，今后在工业装饰市场中，还会形成医疗机构、宾馆饭店、写字楼、商业设施、交通设施等细分市场中的装饰工程企业，只有在专业化程度不断提高的条件下，才能使企业在专业领域研究深、研究透，并不断创造出新的技术与经济业绩，才能在细分市场质量不断提高中，提高我国建筑装饰行业的整体水平。

6. 企业间的联合与重组趋势

要改变目前我国企业竞争实力弱的局面，就要进行企业间的联合重组，使资源得到优化配置，形成地区乃至全国的行业旗舰式企业，真正做到做大、做强，具有企业的品牌和优势，能够参与国际竞争，在国内、国际市场上都占有一席之地。在企业的联合重组过程中，必然会伴随着企业体制与机制的变化，要按照现代企业制度的要求，建立起符合国际化市场要求，能够促进企业生存与发展的管理模式。这些对当前行业内企业管理者的知识水平、事业心水平、道德水平和管理水平也形成了考验。

三、建筑装饰工程概预算课程的研究对象及任务

物质资料的生产是人类赖以生存、延续和发展的基础，而物质生产活动都必须消耗一定数量的活劳动与物化劳动，这是任何社会都必须遵循的一般规律。建筑装饰工程建设是一项重要的社会物质生产活动，其中也必然要消耗一定数量的活劳动与物化劳动，而反映这种建筑装饰产品的实物形态在其建造过程中投入与产出之间的数量关系以及建筑装饰产品在价值规律下的价格构成因素，即是本课程的研究对象。

1. 建筑装饰工程概预算定额

建筑装饰工程概预算定额，研究的是建筑装饰产品在其建造过程中所必须消耗的人工、材料、机械台班与建筑装饰产品之间的数量关系。

建筑企业是社会物质资料生产的重要部门之一，同所有产品生产一样，建筑装饰产品的生产，同样也要遵循活劳动与物化劳动消耗的一般规律，即生产建筑装饰产品时，必然要消耗一定数量的人工、材料和机械台班。那么，完成合格的单位建筑装饰产品究竟应该消耗多少人工、材料和机械台班呢？这主要取决于社会生产力发展水平，同时也要考虑组织因素对生产消耗的影响，也就是说，在一定的生产力水平条件下，完成合格的单位建筑装饰产品与生产消耗(投入)之间，存在着一定的数量关系。如何客观、全面地研究这两者之间的关系，找出它们之间的构成因素和规律性，并采用科学的方法，合理确定完成合格单位建筑装饰产品所需活劳动与物化劳动的消耗标准，并用定量的形式表示出来，就是建筑装饰工程概预算定额研究的对象。

在建筑装饰产品生产过程中，企业如何正确地执行和运用建筑装饰工程概预算定额这一标准消耗额度，有效地控制和减少各种消耗，降低工程成本，取得最好的经济效果，就是研究建筑装饰工程概预算定额所要完成的主要任务。

2. 建筑装饰工程造价

工程造价即工程的建造价格。工程泛指一切建设工程，它的范围和内涵具有很大的不

确定性。工程造价有如下两种含义。

第一种含义是指建设一项工程预期开支或实际开支的全部固定资产投资费用。显然，这一含义是从投资者——业主的角度来定义的。投资者选定一个投资项目，为了获得预期的效益，就要通过项目评估进行决策，然后进行设计招标、工程招标，直至竣工验收等一系列投资管理活动。在投资活动中所支付的全部费用形成了固定资产和无形资产。所有这些开支就构成了工程造价。从这个意义上说，工程造价就是工程投资费用，建设项目工程造价就是建设项目固定资产投资。

第二种含义是指工程价格。即为建成一项工程，预计或实际在土地市场、设备市场、技术劳务市场以及承包市场等交易活动中所形成的建筑安装工程的价格和建设工程的总价格。

显然，工程造价的第二种含义是以社会主义商品经济和市场经济为前提的。它以工程这种特定的商品形式作为交易对象，通过招标投标或其他交易方式，在进行多次预估的基础上，最终由市场形成的价格。

建筑装饰企业作为一个独立核算的社会物质生产部门，其最终生产成果是指可以交付使用的具有使用价值与价值的建筑装饰产品，因此，它同样具有商品生产的共同特点。建筑装饰产品既然是商品，当然就必须遵循等价交换的原则。按照马克思再生产的原理，建筑装饰工人在生产建筑装饰产品的过程中，在转移价值的同时，也要为社会创造一部分新的价值，即建筑装饰产品的价值应该由"$C+V+m$"组成。其中 C 表示不变成本，V 表示可变成本，m 表示剩余价值。在价值规律的基本原理指导下，按照客观经济规律的要求，研究确定建筑装饰产品价格的构成因素，是建筑装饰工程造价所要研究的对象。如何采用科学的方法，正确计算建筑装饰产品的造价（即价格），就是建筑装饰工程造价所要完成的主要任务。

第一章　建设工程概预算概述

1. 具备基本建设工程项目的划分能力。
2. 能依据建筑装饰工程设计和施工进展的阶段不同，划分建筑装饰工程的概预算。

了解基本建设程序；熟悉概预算的分类与作用；掌握基本建设工程项目的划分。

第一节　基本建设概述

一、基本建设的概念及分类

(一)基本建设的概念

1. 固定资产

固定资产是指在社会再生产过程中，可供较长时间的生产或生活使用，在使用过程中基本保持原有实物形态的劳动资料或其他物质资料。

一般情况下，凡列为固定资产的物资资料，应同时具备以下两个条件：

(1)使用期限在一年以上。

(2)劳动资料的单位价值在规定的限额以上：小型国有企业在 1 000 元以上；中型企业在 1 500 元以上；大型企业在 2 000 元以上。

不同时具备上述两个条件的应列为低值易耗品。

2. 固定资产投资

固定资产投资是以货币形式表现的计划期内建造、购置、安装或更新生产性和非生产性固定资产的工作量。

3. 基本建设

基本建设是指国民经济中的各个部门为了扩大再生产而进行的增加固定资产的建设工作，即把一定的建筑材料、机械设备等，通过购置、建造、安装等一系列活动，转化为固定资产，形成新的生产能力或使用效益的过程。固定资产扩大再生产的新建、扩建、改建、迁建、恢复工程及与此相关的其他工作，如土地征用、房屋拆迁、青苗赔偿、勘察设计、招标投标、工程监理等，也是基本建设的组成部分。因此，基本建设的实质是形成新的固定资产的经济活动。

(二)基本建设项目分类

基本建设是由若干个具体基本建设项目(简称建设项目)组成的。基本建设项目可从不同角度进行分类。

1. 按建设性质划分

(1)新建项目。指从无到有,"平地起家",新开始建设的项目,或在原有建设项目基础上扩大三倍以上规模的建设项目。

(2)扩建项目。指为扩大原有产品生产能力(或效益)或增加新的产品生产能力,而在原有建设项目基础上扩大三倍以内规模的建设项目。

(3)改建项目。指为提高生产效率,改进产品质量,或改变产品方向,对原有设备、工艺流程进行技术改造的项目。

(4)迁建项目。指由于各种原因经上级批准搬迁到另地建设的项目。迁建项目中符合新建、扩建、改建条件的,应分别视为新建、扩建或改建项目。迁建项目不包括留在原址的部分。

(5)恢复项目。指由于自然灾害、战争等原因使原有固定资产全部或部分报废,以后又投资按原有规模重新恢复建设的项目。在恢复的同时进行扩建的,应视为扩建项目。

2. 按建设项目资金来源渠道划分

(1)国家投资项目,是指国家预算计划内直接安排的建设项目。

(2)自筹建设项目,是指国家预算以外的投资项目。自筹建设项目又分地方自筹项目和企业自筹项目。

(3)外资项目,是指由国外资金投资的建设项目。

(4)贷款项目,是指通过向银行贷款的建设项目。

3. 按建设过程划分

(1)生产性项目。指直接用于物质生产或直接为物质生产服务的项目,主要包括工业项目(含矿业)、建筑业和地区资源勘探事业项目、农林水利项目、运输邮电项目、商业和物资供应项目等。

(2)非生产性项目。指直接用于满足人民物质和文化生活需要的项目,主要包括住宅、教育、文化、卫生、体育、社会福利、科学实验研究项目、金融保险项目、公用生活服务事业项目、行政机关和社会团体办公用房等项目。

4. 按建设规模划分

基本建设项目按项目建设总规模或总投资可分为大型项目、中型项目和小型项目三类。习惯上将大型项目和中型项目合称为大中型项目,一般按产品的设计能力或全部投资额来划分。

新建项目按项目的全部设计规模(能力)或所需投资(总概算)计算;扩建项目按扩建新增的设计能力或扩建所需投资(扩建总概算)计算,不包括扩建以前原有的生产能力。其中,新建项目的规模是指经批准的可行性研究报告中规定的近期建设的总规模,而不是指远景规划所设想的长远发展规模。明确分期设计、分期建设的,应按分期规模计算。更新改造项目按照投资额分为限额以上项目和限额以下项目两类。

财政部财建〔2002〕394 号文《基本建设财务管理规定》规定,基本建设项目竣工财务决算大中小型划分的标准为：经营性项目投资额在 5 000 万元(含 5 000 万元)以上、非经营性项目投资额在 3 000 万元(含 3 000 万元)以上的为大中型项目，其他项目为小型项目。

二、基本建设程序

基本建设程序就是指建设项目从酝酿、提出、决策、设计、施工到竣工验收整个过程中各项工作的先后次序，它是基本建设经验的科学总结，是客观存在的经济规律的正确反映。

我国大、中型和限额以上建设项目的建设遵循以下程序：

(1)提出项目建议书。项目建议书是建设单位向国家提出的、要求建设某一建设项目的建议文件，即投资者对拟兴建项目的兴建必要性、可行性以及兴建的目的、要求、计划等进行论证写成报告，建议上级批准。项目建议书是国家选择建设项目和有计划地进行可行性研究的依据。

(2)进行可行性研究。可行性研究是通过市场研究、技术研究和经济研究进行多方案比较，提出评价意见，推荐最佳方案，对建设项目技术上和经济上是否可行而进行科学分析和论证，为项目决策提供科学依据。在可行性研究的基础上编写可行性研究报告。

(3)报批可行性研究报告。项目可行性研究通过评估审定后，就要着手编写可行性研究报告。可行性研究报告是确定建设项目、编制设计文件的主要依据，在建设程序中占据主导地位，一方面要把国民经济发展计划落实到建设项目上，另一方面使项目建设及建成投产后所需的人、财、物有可靠保证。可行性研究报告批准后，不能随意修改或变更。

(4)选择建设地点。建设地点应根据区域规划和设计任务的要求来选择，按照隶属关系，由主管部门组织勘察设计等单位和所在地有关部门共同进行。

(5)编制设计文件。可行性研究报告和选点报告批准后，建设单位委托设计单位按可行性研究报告中的有关要求，编制设计文件。设计文件是安排建设项目和组织工程施工的主要依据。

(6)建设前期准备工作。为保证施工顺利进行，必须做好征地、拆迁、场地平整；完成施工用水、电、路等工程；组织设备、材料订货；准备必要的施工图纸；组织施工招标，择优选择施工单位；办理建设项目施工许可证等建设前期的准备工作。

(7)编制建设计划和建设年度计划。根据批准的总概算和建设工期，合理地编制建设项目的建设计划和建设年度计划，计划内容要与投资、材料和设备相适应，配套项目要同时安排，相互衔接。

(8)实施建设。在完成建设准备工作且具备开工条件后，正式开工建设工程。施工单位按施工顺序合理组织施工。在施工中，应严格按照设计要求和施工规范进行施工，确保工程质量，努力推广应用新技术，按科学的施工组织与管理方法组织施工、文明施工，努力降低造价，缩短工期，提高工程质量和经济效益。

(9)项目投产前的准备工作。项目投产前要进行生产准备，包括建立生产经营管理机构，制定有关制度和规定，招收、培训生产人员，组织生产人员参加设备的安装，调试设备和工程验收，签订原材料、协作产品、燃料、水、电等供应运输协议，进行工具、器具、备品、备件的制造或订货，进行其他必需的准备。

(10)竣工验收。建设项目的竣工验收是建设全过程的最后一个施工程序，是投资成果转入生产或使用的标志。符合竣工验收条件的施工项目应及时办理竣工验收，上报竣工投产或交付使用，以促进建设项目及时投产，发挥效益，总结建设经验，提高建设水平。

（11）后评价。建设项目后评价是工程项目竣工投产、生产运营一段时间之后，对项目的立项决策、设计施工、竣工投产、生产运营等全过程进行系统评价的一种技术经济活动，通过建设项目后评价达到肯定成绩、总结经验、研究问题、吸取教训、提出建议、改进工作、不断提高项目决策水平和投资效果的目的。

在上述程序中，以可行性研究报告得以批准作为一个重要的"里程碑"，通常称之为批准立项，此前的建设程序可视为建设项目的决策阶段，此后的建设程序可视为建设项目的实施阶段。

三、基本建设项目划分

根据基本建设工程管理和确定工程造价的需要，基本建设项目划分为建设项目、单项工程、单位工程、分部工程和分项工程五个基本层次。

（1）建设项目。建设项目是指具有经过有关部门批准的立项文件和设计任务书，经济上实行独立核算，行政上具有独立的组织形式并实行统一管理的工程项目。我们通常认为：一个建设单位就是一个建设项目，建设项目的名称一般是以这个建设单位的名称来命名。

（2）单项工程。单项工程是指具有独立的设计文件，竣工后可以独立发挥生产能力并能产生经济效益或效能的工程，是建设项目的组成部分。如一个工厂的车间、办公楼、宿舍、食堂等，一个学校的教学楼、办公楼、实验楼、学生公寓等均属于单项工程。

（3）单位工程。单位工程是工程项目的组成部分，是指竣工后不能独立发挥生产能力或使用效益，但具有独立的施工图纸和组织施工的工程。一个单位工程由多个分部工程构成。

（4）分部工程。分部工程是指按工程的工程部位或工种不同进行划分的工程项目。如：在装饰工程这个单位工程中包括门窗工程，楼地面装饰工程，抹灰工程，天棚工程，油漆、涂料、裱糊工程等多个分部工程。

（5）分项工程。分项工程是指能够单独地经过一定的施工工序完成，并且可以采用适当计量单位计算的建筑或设备安装工程。如：门窗这个分部工程中的木门、金属门、木窗、金属窗、窗台板、门窗套、窗帘等均属分项工程。分项工程是工程量计算的基本元素，是工程项目划分的基本单位，所以工程量均按分项工程计算。

第二节　建筑装饰工程概预算概述

一、建筑装饰工程概预算的概念与分类

每一个装饰工程，在其装饰造型、装饰结构、装饰材料等方面各不相同。完全相同的室内外装饰工程是很少见的。因此，装饰工程具有很强的单件性和多样性特点。装饰工程是在固定地点、固定结构部位上进行装饰施工，具有产品固定、人员流动的特点，装饰工程的造价受当地资源条件、工资标准等各种因素的影响，其工料消耗也不完全相同。由于每个工程的具体情况不同，应采用恰当的方法来编制确定预算价格。

一般工程项目的建设程序依次可分为投资决策、工程设计、招投标、施工安装、竣工

验收等几个阶段，而为了使其中的工程设计有次序、有步骤地进行，一般又可按工程规模大小、技术难易程度等不同分为三段设计(初步设计、技术设计、施工图设计)，或两段设计(扩大初步设计、施工图设计)。

由于建筑装饰工程设计和施工的进展阶段不同，建筑装饰工程的概预算可分为：投资估算、设计概算、施工图预算、施工预算、工程结算和竣工决算等。

1. 投资估算

投资估算是指在项目建议书和可行性研究阶段，由可研单位或建设单位编制，用以确定建设项目投资控制额的基本建设造价文件。投资估算是项目决策时一项重要的参考经济指标，是判断项目可行性的重要依据之一。

一般来说，投资估算比较粗略，仅作控制总投资使用。其方法是根据建设规模结合估算指标进行估算，常用到的指标有：平方米指标、立方米指标或产量指标等。投资估算在通常情况下应将资金打足，以保证建设项目的顺利实施。

投资估算文件在可行性研究报告时编制。

2. 设计概算

设计概算是指建设项目在设计阶段由设计单位根据设计图纸进行计算的，用以确定建设项目概算投资、进行设计方案比较、进一步控制建设项目投资的基本建设造价文件。设计概算由设计院根据设计文件编制，是设计文件的组成部分。

根据施工图纸设计深度的不同，设计概算的编制方法也有所不同。设计概算的编制方法有三种：根据概算指标编制概算，根据类似工程预算编制概算，根据概算定额编制概算。

在方案设计阶段和修正设计阶段，根据概算指标或类似工程预算编制概算；在施工图设计阶段，可根据概算定额编制概算。

3. 施工图预算

施工图预算是指在施工图设计完成之后工程开工之前，根据施工图纸及相关资料编制的，用以确定工程预算造价及工料的基本建设造价文件。由于施工图预算是根据施工图纸及相关资料编制的，施工图预算确定的工程造价更接近实际。

施工图预算由建设单位或委托有相应资质的造价咨询机构编制。

4. 施工预算

施工预算是指施工单位在签订工程合同后，根据施工图等有关资料计算出施工期间所应投入的人工、材料和金额等数量的一种内部工程预算。它是施工企业加强施工管理、进行工程成本核算、下达施工任务和拟订节约措施的基本依据。

施工预算由施工承包单位编制，施工预算的内容包括：工程量计算、人工和材料数量计算、两算对比、对比结果的整改措施等。

5. 工程结算

工程结算，是指建设工程承包商在单位工程完工后，根据施工合同、设计变更、现场技术签证、费用签证等资料编制的，确定工程造价的经济文件。工程结算是工程承包方与发包方办理工程竣工结算的重要依据。

工程结算是在单位工程完工后由施工单位编制、建设单位或委托有相应资质的造价咨询机构审查，审查后经双方确认的工程结算是办理工程最终结算的重要依据。

6. 竣工决算

竣工决算，是指建设项目竣工验收后，建设单位根据工程结算以及相关技术经济文件编制的，用以确定整个建设项目从筹建到竣工投产全过程的实际总投资的经济文件。

竣工决算由建设单位编制，编制人是会计师。投资估算、设计概算、施工图预算、招标控制价、投标报价、工程结算的编制人是造价工程师。

二、建筑装饰工程概预算的作用

建筑装饰工程概预算是对装饰工程造价进行正规管理、降低装饰工程成本、提高经济效益的一个重要监控手段，它对保证施工企业的合理收益和确保装饰投资的合理开支起着重要的作用。建筑装饰工程概预算在工程中所起的作用可以归纳为以下几点：

(1)确定建筑装饰工程造价的重要方法和依据。

(2)进行建筑装饰工程项目方案比较、评价、选择的重要基础工作内容。

(3)设计单位对设计方案进行技术经济分析比较的依据。

(4)建设单位与施工单位进行工程招投标的依据，也是双方签订施工合同，办理工程结算的依据。

(5)施工企业组织生产、编制计划、统计工作量和实物量指标的依据。

(6)控制建筑装饰投资额、办理拨付工程款、办理贷款的依据。

(7)建筑装饰施工企业考核工程成本、进行成本核算或投入产出效益计算的重要内容和依据。

本 章 小 结

本章主要介绍了基本建设的概念与分类、基本建设项目的划分以及在不同的建设阶段建筑装饰概预算的应用，从而为进行建筑装饰工程概预算计价奠定扎实的基础。

思 考 与 练 习

一、是非题

1. 劳动资料的单位价值在规定的限额以上：小型国有企业在 1 500 元以上；中型企业在 2 000 元以上；大型企业在 2 500 元以上。(   )

2. 按建设性质划分，基本建设项目可划分为新建项目、扩建项目、改建项目、迁建项目和恢复项目。(   )

3. 基本建设项目按项目建设总规模或总投资可分为大型项目和中型项目两类。(   )

4. 一般工程项目的建设程序依次可分为投资决策、工程设计、招投标、施工安装、竣工验收等几个阶段。(   )

5. 建筑装饰工程概预算是对装饰工程造价进行正规管理、降低装饰工程成本、提高经

济效益的一个重要监控手段。（　　）

　　二、多项选择题

　　1. 一般情况下，凡列为固定资产的物质资料，应同时具备（　　）条件。
　　　　A. 使用期限在一年以上　　　　　　　B. 小型国有企业在 1 000 元以上
　　　　C. 中型企业在 1 500 元以上　　　　　D. 大型企业在 2 000 元以上

　　2. 我国大、中型和限额以上建设项目的建设遵循的程序，表述正确的有（　　）。
　　　　A. 项目建议书是建设单位向国家提出的、要求建设某一建设项目的建议文件。
　　　　B. 可行性研究是通过市场研究、技术研究和经济研究进行多方案比较，提出评价意
　　　　　 见，推荐最佳方案，对建设项目技术上和经济上是否可行而进行科学分析和论
　　　　　 证，为项目决策提供科学依据。在可行性研究的基础上编写可行性研究报告。
　　　　C. 建设地点应根据区域规划和设计任务的要求来选择，按照隶属关系，由主管部门
　　　　　 组织勘察设计等单位和所在地有关部门共同进行。
　　　　D. 可行性研究报告和选点报告批准后，建设单位委托设计单位按可行性研究报告中
　　　　　 的有关要求，编制设计文件。设计文件是安排建设项目和组织工程施工的主要
　　　　　 依据。

　　3. 工程设计一般又可按工程规模大小、技术难易程度等不同分为（　　）。
　　　　A. 初步设计、技术设计、施工图设计
　　　　B. 扩大初步设计、技术设计、施工图设计
　　　　C. 初步设计、施工图设计
　　　　D. 扩大初步设计、施工图设计

　　4. 设计概算的编制方法有（　　）。
　　　　A. 根据概算指标编制概算　　　　　　B. 根据概算定额编制概算
　　　　C. 根据预算编制概算　　　　　　　　D. 以上都对

　　5. 施工预算的内容包括（　　）。
　　　　A. 建筑安装工程费计算　　　　　　　B. 两算对比
　　　　C. 人工和材料数量计算　　　　　　　D. 对比结果的整改措施

　　三、简答题

　　1. 凡列为固定资产的物质资料，应同时具备哪两个条件？
　　2. 基本建设项目可从哪几个不同角度进行分类？
　　3. 我国大、中型和限额以上建设项目的建设应遵循怎样的程序？
　　4. 根据基本建设工程管理和确定工程造价的需要，基本建设项目可划分为哪五个基本
层次？
　　5. 一般工程项目的建设程序可分为哪几个阶段？
　　6. 由于建筑装饰工程设计和施工的进展阶段不同，建筑装饰工程的概预算可分为几类？
　　7. 建筑装饰工程概预算在工程中所起的作用有哪些？

第二章　建筑装饰工程定额

具备编制概算指标、概算定额、预算定额、施工定额的能力。

1. 了解定额的概念与分类及制定方法。

2. 了解概算指标、概算定额的概念与作用，熟悉它们的编制原则，掌握它们的编制步骤与方法。

3. 了解预算定额的概念与作用，掌握预算定额的编制步骤与方法，掌握装饰工程消耗量定额的应用。

4. 了解施工定额的概念与作用，掌握劳动定额的编制、施工机械台班的编制以及材料消耗定额的制定方法。

5. 掌握建筑安装工程人工、材料、机械台班单价的确定方法。

第一节　定额概述

一、定额的概念

定额是在正常的施工生产条件下，用科学方法制定出的完成单位合格产品所必需的人工、材料、施工机械设备及其资金消耗的数量标准。不同的产品有不同的质量要求，因此不能把定额看成单纯的数量关系，而应看成质和量的统一体。考察个别的生产过程中的因素不能形成定额，只有从考察总体生产过程中的各生产因素，归结出社会平均必需的数量标准，才能形成定额。同时，定额反映一定时期的社会生产力水平。

尽管管理科学在不断发展，但是它仍然离不开定额。因为如果没有定额提供可靠的基本管理数据，即使使用电子计算机也不能取得结果，所以定额虽然是科学管理发展初期的产物，但是它在企业管理中一直占有重要地位。无论是在研究工作中还是在实际工作中，都要重视工作时间和操作方法的研究，都要重视定额的制定。定额是企业管理科学化的产物，也是科学管理的基础。

二、工程建设定额的特点

装饰工程定额是建筑工程定额的组成部分，它涉及装饰技术、建筑艺术创作，也与装饰施工企业的内部管理，以及装饰工程造价的确定关系密切。因此，装饰定额具有以下几个特点：

1. 权威性

工程建设定额具有很大的权威，这种权威在一些情况下具有经济法规性质。权威性反映统一的意志和统一的要求，也反映信誉和信赖程度以及定额的严肃性。

工程建设定额的权威性的客观基础是定额的科学性。只有科学的定额才具有权威性。但是在社会主义市场经济条件下，它必然涉及各有关方面的经济关系和利益关系。赋予工程建设定额一定的权威性，就意味着在规定的范围内，对于定额的使用者和执行者来说，不论主观上愿意不愿意，都必须按定额的规定执行。在当前市场不很规范的情况下，赋予工程建设定额以权威性是十分重要的。但是在将竞争机制引入工程建设的情况下，定额的水平必然会受市场供求状况的影响，从而在执行中可能产生定额水平的浮动。

应该指出的是，在社会主义市场经济条件下，对定额的权威性也不应该绝对化。定额毕竟是主观对客观的反映，定额的科学性会受到人们认识的局限。与此相关，定额的权威性也就会受到现实的挑战。更为重要的是，随着投资体制的改革和投资主体多元化格局的形成，随着企业经营机制的转换，它们都可以根据市场的变化和自身的情况，自主地调整自己的决策行为。因此在这里，一些与经营决策有关的工程建设定额的权威性特征就弱化了。

2. 科学性

工程建设定额的科学性首先表现为定额是在认真研究客观规律的基础上，自觉遵守客观规律的要求，实事求是地制定的。因此，它能正确地反映单位产品生产所必需的劳动量，从而以最少的劳动消耗取得最大的经济效果，促进劳动生产率的不断提高。

定额的科学性还表现在制定定额所采用的方法上，通过不断吸收现代科学技术的新成就，不断完善，形成了一套严密的确定定额水平的科学方法。这些方法不仅在实践中行之有效，而且还有利于研究建筑产品生产过程中的工时利用情况，从中找出影响劳动消耗的各种主客观因素，设计出合理的施工组织方案，挖掘生产潜力，提高企业管理水平，减少以至杜绝生产中的浪费现象，促进生产的不断发展。

3. 统一性

工程建设定额的统一性，主要是由国家对经济发展有计划的宏观调控职能决定的。为了使国民经济按照既定的目标发展，就需要借助于某些标准、定额、参数等，对工程建设进行规划、组织、调节、控制。而这些标准、定额、参数在一定的范围内必须是一种统一的尺度，才能实现上述职能，才能利用它对项目的决策、设计方案、投标报价、成本控制进行比选和评价。

工程建设定额的统一性按照其影响力和执行范围来看，有全国统一定额、地区统一定额和行业统一定额等；按照定额的制定、颁布和贯彻使用来看，有统一的程序、统一的原则、统一的要求和统一的用途。

在生产资料私有制的条件下，定额的统一性是很难想象的，充其量也只是工程量计算规则的统一和信息提供。我国工程建设定额的统一性与工程建设本身的巨大投入和巨大产出有关。它对国民经济的影响不仅表现在投资的总规模和全部建设项目的投资效益等方面，而且往往还表现在具体建设项目的投资数额及其投资效益方面。因而需要借助统一的工程建设定额进行社会监督。这一点和工业生产、农业生产中的工时定额、原材料定额也是不同的。

4. 稳定性与时效性

工程建设定额中的任何一种定额项目都是一定时期技术发展和管理水平的反映，因而在一段时间内都表现出稳定的状态。稳定的时间有长有短，一般在 5～10 年之间。保持定额的稳定性是维护定额的权威性所必需的，更是有效地贯彻定额所必需的。如果某种定额经常处于修改变动之中，那么必然会造成执行中的困难和混乱，使人们感到没有必要去认真对待它，很容易导致定额权威性的丧失。工程建设定额的不稳定也会给定额的编制工作带来极大的困难。

但是工程建设定额的稳定性也是相对的。当生产力向前发展了，定额就会与已经发展了的生产力不相适应。这样，它原有的作用就会逐步减弱乃至消失，需要重新编制或修订。

5. 系统性

工程建设定额是相对独立的系统。它是由多种定额结合而成的有机的整体。它的结构复杂，有鲜明的层次和明确的目标。

工程建设定额的系统性是由工程建设的特点决定的。按照系统论的观点，工程建设就是庞大的实体系统。工程建设定额是为这个实体系统服务的。因而工程建设本身的多种类、多层次就决定了以它为服务对象的工程建设定额的多种类、多层次。从整个国民经济来看，进行固定资产生产和再生产的工程建设，是一个由多项工程集合而成的整体。

三、定额的分类及制定方法

工程定额是一个综合概念，是生产消耗性定额的总称。它包括的定额种类很多。为了对工程定额从概念上有一个全面的了解，可对工程定额做如下分类。

1. 按生产要素分类

进行劳动生产所必须具备的三要素是：劳动者、劳动对象和劳动手段。劳动者是指生产工人，劳动对象是指建筑材料和各种半成品等，劳动手段是指生产机具和设备。因此，定额可按这三个要素编制，即劳动定额、材料消耗定额、机械台班消耗定额。

2. 按编制程序和用途划分

工程定额按其用途分类，可分为施工定额、预算定额、概算定额及概算指标。

(1)施工定额是施工企业中最基本的定额，是直接用于施工企业内部施工管理的一种技术定额。施工定额是以工作过程或复合工作过程为标定对象，规定某种建筑产品的人工消耗量、材料消耗量和机械台班消耗数量。施工定额可用来编制施工预算，编制施工组织设计、施工作业计划、考核劳动生产率和进行成本核算。施工定额也是编制预算定额的基础。

(2)预算定额是以建筑物或构筑物的各个分项工程为单位编制的，定额中包括所需人工工日数、各种材料的消耗量和机械台班数量，同时表示相应的地区基价。预算定额是在施工定额的综合和扩大的基础上编制的，可以用来编制施工图预算，确定工程造价，编制施工组织设计和工程竣工决算。预算定额是编制概算定额和概算指标的基础。

(3)概算定额是以扩大结构构件、分部工程或扩大分项工程为单位编制的，它包括人工、材料和机械台班消耗量，并列有工程费用。概算定额是在预算定额的综合和扩大的基础上编制，可以用来编制概算，进行设计方案经济比较，也可作为编制主要材料申请计划的依据。

(4)概算指标是以整座房屋或构筑物为单位编制的，包括人工、材料和机械台班定额等组成部分，而且列出了各结构部分的工程量和以每100 m²建筑面积或每座构筑物体积为计量单位而规定的造价指标，是比概算定额更为综合的指标。概算指标是初步设计阶段编制概算的依据，是进行技术经济分析，考核建设成本的标准，是国家控制基本建设投资的主要依据。

3. 按编制单位和执行范围划分

按编制单位和执行范围，定额可分为全国统一定额、地方统一定额、企业定额和临时定额。

(1)全国统一定额是综合全国基本建设的生产技术、施工组织和生产劳动的情况下编制的，在全国范围内执行。

(2)地方统一定额是根据地方特点和统一定额水平编制的，只在规定的地区范围内使用。

(3)企业定额是由工程企业自己编制，在本企业内部执行的定额。针对现行的定额项目中的缺项和与国家定额规定条件相差较远的项目可编制企业定额，经主管部门批准后执行。

(4)临时定额是指统一定额和企业定额中未列入的项目，或在特殊施工条件下无法执行统一定额，由定额员和有经验的工人根据施工特点、工艺要求等直接估算的定额。制定后应报上级主管部门批准，在执行过程中及时总结。

第二节　概算指标和概算定额

一、概算指标

1. 概算指标的概念

概算指标是在概算定额的基础上综合、扩大，介于概算定额和投资估算指标之间的一种定额。它是以每100 m²建筑面积或1 000 m³建筑体积为计算单位，构筑物以座为计算单位，规定所需人工、材料、机械消耗和资金数量的定额指标。

2. 概算指标的作用

概算指标和概算定额、预算定额一样，都是与各个设计阶段相适应的多次估价的产物。它主要用于初步设计阶段，其作用是：

(1)概算指标是编制初步设计概算，确定工程概算造价的依据。

(2)概算指标是设计单位进行设计方案的技术经济分析，衡量设计水平，考核投资效果的标准。

(3)概算指标是建设单位编制基本建设计划、申请投资拨款和主要材料计划的依据。

(4)概算指标是编制投资估算指标的依据。

3. 概算指标的编制原则

(1)按平均水平确定概算指标的原则。在我国社会主义市场经济条件下，概算指标作为确定工程造价的依据，同样必须遵照价值规律的客观要求，在编制时必须按社会必要劳动时间，贯彻平均水平的编制原则。只有这样才能使概算指标合理确定和控制工程造价的作用得到充分发挥。

（2）概算指标的内容与表现形式要贯彻简明适用的原则。为适应市场经济的客观要求，概算指标的项目划分应根据用途的不同，确定其项目的综合范围。遵循粗而不漏、适应面广的原则，体现综合扩大的性质。概算指标从形式到内容应该简明易懂，要便于在采用时根据工程的具体情况进行必要的调整换算，能在较大范围内满足不同用途的需要。

（3）概算指标的编制依据必须具有代表性。概算指标所依据的工程设计资料，应是有代表性的，技术上是先进的，经济上是合理的。

4．概算指标的编制依据

概算指标的编制依据主要有：

（1）现行的标准设计，各类工程的典型设计和有代表性的标准设计图纸；

（2）国家颁发的建筑标准、设计规范、施工质量验收规范和有关技术规定；

（3）现行预算定额、概算定额、补充定额和有关的费用定额；

（4）地区工资标准、材料预算价格和机械台班预算价格；

（5）国家颁发的工程造价指标和地区的造价指标；

（6）典型工程的概算、预算、结算和决算资料；

（7）国家和地区现行的基本建设政策、法令和规章等。

5．概算指标的编制步骤

编制概算指标，一般分三个阶段：

（1）准备工作阶段。本阶段主要是收集图纸资料，拟定编制项目，起草编制方案、编制细则和制定计算方法，并对一些技术性、方向性的问题进行学习和讨论。

（2）编制工作阶段。这个阶段是优选图纸，根据选出的图纸和现行预算定额计算工程量，编制预算书求出单位面积或体积的预算造价，确定人工、主要材料和机械的消耗指标，填写概算指标表格。

（3）复核送审阶段。将人工、主要材料和机械消耗指标算出后，需要进行审核，以防发生错误。并对同类性质和结构的指标水平进行比较，必要时加以调整，然后定稿送主管部门审批后颁发执行。

6．概算指标的内容

概算指标是比概算定额综合性更强的一种指标，其内容主要包括以下几个部分。

（1）总说明。它主要从总体上说明概算指标的作用、编制依据、适用范围和使用方法等。

（2）示意图。说明工程的结构形式，工业项目还表示出吊车及起重能力等。

（3）结构特征。主要对工程的结构形式、层高、层数和建筑面积等做进一步说明。

（4）经济指标。说明该项目每 100 m^2、每座或每 10 m 的造价指标及其中土建、水暖和电气等单位工程的相应造价。

（5）构造内容及工程量指标。说明该工程项目的构造内容和相应计量单位的工程量指标及其人工、材料消耗指标。

7．概算指标的表现形式

概算指标的表现形式有两种，分别是综合概算指标和单项概算指标。

（1）综合概算指标。综合概算指标是指按建筑类型而制定的概算指标。综合概算指标的概括性较大，其准确性和针对性不够精确，会有一定幅度的偏差。

（2）单项概算指标。单项概算指标是为某一建筑物或构筑物而编制的概算指标。单项概算指标的针对性较强，编制出的概算比较准确。

二、概算定额

1. 概算定额的概念

概算定额是在装饰工程预算定额基础上，根据有代表性的装饰工程、通用图集和标准图集等资料进行综合扩大而成的一种定额，用以确定一定计量单位的扩大装饰分部分项工程的人工、材料、机械的消耗数量指标和价格。

2. 概算定额的作用

（1）概算定额是在扩大初步设计阶段编制概算、技术设计阶段编制修正概算的主要依据。

（2）概算定额是编制建筑安装工程主要材料申请计划的基础。

（3）概算定额是进行设计方案技术经济比较和选择的依据。

（4）概算定额是编制概算指标的计算基础。

（5）概算定额是确定基本建设项目投资额、编制基本建设计划、实行基本建设大包干、控制基本建设投资和施工图预算造价的依据。

因此，正确合理地编制概算定额对提高设计概算的质量、加强基本建设经济管理、合理使用建设资金、降低建设成本、充分发挥投资效果等都具有重要的作用。

3. 概算定额与预算定额的区别

装饰工程预算定额的每一个项目编号是以分部分项工程来划分的，而概算定额是将预算定额中一些施工顺序相衔接、相关性较大的分部分项工程综合成一个分部工程项目，是经过"综合"、"扩大"、"合并"而成的，因而概算定额使用更大的定额单位来表示。

概算定额不论在工程量计算方面，还是在编制概算书方面，都比预算简化了计算程序，省时省事。当然，精确性相对降低了一些。

在正常情况下，概算定额与预算定额的水平基本一致。但它们之间应保留一个必要、合理的幅度差，以便用概算定额编制的概算，能控制用预算定额编制的施工图预算。

4. 概算定额编制的原则

为了提高设计概算质量，加强基本建设经济管理，合理使用国家建设资金，降低建设成本，充分发挥投资效果，在编制概算定额时必须遵循以下原则：

（1）使概算定额适应设计、计划、统计和拨款的要求，更好地为基本建设服务。

（2）概算定额水平的确定，应与预算定额的水平基本一致。必须能反映正常条件下大多数企业的设计、生产施工管理水平。

（3）概算定额的编制深度，要适应设计深度的要求；项目划分，应坚持简化、准确和适用的原则，以主体结构分项为主，合并其他相关部分，进行适当综合扩大；概算定额项目计量单位的确定，与预算定额要尽量一致；应考虑统筹法及应用电子计算机编制的要求，以简化工程量和概算的计算编制。

（4）为了稳定概算定额水平，统一考核尺度和简化计算工程量，编制概算定额时，原则上不留活口，对于设计和施工变化多而影响工程量多、价差大的，应根据有关资料进行测算，综合取定常用数值，对于其中还包括确定不了的个性数值，可适当留些活口。

5. 概算定额的编制依据

（1）现行国家建筑装饰工程施工质量验收规范、技术安全操作规程和有关装饰标准图。

（2）全国统一建筑装饰工程预算定额及各省、自治区、直辖市现行装饰预算定额或单位估价表。

（3）现行有关设计资料（各种现行设计标准规范，各种装饰通用标准图集，构件、产品的定型图集，其他有代表性的设计图纸）。

（4）现行的人工工资标准、材料预算价格、机械台班预算价格、其他有关设备及构配件等价格资料。

（5）新材料、新技术、新工艺和先进经验资料等。

6. 概算定额的内容

概算定额一般由目录、总说明、分部工程说明、定额项目表和有关附录或附件等组成。

总说明中主要阐明编制依据、适用范围、定额的作用及有关统一规定等。

分部工程说明中主要阐明有关工程量计算规则及各分部工程的有关规定。

概算定额表中分节定额的表头部分列有本节定额的工作内容及计算单位，表格中列有定额项目的人工、材料和机械台班消耗量指标，以及按地区预算价格计算的定额基价。至于概算定额表的形式，各地区有所不同。

7. 概算定额的编制步骤与方法

概算定额的编制步骤一般分为三个阶段，即准备阶段、编制概算定额初稿阶段和审查定稿阶段。

在编制概算定额准备阶段，应确定编制定额的机构和人员组成，进行调查研究了解现行概算定额执行情况和存在的问题，明确编制目的并制定概算定额的编制方案和划分概算定额的项目。

在编制概算定额初稿阶段，应根据所制定的编制方案和定额项目，在收集资料、整理分析各种测算资料的基础上，根据选定有代表性的工程图纸计算出工程量，套用预算定额中的人工、材料和机械台班消耗量，再用加权平均得出概算项目的人工、材料、机械的消耗指标，并计算出概算项目的基价。

在审查定稿阶段，要对概算定额和预算水平进行测算，以保证两者在水平上的一致性。如与预算定额水平不一致或幅度差不合理，则需对概算定额做必要的修改，经定稿批准后颁发执行。

第三节　预算定额

一、预算定额的概念与作用

建筑工程预算定额是确定一定计量单位的分项工程或结构构件的人工、材料和机械台班消耗的数量标准。建筑装饰工程预算定额是随着我国建筑技术的发展逐渐产生的，是建筑工程预算定额的延伸。

建筑装饰工程预算定额具有如下作用：

(1)建筑装饰工程预算定额是编制施工图预算，确定装饰工程造价的主要依据。

(2)建筑装饰工程预算定额是编制单位估价表的依据。

(3)在装饰工程招标投标制度中，建筑装饰工程预算定额是编制招标控制价及投标报价的依据。

(4)建筑装饰工程预算定额是对装饰设计方案进行技术分析、评价的依据。

(5)建筑装饰工程预算定额是编制施工组织设计，确定劳动力、建筑材料、成品、半成品及施工机械台班需用量的依据。

(6)建筑装饰工程预算定额是装饰企业进行经济核算和经济活动分析的依据。

(7)建筑装饰工程预算定额是编制概算定额和概算指标的基础资料。

二、装饰工程预算在工程中的作用

装饰工程预算是对装饰工程造价进行正规管理、降低装饰工程成本、提高经济效益的一个重要监控手段，它对保证施工企业的合理收益和确保装饰投资的合理开支起着很重要的作用。因此，装饰装修工程预算在工程中所起的作用可以归纳为以下几点：

(1)它是确定装饰工程造价的重要文件。装饰工程预算的编制，是根据装饰工程设计图纸和有关预算定额正规文件进行认真计算后，经有关单位审批确认的具有一定法律效力的文件，它所计算的总造价包括了工程施工中的所有费用，是被有关各方共同认可的工程造价，如没有特殊情况，均应遵照执行。它同装饰工程的设计图纸和有关批文一起，构成一个建设项目或单位(项)工程的工程执行文件。

(2)它是选择和评价装饰工程设计方案的标准。由于各类建筑装饰工程的设计标准、构造形式、工艺要求和材料类别等的不同，都会如实地反映到建筑装饰工程预算上，因此，可以通过建筑装饰工程预算定额中的各项指标，对不同的设计方案进行分析比较和反复认证，从中选择艺术上美观、功能上适用、经济上合理的设计方案。

(3)它是控制工程投资和办理工程款项的主要依据。经过审批的装饰工程预算是资金投入的准则，也是办理工程拨款、贷款、预支和结算的依据，如果没有这项依据，执行单位有权拒绝办理任何工程款项。

(4)它是签订工程承包合同、确定招标控制价和投标报价的基础。建筑装饰工程预算一般都包含了整个工程的施工内容，具体的实施要求都以合同条款形式加以明确以备核查；而对招标投标工程的招标控制价和报价，也是在装饰工程预算的基础上，依具体情况进行适当调整而加以确定的。

因此，没有一个完整的预算书，就很难具体订立合同的实施条款和招标投标工程的招标控制价。

(5)装饰工程预算是做好工程进展阶段的备工备料和计划安排的主要依据。建设单位对工程费用的筹备计划、施工单位对工程的用工安排和材料准备计划等，都是以预算所提供的数据为依据进行安排的。

因此，编制预算的正确与否，将直接影响到准备工作安排的质量。

（6）装饰工程预算是加强施工企业经济核算的依据。有了建筑装饰工程预算，可以进行工、料核算，对比实际消耗量，进行经济活动分析，加强企业管理。

三、预算定额的组成及内容

装饰工程预算定额是编制装饰施工图预算的主要依据。建筑装饰工程预算定额的组成和内容一般包括：总说明、分部分项工程定额说明及计算规则、定额项目表、定额附录等。

（一）装饰工程预算定额总说明

（1）装饰工程预算定额的适用范围、指导思想及目的和作用。

（2）装饰工程预算定额的编制原则、编制依据及上级主管部门下达的编制或修订文件精神。

（3）使用装饰工程定额必须遵守的规则及其适用范围。

（4）装饰工程预算定额在编制过程中已经考虑的和没有考虑的因素及未包括的内容。

（5）装饰工程预算定额所采用的材料规格、材质标准、允许或不允许换算的原则。

（6）各部分装饰工程预算定额的共性问题、有关统一规定及使用方法。

（二）分部工程定额的说明及计算规则

装饰工程消耗量定额主要说明分部工程所包括的定额项目内容和子目数量；分部工程各定额项目工程量的计算规则；分部工程定额内综合的内容及允许和不允许换算的界限及特殊规定；使用分部工程允许增减系数范围规定。

1. 楼地面装饰工程

按《全国统一装饰装修工程消耗量定额》执行的项目，楼地面工程定额说明如下：

（1）同一铺贴上有不同种类、材质的材料，应分别执行相应定额子目。

（2）扶手、栏杆、栏板适用于楼梯、走廊、回廊及其他装饰性栏杆、栏板。栏杆、栏板、扶手造型见图 2-1。

（3）零星项目面层适用于楼梯侧面、台阶的牵边、小便池、蹲便台、池槽在 1 m² 以内且定额未列项目的工程。

（4）木地板填充材料，按照《全国统一建筑工程基础定额》相应子目执行。

（5）大理石、花岗石楼地面拼花按成品考虑。

（6）镶贴面积小于 0.015 m² 的石材执行点缀定额。

按《全国统一装饰装修工程消耗量定额》执行的项目，楼地面工程定额工程量计算规则如下：

（1）楼地面装饰面积按饰面的净面积计算，不扣除 0.1 m² 以内的孔洞所占面积；拼花部分按实贴面积计算。

（2）楼梯面积（包括踏步、休息平台以及小于 50 mm 宽的楼梯井）按水平投影面积计算。

（3）台阶面层（包括踏步以及上一层踏步沿 300 mm）按水平投影面积计算。

（4）踢脚线按实贴长乘高并以平方米计算，成品踢脚线按实贴延长米计算；楼梯踢脚线按相应定额乘以 1.15 系数计算。

（5）点缀按个计算，计算主体铺贴地面面积时，不扣除定额所占面积。

（6）零星项目按实铺面积计算。

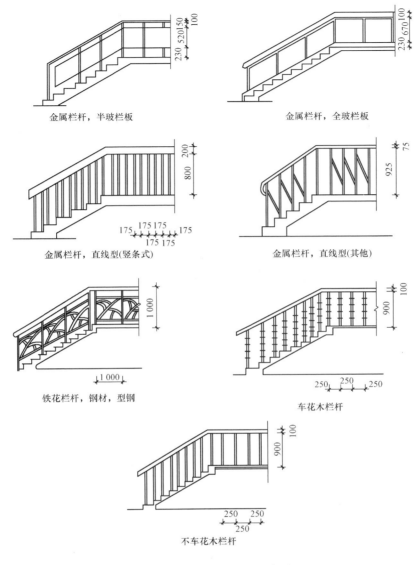

金属栏杆，半玻栏板

金属栏杆，全玻栏板

金属栏杆，直线型(竖条式)

金属栏杆，直线型(其他)

铁花栏杆，钢材，型钢

车花木栏杆

不车花木栏杆

图 2-1　栏杆、栏板、扶手造型图

2．墙、柱面装饰与隔断、幕墙工程

按《全国统一装饰装修工程消耗量定额》执行的项目，墙、柱面工程定额说明如下：

(1)定额凡注明砂浆种类、配合比、饰面材料及型材的型号规格与设计不同时，可按设计规定调整，但人工、机械消耗量不变。

(2)内墙抹石灰砂浆分抹两遍、三遍、四遍，其标明如下：

两遍：一遍底层、一遍面层；

三遍：一遍底层、一遍中层、一遍面层；

四遍：一遍底面、一遍中层、两遍面层。

(3)抹灰等级与抹灰遍数、厚度、工序、外观质量的对应关系如表 2-1 所示。

表 2-1　抹灰质量标准

名　称	普通抹灰	中级抹灰	高级抹灰
遍　数	二　遍	三　遍	四　遍
厚度(不大于)/mm	18	20	25
工序	分层赶平、修整表面压光	阳角找方、设置标筋，分层赶平、修整，表面压光	阴阳角找方、设置标筋，分层赶平、修整，表面压光
外观质量	表面光滑、洁净，接槎平整	表面光滑、洁净，接槎平整，灰线清晰顺直	表面光滑、洁净，颜色均匀，无抹纹，灰线平直方正、清晰美观

　　(4)抹灰砂浆厚度，如设计与定额取定不同时，除定额有注明厚度的项目可以换算外，其他一律不做调整，见表 2-2。

表 2-2　抹灰砂浆定额厚度取定表

定额编号	项　目		砂　浆	厚度/m
2-001	水刷豆石浆	砖、混合凝土墙面	水泥砂浆 1:3	12
			水泥豆石浆 1:1.25	12
2-002		毛石端面	水泥砂浆 1:3	18
			水泥豆石浆 1:1.25	12
2-005	水刷白石子	砖、混凝土墙面	水泥砂浆 1:3	12
			水泥豆石浆 1:1.25	10
2-006		毛石墙面	水泥砂浆 1:3	20
			水泥豆石浆 1:1.25	10
2-009	水刷玻璃碴	砖、混凝土墙面	水泥砂浆 1:3	12
			水泥玻璃碴浆 1:1.25	12
2-010		毛石墙面	水泥砂浆 1:3	18
			水泥玻璃碴浆 1:1.25	12
2-013	干粘白石子	砖、混凝土墙面	水泥砂浆 1:3	18
2-014		毛石墙面	水泥砂浆 1:3	30
2-017	干粘白石子	砖、混凝土墙面	水泥砂浆 1:3	18
2-018		毛石墙面	水泥砂浆 1:3	30
2-021	斩假石	砖、混凝土墙面	水泥砂浆 1:3	12
			水泥白石子浆 1:1.5	10
2-022		毛石墙面	水泥砂浆 1:3	18
			水泥白石子浆 1:1.5	10
2-025	墙、柱面拉条	砖墙面	混合砂浆 1:0.5:2	14
			混合砂浆 1:0.5:1	10
2-026	墙、柱面拉条	混凝土墙面	水泥砂浆 1:3	14
			混合砂浆 1:0.5:1	10

定额编号	项目		砂 浆	厚度/m
2-027	墙、柱面甩毛	砖墙面	混合砂浆 1∶1∶6	12
			混合砂浆 1∶1∶4	6
2-028		混凝土墙面	水泥砂浆 1∶3	10
			水泥砂浆 1∶2.5	6

注：1. 每增减一遍水泥浆或108胶素水泥浆，每平方米增减人工0.01工日，素水泥浆或108胶素水泥0.001 2 m³。

2. 每增减1 mm厚砂浆，每平方米增减砂浆0.001 2 m³。

(5)抹灰、块料砂浆结合层(灌缝)厚度，如设计与定额取定不同，除定额项目中注明厚度可以按相应项目调整外，未注明厚度的项目均不做调整。

(6)圆弧形、锯齿形等不规则墙面抹灰，镶贴块料按相应项目人工乘以系数1.15，材料乘以系数1.05。

(7)离缝镶贴面砖定额子目，面砖消耗量分别按缝宽5 mm、10 mm和20 mm考虑，如灰缝不同或灰缝超过20 mm以上者，其块料及灰缝材料(水泥砂浆1∶1)用量允许调整，其他不变。

(8)外墙贴块料分灰缝10 cm以内和20 cm以内的项目，其人工材料已综合考虑；如灰缝超过20 mm以上，其块料、灰缝材料用量允许调整，但人工、机械数量不变。

(9)隔墙(间壁)、隔断、墙面、墙裙等所用的木龙骨与设计图纸规格不同时，可进行换算(木龙骨均以毛料计算)。

(10)在饰面、隔墙(间壁)、隔断定额内，凡未包括在压条、下部收边、装饰线(板)的，如设计要求者，可按"其他工程"相应定额套用。

(11)饰面、隔墙(间壁)、隔断定额内木基层均未含防火油漆，如设计要求者，应按相关定额套用。

(12)幕墙、隔墙(间壁)、隔断所用的轻钢、铝合金龙骨，如设计要求与定额用量不同，允许调整，但人工、机械不变。

(13)块料镶贴和装饰抹灰工程的"零星项目"适用于挑檐、天沟、腰线、窗台线、门窗套、压顶、栏板、栏杆、扶手、遮阳板、池槽、阳台雨篷周边等。

(14)木龙骨基层是按双向计算的，如设计为单向时，材料、人工用量乘以系数0.55。

(15)定额木材种类除注明者外，均以一、二类木种为准，如采用三、四类木种时，人工及机械乘以系数1.3。

(16)玻璃幕墙设计有平开、推拉窗者，仍执行幕墙定额，窗型材、窗五金相应增加，其他不变。

(17)玻璃幕墙中的玻璃按成品玻璃考虑，幕墙中的避雷装置、防火隔离层定额已综合，但幕墙的封边、封顶的费用另行计算。

(18)一般抹灰工程的"零星项目"适用于各种壁柜、过人洞、暖气窝、池槽、花台以及1 m²以内的其他各种零星抹灰。抹灰工程的装饰线条适用于门窗套、挑檐、腰线、压顶、遮阳板、楼梯边梁、宣传栏边框等项目的抹灰，以及突出墙面或灰面且展开宽度在300 mm以内的竖横线条抹灰。

按《全国统一装饰装修工程消耗量定额》执行的项目，墙、柱面工程定额工程量计算规则如下：

（1）内墙面抹灰。

1）内墙面、墙裙抹面面积应扣除门窗洞口和 0.3 m² 以上的空圈所占的面积，且门窗洞口、空圈、孔洞的侧壁面积亦不增加，不扣除踢脚线、挂镜线及 0.3 m² 以内的孔洞和墙与构件交接处的面积。附墙柱的侧面抹灰应并入墙面、墙裙抹灰工程量内计算。墙面、墙裙的长度以主墙间的图示净长计算，墙面高度按室内地坪至顶棚底面净高计算，墙裙抹灰高度按室内地坪上的图示高度计算。墙面抹灰面积应扣除墙裙抹灰面积。

2）钉板顶棚（不包括灰板条顶棚）的内墙抹灰的高度自楼地面至顶棚底面另加 200 mm 计算。

3）砖墙中的钢筋混凝土梁、柱侧面抹灰按定额计算。

（2）外墙面抹灰。

1）外墙面装饰抹灰面积，按垂直投影面积计算，扣除门窗洞口和 0.3 m² 以上的孔洞所占的面积，门窗洞口及孔洞侧壁面积亦不增加。附墙柱侧面抹灰面积并入外墙抹灰面积工程量内。

2）外墙裙抹灰按展开面积计算，扣除门窗洞口和孔洞所占的面积，但门窗洞口及孔洞的侧壁面积亦不增加。

（3）独立柱。

1）柱抹灰、镶贴块料面积按结构断面周长乘高度计算。

2）其他柱饰面面积按外围饰面尺寸乘以高度计算。

（4）"零星项目"抹灰或镶贴块料面层，均按设计图示尺寸展开面积计算。其中，栏板、栏杆（包括立柱、扶手或压顶下坎）按外立面垂直投影面积（扣除大于 0.3 m² 装饰孔洞所占的面积）乘以系数 2.20；砂浆种类不同时，应分别按展开面积计算。

（5）女儿墙（包括泛水、挑砖）、阳台栏板（不扣除花格所占孔洞面积）内侧抹灰按垂直投影面积乘以系数 1.10，带压顶者乘以系数 1.30 按墙面定额执行。

（6）墙面贴块料面层按实贴面积计算。

（7）墙裙贴块料面层，其高度按 1 500 mm 以内综合，超过者按墙面定额执行，高度在 300 mm 以内者，按楼地面工程中的踢脚板定额执行。

（8）木隔墙、墙裙、护壁板均按墙的净长乘以净高计算，扣除门窗及 0.3 m² 以上的孔洞面积。

（9）挂贴大理石、花岗石中其他零星项目的花岗石、大理石是按成品考虑的，花岗石、大理石柱墩、柱帽按最大外径周长计算。

（10）除定额已列有柱帽、柱墩的项目外，其他项目的柱帽、柱墩工程量按设计图示尺寸以展开面积计算，并入相应面积内，每个柱帽或柱墩另增人工：抹灰 0.25 工日，块料 0.38 工日，饰面 0.5 工日。

（11）隔断按墙的净长乘以净高计算，扣除门窗洞口及 0.3 m² 以上的孔洞所占面积。

（12）全玻隔断的不锈钢边框工程量按边框展开面积计算。

（13）全玻隔断、全玻幕墙如有加强肋者，工程量按其展开面积计算；玻璃幕墙、铝板幕墙以框外围面积计算。

（14）装饰抹灰分格、嵌缝按装饰抹灰面积计算。

（15）隔墙立楞（龙骨）所需的垫木、木砖及预留门窗洞口加楞均已包括在定额内。

（16）上部为玻璃隔墙、下部为砖墙或其他隔墙，应分别计算工程量，分别套用定额。对玻璃隔墙，其高度自上横档顶面至下横档底面，宽度按两边立梃外边以面积计算。

（17）厕浴木隔断的高度自下横档底面标高至上横档顶面，以面积计算，门扇面积并入隔断面积内计算。

（18）铝合金隔墙、幕墙均以框外围面积计算。

（19）一般抹灰工程中装饰线条按延长米计算。其中，楼梯侧边有边梁者，其抹灰长度乘以系数2.1计算。门窗套、挑檐、遮阳板等展开宽度超300 mm者，其抹灰长度乘以系数1.8计算，展开宽度在300 mm以内者，不论多宽，均不调整。

3. 天棚工程

按《全国统一装饰装修工程消耗量定额》执行的项目，天棚工程定额说明如下：

（1）定额除部分项目为龙骨、基层、面层合并列项外，其余均为顶棚龙骨、基层、面层分别列项编制。

（2）定额对龙骨已列有几种常用材料组合的项目，如实际采用不同时，可以换算。木质龙骨损耗率为6%，轻钢龙骨损耗率为6%，铝合金龙骨损耗率为7%。

（3）定额中除注明了规格、尺寸的材料在实际使用不同时可以换算外，其他材料均不予换算。在木龙骨顶棚中，大龙骨规格为50 mm×70 mm，中、小龙骨规格为50 mm×50 mm，吊木筋为50 mm×50 mm，实际使用不同时，允许换算。

（4）定额龙骨的种类、间距、规格和基层、面层材料的型号、规格是按常用材料和常用做法考虑的，如设计要求不同时，材料可以调整，但人工、机械不变。

（5）顶棚面层在同一标高者为平面顶棚，顶棚面层不在同一标高者为跌级顶棚（跌级顶棚其面层人工乘系数1.1）。

（6）轻钢龙骨、铝合金龙骨在定额中为双层结构（即中小龙骨紧贴大龙骨底面吊挂），如使用单层结构（大中龙骨底面在同一水平上），材料用量应扣除定额中小龙骨及相应配件数量，人工乘以系数0.85。

（7）顶棚抹石灰砂浆的平均总厚度：板条、现浇混凝土为15 mm；预制混凝土为18 mm；金属网为20 mm。

（8）木质骨架及面层的防火处理同油漆、涂料部分相应项目。

（9）定额中平面顶棚和跌级顶棚指一般直线型顶棚，不包括灯光槽的制作安装。灯光槽制作安装应按定额相应子目执行。艺术造型顶棚项目中包括灯光槽的制作安装。

（10）龙骨架、基层、面层的防火处理，应按定额中相应子目执行。

（11）顶棚检查孔的工料已包括在定额项目内，不另计算。

按《全国统一装饰装修工程消耗量定额》执行的项目，天棚工程定额工程量计算规则如下：

（1）吊顶顶棚。

1）各种吊顶顶棚龙骨主墙间净空面积计算，不扣除间壁墙、检查洞、附墙烟囱、柱、垛和管道所占面积。

2）顶棚基层按展开面积计算。

3)顶棚中的折线、跌落等圆弧、拱形、高低级带灯槽或艺术形式顶棚,按展开面积计算。

4)顶棚抹灰带有装饰线者,分别按三道线或五道线以内按延长米计算。线角的道数以每一个突出的棱角为一道线。

5)顶棚装饰面层,按主墙间实钉(胶)面积以平方米计算,不扣除间壁墙、检查洞、附墙烟囱、垛和管道所占面积,但应扣除 0.3 m² 以上的孔洞、独立柱、灯槽及与顶棚相连的窗帘盒所占的面积。

6)板式楼梯底面的装饰工程量按水平投影面积乘以 1.15 系数计算,梁式楼梯底面按展开面积计算。

7)灯光槽按延长米计算。

8)保温层按实铺面积计算。

9)网架按水平投影面积计算。

10)嵌缝按延长米计算。

(2)各种龙骨墙、柱面。

1)墙面、墙裙工程量计算方法同块料镶贴面层。分别按龙骨类型选套龙骨基层的相应定额项目和按面层材料的不同选套面层的相应定额项目。

2)独立柱。柱面装饰工程量按柱外围饰面尺寸乘以柱的高度以面积计算。分别选套龙骨基层和面层的相应定额项目。

(3)铝合金玻璃幕墙、隔墙、装饰隔断工程量均按四周框外围面积计算。但如幕墙或隔断上设计有平开窗、推拉窗者,应扣除其面积,按门窗工程另列项目计算。

(4)面层、隔墙(间壁)、隔断定额内,除注明者外,均未包括压条、收边、装饰线(板)。

4. 门窗工程

按《全国统一装饰装修工程消耗量定额》执行的项目,门窗工程定额说明如下:

(1)定额中的铝合金窗、塑料窗、彩板组角钢窗等适用于平式开、推拉式、中转式,以及上、中、下悬式。

(2)铝合金地弹门制作(框料)型材是按 101.6 mm×44.5 mm,厚 1.5 mm 方管编制的,单扇平开门、双扇平开门是按 38 系列编制的,推拉窗是按 90 系列编制的。如设计型材面尺寸及厚度与定额规定不同时,可按图示尺寸乘以线密度加 6% 施工损耗计算型材质量。

(3)装饰板门扇制作安装按木龙骨、基层、饰面板面层分别计算。

(4)成品门窗安装项目中,门窗附件按包含在成品门窗单价内考虑;铝合金门窗制作、安装项目中未含五金配件,五金配件按相关规定选用。

(5)铝合金卷闸门(包括卷筒、导轨)、彩板组角钢门窗、塑料门窗、钢门窗安装以成品制定。

按《全国统一装饰装修工程消耗量定额》执行的项目,门窗工程定额工程量计算规则如下:

(1)铝合金门窗、彩板组角门窗、塑钢门窗安装均按洞口面积以平方米计算。纱扇制作安装按扇外围面积计算。平面为圆形、异形门窗按展开面积计算。门带窗应分别计算,套用相应定额,门算至门框外边线。

(2)卷闸门安装按安装高度乘以门的实际宽度以平方米计算。安装高度算至滚筒顶点为准。带卷闸罩的按展开面积增加。电动装置安装以套计算,小门安装以个计算,小门面积不扣除。

（3）防盗门、防盗窗、不锈钢格栅门按框外围面积以平方米计算。

（4）成品防火门以框外围面积计算，防火卷帘门从地（楼）面算至端板顶点乘以设计宽度。

（5）实木门框制作安装按延长米计算。实木门窗制作安装及装饰门扇制作按扇外围面积计算。装饰门扇及成品门扇安装按扇计算。

（6）木门扇皮制隔声面层和装饰板隔声面层，按单面面积计算。

（7）不锈钢板包门框、门窗套、花岗石门套、门窗筒子板按展开面积计算。门窗贴脸、窗帘盒、窗帘轨按延长米计算。

（8）窗台板按实铺面积计算。

5. 油漆、涂料、裱糊工程

按《全国统一装饰装修工程消耗量定额》执行的项目，油漆、涂料、裱糊工程定额说明如下：

（1）定额刷涂、刷油采用手工操作，喷塑、喷涂、喷油采用机械操作。操作方法不同时，不予调整。

（2）定额在同一平面上的分色及门窗内外分色已综合考虑。如需做美术图案者，另行计算。

（3）定额内规定的喷、涂、刷遍数与要求不同时，可按每增加一遍定额项目进行调整。

（4）喷塑（一塑三油）、底油、装饰漆、面油，其规格划分如下：

1）大压花：喷点压平、点面积在 1.2 cm^2 以上。

2）中压花：喷点压平、点面积在 1～1.2 cm^2。

3）喷中点、幼点：喷点面积在 1 cm^2 以下。

（5）定额中的双层木门窗（单裁口）是指双层框扇。三层二玻一纱窗是指双层框三层扇。

（6）定额中的单层木门刷油是按双面刷油考虑的，如采用单面刷油，其定额含量乘以 0.49 系数计算。

（7）由于涂料品种繁多，如采用品种不同，材料可以换算，人工、机械不变。

（8）定额中的木扶手油漆为不带托板考虑。

按《全国统一装饰装修工程消耗量定额》执行的项目，油漆、涂料、裱糊工程定额工程量计算规则如下：

（1）楼地面、顶棚、墙、柱、梁面的喷（刷）涂料、抹灰面油漆及裱糊工程，均按表 2-3～表 2-7 相应的计算规则计算。

（2）木材面的工程量分别按表 2-3～表 2-7 相应的计算规则计算。

（3）金属构件油漆的工程量按构件质量计算。

（4）定额中的隔断、护壁、柱、顶棚木龙骨及木地板中木龙骨带毛地板，刷防火涂料工程量计算规则如下：

1）隔墙、护壁木龙骨按面层正立面投影面积计算。

2）柱木龙骨按其面层外围面积计算。

3）顶棚木龙骨按其水平投影面积计算。

4）木地板中木龙骨及木龙骨带毛地板按地板面积计算。

5）隔墙、护壁、柱、顶棚面层及木地板刷防火涂料，执行其他木材刷防火涂料子目。

6）木楼梯（不包括底面）油漆，按水平投影面积乘以 2.3 系数计算，执行木地板相应子目。

表 2-3　执行木门定额工程量乘系数

项目名称	系　数	工程量计算方法
单层木门	1.00	
双层(一玻一纱)木门	1.36	
双层(单裁口)木门	2.00	按单面洞口面积计算
单层全玻门	0.83	
木百叶门	1.25	
注：本表为木材面油漆。		

表 2-4　执行木窗定额工程量乘系数

项目名称	系　数	工程量计算方法
单层玻璃窗	1.00	
双层(一玻一纱)木窗	1.36	
双层框扇(单裁口)木窗	2.00	
双层框三层(二玻一纱)木窗	2.60	按单面洞口面积计算
单层组合窗	0.83	
双层组合窗	1.13	
木百叶窗	1.50	
注：本表为木材面油漆。		

表 2-5　执行木扶手定额工程量乘系数

项目名称	系　数	工程量计算方法
木扶手(不带托板)	1.00	
木扶手(带托板)	2.60	
窗帘盒	2.04	按延长米计算
封檐板、顺水板	1.74	
挂衣板、黑板框、单独木线条 100 mm 以外	0.52	
挂镜线、窗帘棍、单独木线条 100 mm 以内	0.35	
注：本表为木材面油漆。		

表 2-6　执行其他木材面定额工程量乘系数

项目名称	系　数	工程量计算方法
木板、纤维板、胶合板顶棚	1.00	
木护墙、木墙裙	1.00	
窗帘板、筒子板、盖板、门窗套、踢脚线	1.00	
清水板条顶棚、檐口	1.07	长×宽
木方格吊顶顶棚	1.20	
吸声板墙面、顶棚面	0.87	
暖气罩	1.28	

项目名称	系　数	工程量计算方法
木间壁、木隔断	1.90	单面外圈面积
玻璃间壁露明墙筋	1.65	
木栅栏、木栏杆(带扶手)	1.82	
衣柜、壁柜	1.00	按实刷展开面积
零星木装修	1.00	展开面积
梁柱饰面	1.00	展开面积
注：本表为木材面油漆。		

表 2-7　抹灰面油漆、涂料、裱糊工程量系数表

项目名称	系　数	工程量计算方法
混凝土楼梯底(板式)	1.15	水平投影面积
混凝土楼梯底(梁式)	1.00	展开面积
混凝土花格窗、栏杆花饰	1.82	单面外围面积
楼地面、顶棚、墙、柱、梁面	1.00	展开面积
注：本表为抹灰面油漆、涂料、裱糊。		

(5)套用单位钢门窗油漆定额的工程量乘以表 2-8 中系数；套用其他金属面定额的工程量乘以表 2-9 中系数；套用平板屋面定额(涂刷磷化、锌黄底漆)的工程量乘以表 2-10 中系数；套用抹灰面定额的工程量乘以表 2-11 中系数。

表 2-8　单层钢门窗油漆计算方法

项目名称	系　数	工程量计算方法
单层钢门窗	1.00	洞口面积
双层(一玻一纱)钢门窗	1.48	
钢百叶窗	2.74	
半截百叶钢门	2.22	
满钢门或包铁皮门	1.63	
钢折叠门	2.30	
射线防护门	2.96	框(扇)外围面积
厂库平开、推拉门	1.70	
铁丝网大门	0.81	
间壁	1.85	长×宽
平板屋面	0.74	斜长×宽
瓦垄板屋面	0.89	
排水、伸缩缝盖板	0.78	展开面积
吸气罩	1.63	水平投影面积

表 2-9 其他金属面油漆计算方法

项目名称	系 数	工程量计算方法
钢屋架、天窗架、挡风架	1.00	
屋架梁、支撑、檩条		
墙架(空腹式)	0.50	
墙架(格板式)	0.82	
钢柱、吊车梁、花式梁		
柱、空花构件	0.63	
操作台、走台、制动梁		重量(t)
钢梁车挡	0.71	
钢栅栏门、栏杆、窗栅	1.71	
钢爬梯	1.18	
轻型屋架	1.42	
踏步式钢扶梯	1.05	
零星铁件	1.32	

表 2-10 平板屋面油漆计算法

项目名称	系 数	工程量计算方法
平板屋面	1.00	斜长×宽
瓦垄板屋面	1.20	
排水、伸缩缝盖板	1.05	展开面积
吸气罩	2.20	水平投影面积
包镀锌铁皮门	2.20	洞口面积

表 2-11 抹灰面油漆计算法

项目名称	系 数	工程量计算方法
槽形底板、混凝土折板	1.30	长×宽
有梁板底	1.10	
密肋、井字梁底板	1.50	
混凝土平板式楼梯底	1.30	水平投影面积

6.其他装饰工程

按《全国统一装饰装修工程消耗量定额》执行的项目，其他工程定额说明如下：

(1)定额项目在实际施工中使用的材料品种、规格与定额取定不同时，可以换算，但人工、材料不变。

(2)定额中铁件已包括刷防锈漆一遍，如设计需涂刷油漆、防火涂料，按油漆、涂料、裱糊工程相应子目执行。

(3)招牌基层。

1)平面招牌是指安装在门前的墙面上的；箱体招牌、竖式标箱是指六面体固定在墙体上的；沿雨篷、檐口、阳台走向的立式招牌，套用平面招牌复杂项目。

2)一般招牌和矩形招牌是指正立面平整无凸出面，复杂招牌和异形招牌是指正立面有凸起或造型。

3)招牌的灯饰均不包括在定额内。

(4)美术字安装。

1)美术字均以成品安装固定为准。

2)美术字不分字体,均执行其他装饰项目工程定额。

(5)装饰线条。

1)木装饰线、石膏装饰线均以成品安装为准。

2)石材装饰线条均以成品安装为准。石材装饰线条磨边、磨圆角均包括在成品的单价中,不再另计。

(6)石材磨斜边、磨半圆边及台面开孔子目均为现场磨制。

(7)装饰线条以墙面上直线安装为准,如顶棚安装直线型、圆弧形或其他图案者,按以下规定计算。

1)顶棚面安装直线装饰线条,人工乘以1.34系数。

2)顶棚面安装圆弧装饰线条,人工乘以1.6系数,材料乘以1.1系数。

3)墙面安装圆弧装饰线条,人工乘以1.2系数,材料乘以1.1系数。

4)装饰线条做艺术图案者,人工乘以1.8系数,材料乘以1.1系数。

5)暖气罩挂板式是指钩挂在暖气片上;平墙式是指凹入墙内;明式是指凸出墙面;半凹半凸式按明式定额子目执行。

6)货架、柜类定额中未考虑面板拼花及饰面板上贴其他材料的花饰、造型艺术品。

按《全国统一装饰装修工程消耗量定额》执行的项目,其他工程定额工程量计算规则如下:

(1)平面招牌基层按正立面面积计算,复杂形的凹凸造型部分亦不增减。

(2)沿雨篷、檐口或阳台走向的立式招牌基层,按平面招牌复杂形执行时,应按展开面积计算。

(3)箱体招牌和竖式标箱的基层,按外围体积计算。突出箱外的灯饰、店徽及其他艺术装潢等均另行计算。

(4)灯箱的面层按展开面积以平方米计算。

(5)广告牌钢骨架以吨计算。

(6)美术字安装按字的最大外围矩形面积以个计算。

(7)压条、装饰线条均按延长米计算。

(8)暖气罩(包括脚的高度在内)按边框外围尺寸垂直投影面积计算。

(9)镜面玻璃安装、盥洗室木镜箱以正立面面积计算。

(10)货架、高货柜、收银台按正面面积计算,均以正立面的高(包括脚的高度在内)乘以宽按平方米计算。其他柜类项目均按延长米计算。

(11)塑料镜箱、毛巾环、肥皂盒、金属帘子杆、浴缸拉手、毛巾杆安装以只或副计算。不锈钢旗杆按延长米计算。大理石洗漱台以台面投影面积计算(不扣除孔洞面积)。

(12)收银台、试衣间等按个计算,其他按延长米计算。

(13)拆除工程量按拆除面积或长度计算,执行相应子目。

(三)分项工程(节)内容

(1)在定额项目表表头上方说明各分项工程(节)的工作内容及施工工艺标准。

(2)说明分项工程(节)项目包括的主要工序及操作方法。

(四)定额项目表

(1)分项工程定额编号(子目录)及定额单位。

(2)分项工程定额名称。

(3)定额基价。其中包括人工费、材料费、机械费。

(4)人工表现形式:一般只表示综合工日数。

(5)材料(含构、配件)表现形式:材料一览表内一般只列出主要材料和周转性材料名称、型号、规格及消耗数量。次要材料多以其他材料费的形式以"元"表示。

(6)施工机械表现形式:一般只列出主要机械名称及数量,次要机械以其他机械费的形式以"元"表示。

(7)预算定额单价(基价):包括人工工资单位、材料价格、机械台班单价,此三部分均为预算价格。在计算工程造价时,还要按各地规定调整价差。

(8)有的定额表下面还列有与本节定额有关的说明和附注、设计说明与定额规定不符时如何调整,以及说明其他应明确的但在定额总说明和分部说明中不包括的问题。

(五)附录、附件(或附表)

附录、附件(或附表)包括建筑机械台班费用定额表、砂浆混凝土配合比表、建筑材料名称规格和价格表,在定额换算和补充计算预算价值(综合单价)时使用。

四、预算定额的编制

1. 预算定额的编制原则

(1)必须全面贯彻执行国家有关基本建设的方针和政策。装饰预算定额一经颁发执行,即具有法令性。装饰预算定额的编制工作,实质上类似一种立法工作。其影响面较广,在编制时必须全面贯彻国家的方针、政策。

(2)必须按平均水平确定装饰预算定额。装饰预算定额是确定装饰产品预算价格的工具,其编制应遵守价值规律的客观要求,就是说,应在正常的施工条件下,以社会平均的技术熟练程度和平均的劳动强度,并在平均的技术装备条件下,确定完成单位合格产品所需的劳动消耗量,作为定额的消耗量水平,即社会必要劳动时间的平均水平。这种定额水平,是大多数施工企业能达到和超过的水平。

(3)装饰预算定额必须简明、准确、方便和适用。预算定额中所列工程项目必须满足施工生产的需要,便于计算工程量。每个定额子目的划分要恰当才能方便使用,预算定额编制中,对施工定额所划分的工程项目要加以综合或合并,尽可能减少编制项目。

编制装饰定额时,应尽量少留"活口",以减少定额的换算。为适应装饰工程的特点,装饰预算定额也应有一定的灵活性,允许按设计及施工的具体要求进行调整。

编制预算定额时,分项工程计量单位的选定,要考虑简化工程量的计算和便于人工、材料、机械台班消耗量的计算。

2. 预算定额的编制依据

(1)现行国家建筑装饰工程施工质量验收规范、技术安全操作规程和有关装饰标准图。

（2）全国统一建筑装饰工程劳动定额、施工定额及预算定额。

（3）现行有关设计资料（各种装饰通用标准图集，构件、产品的定型图集，其他有代表性的设计图纸）。

（4）现行的人工工资标准、材料预算价格、机械台班预算价格以及其他有关设备及构配件等价格资料。

（5）新技术、新材料、新工艺和先进经验资料等。

（6）施工现场测定资料、实验资料和统计资料。

3．预算定额的编制步骤

（1）准备阶段。调集人员、成立编制小组；收集编制资料；拟定编制方案；确定定额项目、水平和表现形式。

（2）编制初稿阶段。

1）调查和收集的各种资料，进行认真测算和深入细致的分析研究。

2）按确定编制的项目，由选定的设计图纸计算工程量。根据取定的各项消耗和编制依据，计算各定额项目的人工、材料和施工机械台班消耗量，编制定额项目表。最后，汇总形成预算定额初稿。

3）预算定额初稿编成后，应将新编定额与原定额进行比较，测算新定额的水平。

4）对新定额水平的测算结果应进行认真分析，弄清水平过高或过低的原因，并进行适当调整，直到符合社会平均水平。

（3）审定阶段。广泛征求意见，修改初稿后定稿并写出编制说明和送审报告，报送上级主管部门审批。

4．定额计量单位的选定

计量单位一般应根据结构构件或分项工程的特征及变化规律来确定。通常，当物体的三个度量（长、宽、高）都会发生变化时，选用 m^3（立方米）为计量单位，如土方、砖石、混凝土等工程；当物体的三个度量（长、宽、高）中有两个度量经常发生变化时，选用 m^2（平方米）为计量单位，如地面、抹灰、门窗等工程；当物体的截面形状基本固定，长度变化不定时，选用 m（米）、km（千米）为计量单位（如踢脚线、管线工程等）。当分项工程没有一定规格，而构造又比较复杂时，可按个、块、套、座、吨等为计量单位。

（1）定额计量单位的选择原则见表2-12。

表 2-12　定额计量单位的选择原则

序号	根据物体特征及变化规律	定额计量单位	实　　例
1	断面形状固定，长度不定	延长米	木装饰、踢脚线等
2	厚度固定、长度不定	m^2	楼地面、墙面、屋面、门窗等
3	长、宽、高都不固定	m^3	土石方、砖石、混凝土、钢筋混凝土等
4	面积或体积相同，质量和价格差异大	t 或 kg	金属构件等
5	形体变化不规律者	台、件、套、个、根	零星装修、给排水管道工程等

注：扩大计量单位在定额中可表示为 $10\ m^3$、$100\ m^2$、$10\ m$ 等。

（2）定额消耗计量单位及精确度的选择方法见表2-13。

表 2-13　定额消耗计量单位及精确度的选择方法

项　目		单　位	小数位数取定
人工		工日	取两位小数
主要材料及成套设备	木材	m³	取三位小数
	钢材	t	取三位小数
	铝合金型材	kg	取两位小数
	水泥	kg	取两位小数
	通风设备、电气设备	台	取整数
	其他材料	元	取两位小数
机械		台班	取两位小数
砂浆、混凝土、玛琋脂等		m³	取两位小数
定额基价(单价)		元	取两位小数

(3)定额计算单位公制表示法见表 2-14。

表 2-14　定额消耗计量单位及精确度的选择方法

计量单位名称	定额计量单位	计量单位名称	定额计量单位
长度	mm、cm、m	体积	m³
面积	mm²、cm²、m²	质量	t、kg

五、预算定额各类指标的确定

1. 人工消耗指标的确定

预算定额中人工消耗指标由基本用工和其他用工两部分组成。

(1)基本用工。基本用工是指为完成某个分项工程所需主要用工量。此外，还包括属于预算定额项目工作内容范围的一些基本用工量。

(2)其他用工。其他用工是辅助基本用工消耗的工日，按其工作内容分为三类：

1)人工幅度差用工，指在劳动定额中未包括的，而在一般正常施工情况下又不可避免的一些工时消耗。例如，施工过程中各工种的工序搭接、交叉配合所需的停歇时间、工程检查及隐蔽工程验收而影响工人的操作时间、场内工作操作地点的转移所消耗的时间及少量的零星用工时间等。

2)超运距用工，指超过劳动定额所规定的材料、半成品运距的用工数量。

3)辅助用工，指材料需要在现场加工的用工数量，如筛砂子、淋石灰膏等需增加的用工数量。

2. 材料消耗指标的确定

预算定额中的材料用量是由材料的净用量和材料的消耗量组成。材料消耗指标是在编制预算定额方案中已经确定的有关因素(如工程项目的划分、工程内容确定的范围、计量单位和工程量计算规则)的基础上，分别采用观测法、试验法、统计法和计算法，首先研究出材料的净用量，而后确定材料的损耗率计算出材料的消耗量，并结合测定的资料，采用加权平均的方法计算确定出材料的消耗指标。材料损耗率见表 2-15。

表 2-15 材料、成品、半成品损耗率参考表

材料名称	工程项目	损耗率/%
标准砖	基础	0.4
标准砖	实砖墙	1
标准砖	方砖柱	3
多孔砖	墙	1
白瓷砖		1.5
陶瓷锦砖	(马赛克)	1
铺地砖	(缸砖)	0.8
水磨石板		1
小青瓦、黏土瓦及水泥瓦	(包括脊瓦)	2.5
天然砂		2
砂	混凝土工程	1.5
砾(碎)石		2
生石灰		1
水泥		1
砌筑砂浆	砖砌体	1
混合砂浆	抹灰棚	3
混合砂浆	抹墙及墙裙	2
石灰砂浆	抹顶棚	1.5
石灰砂浆	抹墙及墙裙	1
水泥砂浆	顶棚、梁、柱、腰线	2.5
水泥砂浆	抹墙及墙裙	2
水泥砂浆	地面、屋面	1
混凝土(现浇)	地面	1
混凝土(现浇)	其余部分	1.5
混凝土(预制)	桩基础、梁、柱	1
混凝土(预制)	其余部分	1.5
钢筋	现浇及预制混凝土	2
铁件	成品	1
钢材		6
木材	门窗	6
木材	门芯板制作	13.1
玻璃	配制	15
玻璃	安装	3
沥青	操作	1

3. 机械台班消耗指标的确定

预算定额中的机械台班消耗指标是以台班为单位，每个台班按八小时计算。

(1)工人小组配用的机械应按工人小组日产量计算机械台班量，不另增加机械幅度差。计算公式如下：

$$分项定额机械台班使用量 = \frac{预算定额项目计量单位值}{小组总产量}$$

式中：

$$小组总产量 = 小组总人数 \times \sum (分项计算取定的比重 \times 劳动定额每工日综合产量)$$

(2)按机械台班产量计算。

$$分项定额机械台班使用量 = \frac{预算定额项目计量单位值}{机械台班产量} \times 机械幅度差系数$$

机械幅度差系数一般根据测定和统计资料取定。大型机械幅度差系数规定为：土方机械 1.25；打桩机械 1.33；吊装机械 1.3。其他工程机械，如木作、蛙式打夯机、水磨石机等专用机械均为 1.1。

六、装饰装修工程消耗量定额的应用

装饰装修工程消耗量定额的应用，包括直接套用、换算和补充三种形式。

1. 定额的直接套用

当施工图纸设计工程项目的内容与所选套的相应定额项目内容一致时，则可直接套用定额。在确定分项工程人工、材料、机械台班的消耗量时，绝大部分属于这种情况。直接套用定额项目的方法步骤如下：

(1)根据施工图纸设计的工程项目内容，从定额目录中查出该项目所在定额中的部位。选定相应施工图纸设计的工程项目与定额规定的内容一致时，可直接套用定额。

(2)在套用定额前，必须注意核实分项工程的名称、规格、计量单位与定额规定的名称、规格、计量单位是否一致。

(3)将定额编号和定额工料消耗量分别填入工料计算表内。

(4)确定工程项目所需人工、材料、机械台班的消耗量。其计算公式如下：

$$分项工程工料消耗量 = 分项工程量 \times 定额工料消耗指标$$

【例 2-1】某工程有普通花岗石地面 250 m²，其构造为：素水泥浆一道，200 mm 厚 1：2.5 水泥砂浆找平层，采用 8 mm 厚 1：1 水泥砂浆粘贴，试确定人工、材料、机械需要量。

分析：根据《全国统一建筑工程基础定额》(GJD—101—1995)，从定额目录中，查得花岗石工程的定额项目在《全国统一建筑工程基础定额》中的第八章第四节，花岗石分项工程内容与定额规定的内容完全相符，即可直接套用定额项目。

【解】(1)从定额项目表中查得该项目定额编号为"8—57"，每 100 m² 花岗石地面消耗量指标如下：综合人工为 24.17 工日，花岗石板 101.50 m²，1：2.5 水泥砂浆 2.02 m³，素水泥浆 0.10 m³，白水泥 10.00 kg，麻袋 22.00 m²，棉纱头 1.00 kg，锯木屑 0.60 m³，石料切割锯片 1.68 片，水 2.60 m³，灰浆搅拌机(2002)0.34 台班，石料切割机 1.60 台班。

(2)确定该工程花岗石楼地面分项人工、材料、机械台班的消耗量。

综合人工：   24.17×250＝6 042.5(工日)

花岗石板:	$101.50 \times 250 = 25\ 375 (m^3)$
1∶2.5 水泥砂浆:	$2.02 \times 250 = 505 (m^3)$
素水泥浆:	$0.10 \times 250 = 25 (m^3)$
白水泥:	$10.00 \times 250 = 2\ 500 (kg)$
麻袋:	$22.00 \times 250 = 5\ 500 (m^3)$
棉纱头:	$1.00 \times 250 = 250 (kg)$
锯木屑:	$0.60 \times 250 = 150 (m^3)$
石料切割锯片:	$1.68 \times 250 = 420 (片)$
水:	$2.60 \times 250 = 650 (m^3)$
灰浆搅拌机:	$0.34 \times 250 = 85 (台班)$
石料切割机:	$1.60 \times 250 = 400 (台班)$

2. 定额的换算

当施工图设计的工程项目内容，与选套的相应定额项目规定的内容不一致，如果定额规定有换算时，则应在定额规定的范围内进行换算。对换算后的定额项目，应在其定额编号后注明"换"字，以示区别，如"2—5 换"。

消耗量定额项目换算的基本原理：消耗量定额项目的换算主要是调整分项工程人工、材料、机械的消耗指标。但由于"三量"是计算工程单价的基础，因此，从确定工程造价的角度来看，定额换算的实质，就是对某些工程项目预算定额"三量"的消耗进行调整。

定额换算的基本思路是：根据设计图纸所示装饰分项工程的实际内容，选定某一相关定额子目，按定额规定换入应增加的人工、材料和机械，减去应扣除的人工、材料和机械。这一思路可以用下式表述：

换算后工料消耗量＝分项定额工料消耗量＋换入的工料消耗量－换出的工料消耗量

定额换算的几种情形：在装饰工程预算定额的总说明、分章说明及附注内容中，对定额换算的范围和方法都有具体的规定，这些规定是进行定额换算的基本依据。

下面以《全国统一建筑装饰装修工程消耗量定额》为例，说明装饰工程预算中常见定额的换算方法。

（1）材料配合比不同的换算。配合比材料，包括混凝土、砂浆、保温隔热材料等，由于混凝土、装饰砂浆配合比的不同，而引起相应消耗量的变化时，定额规定必须进行换算。其换算的计算公式为：

换算后材料消耗量＝分项定额材料消耗量＋配合比材料定额用量×（换入配合比材料原材单位用量－换出配合比材料原材单位用量）

【例 2-2】某装饰分项工程为混凝土柱面挂贴大理石，天然大理石采用 1∶2 水泥砂浆结合，但定额项目为 1∶2.5 水泥砂浆结合，工程量为 80 m²，试求分项工程人工、材料、机械需用量。

分析：根据设计说明的工程内容，只是所采用砌筑砂浆的强度等级不同，则只需调整水泥用量，查《全国统一建筑装饰装修工程消耗量定额》（GYD—901—2002）得换算定额编号为"2—034 换"。

查"抹灰砂浆配合比表"得，每 1 m³ 的 1∶2.5 水泥砂浆中水泥的含量为 490.00 kg，每

$1\ m^3$ 的 1∶2 水泥砂浆中水泥的含量为 557.00 kg。

【解】查定额 2—034 可得,原定额水泥砂浆中水泥消耗量＝0.0393×80×490＝1 540.56(kg)

换算定额水泥消耗量＝1 540.56+0.039 3×80×(557－490)＝1 751.21(kg)

(2)抹灰厚度不同的换算。对于抹灰砂浆的厚度,如设计与定额取定不同时,定额规定可以换算抹灰砂浆的用量,其他不变。

【例 2-3】某工程普通砖外墙水刷石,1∶1.5 水泥白石子浆水刷石面层厚度为 15 mm,工程量为 180.0 m^2,试求该分项工程工、料、机需用量。

分析:

1)根据《全国统一建筑装饰装修消耗量定额》(GYD—901—2002)定额说明,普通砖墙体水刷白石子浆面层厚度取定为 10 mm。

2)根据《全国统一建筑装饰装修消耗量定额》(GYD—901—2002)的有关规定,"抹灰砂浆厚度,如设计与定额取定不同时,除定额有注明厚度的项目可以换算外,其他一律不作调整"。工程墙面装饰设计采用 1∶1.5 水泥白石子浆面层厚度 15 mm,与分项定额中面层取定厚度不相同,则应进行调整。

【解】(1)查定额 2—005,可得分项定额工、料、机消耗量。

综合人工:	0.366 9 工日
水泥砂浆(1∶3):	0.013 9 m^3
水泥白石子浆(1∶1.5):	0.011 6 m^3
108 胶素水泥浆:	0.001 0 m^3
水:	0.028 3 m^3
灰浆搅拌机(200 L):	0.004 2 台班

(2)根据定额有关说明,"每增减 1 mm 厚砂浆,每平方米增减砂浆 0.001 2 m^3",由此可得换算后的工程分项工、料、机消耗量。

综合人工:	0.366 9×180.0＝66.042(工日)
1∶3 水泥砂浆:	0.013 9×180.0＝2.502(m^3)
1∶1.5 水泥白石子浆:	[0.011 6+0.001 2×(15－10)]×180.0＝3.168(m^3)
108 胶素水泥浆:	0.001 0×180.0＝0.18(m^3)
水:	0.028 3×180.0＝5.094(m^3)
灰浆搅拌机(200 L):	0.004 2×180.0＝0.756(台班)

(3)门窗断面积的换算。门窗断面积的换算方法是按断面积比例调整材料用量。

根据《全国统一建筑装饰装修消耗量定额》(GYD—901—2002),当设计断面与定额取定断面不同时,应按比例进行换算。框料以边框断面为准,扇料以立梃断面为准。其计算公式为:

$$分项定额换算消耗量＝分项定额消耗量×(设计断面积÷定额断面积)$$

(4)利用系数换算。利用系数换算是根据定额规定的系数,对定额项目中的人工、材料、机械等进行调整的一种方法。此类换算比较多见,方法也较简单,但在使用时应注意以下几个问题。

1)要按照定额规定的系数进行换算。

2)要注意正确区分定额换算系数和工程量换算系数。前者是换算定额分项中的人工、材料、机械的指标量，后者是换算工程量，二者不得混用。

3)正确确定项目换算的被调内容和计算基数。

其计算公式为：

$$分项定额换算消耗量＝分项定额消耗量×调整系数$$

【例 2-4】 某工程圆弧形外墙水刷豆石工程量为 106.9 m²。试计算该分项工程人工、材料、机械需用量。

分析：《全国统一建筑装饰装修消耗量定额》(GYD—901—2002)中规定：圆弧形、锯齿形等不规则墙面抹灰、镶贴块料按相应项目人工乘以系数 1.15，材料乘以系数 1.05。

【解】 (1)查定额 2—001,可得定额工、料、机消耗量。

综合人工：	0.369 2 工日
水泥砂浆(1∶3)：	0.028 8 m²
水泥白石子浆(1∶1.25)：	0.014 0 m²
108 胶素水泥浆：	0.001 0 m²
水：	0.028 8 m²
灰抹搅拌机(出料容量 200 L)：	0.004 7 台班

(2)换算后的工程分项人工、材料、机械消耗量。

综合人工：	0.396 2×1.15×106.9＝45.39(工日)
1∶3 水泥砂浆：	0.028 8×1.05×106.9＝3.23(m²)
1∶1.25 水泥白石子浆：	0.014 0×1.05×106.9＝1.57(m³)
108 胶素水泥浆：	0.001 0×1.05×106.9＝0.112(m³)
水：	0.028 8×1.05×106.9＝3.23(m³)
灰浆搅拌机(出料容量 200 L)：	0.004 7×1.15×106.9＝0.528(台班)

第四节　施　工　定　额

一、施工定额的概念与作用

施工定额是直接用于施工管理中的定额。它是以同一性质的施工过程或工序为测定对象，确定工人在正常施工条件下，为完成单位合格产品所需人工、机械、材料消耗的数量标准，企业定额一般称为施工定额。施工定额由人工定额、材料定额和机械台班定额组成，是最基本的定额。

施工定额主要用于企业内部施工管理，概括起来有以下几方面的作用：

(1)是企业计划管理工作的基础，是编制施工组织设计，施工作业计划，人工、材料和机械使用计划的依据。

(2)是编制单位工程施工预算，进行施工预算和施工图预算对比，加强企业成本管理和经济核算的依据。

(3)是施工队向工人班组签发施工任务书和限额领料单的依据。

（4）是计算劳动报酬与奖励，贯彻按劳分配，推行经济责任制的依据，如实行内部经济包干，则签订包干合同。

（5）是开展社会主义劳动竞赛，制定评比条件的依据。

（6）是编制预算定额和企业补充定额的基础。

编制和执行好施工定额并充分发挥其作用，对促进施工企业内部施工管理水平的提高，加强经济核算，提高劳动生产率，降低工程成本，提高经济效益，具有十分重要的意义。

二、人工定额

（一）人工定额的概念、作用和表现形式

1. 人工定额的概念

人工定额又称劳动定额，是在正常的施工（生产）条件下、在一定的生产技术和生产组织条件下、在平均先进水平的基础上制定的。它表明每个建筑装饰工人生产单位合格产品所必须消耗的劳动时间，或在单位时间内所生产的合格产品的数量。

2. 人工定额的作用

人工定额的作用主要表现在组织生产和按劳分配两个方面。在一般情况下，两者是相辅相成的，即生产决定分配，分配促进生产。当前对企业基层推行的各种形式的经济责任制的分配形式，无一不是以人工定额作为核算基础的。具体来说，人工定额的作用主要表现在以下几个方面：

（1）人工定额是编制施工作业计划的依据。编制施工作业计划必须以人工定额作为依据，才能准确地确定劳动消耗并合理地确定工期，不仅在编制计划时要依据人工定额，在实施计划时，也要按照人工定额合理地平衡调配和使用劳动力，以保证计划的实现。

通过施工任务书把施工作业计划和人工定额下达给生产班组作为施工（生产）指令，组织工人达到和超过人工定额水平，完成施工任务书下达的工程量。这样就可把施工作业计划和人工定额通过施工任务书这个中间环节与工人紧密联系起来，使计划落实到工人群众身上，从而使企业完成和超额完成计划有了切实可靠的保证。

（2）人工定额是贯彻按劳分配原则的重要依据。按劳分配原则是社会主义社会的一项基本原则。贯彻这个原则必须以平均先进的人工定额为衡量尺度，按照工人生产产品的数量和质量来进行分配。工人完成人工定额的水平决定了他们实际收入和超额劳动报酬的多少，只有多劳才能多得。这样就可把企业完成施工（生产）计划、提高经济效益与个人物质利益直接结合起来。

（3）人工定额是开展社会主义劳动竞赛的必要条件。社会主义劳动竞赛，是调动广大职工建设社会主义积极性的有效措施。人工定额在竞赛中起着检查、考核和衡量的作用。一般来说，完成人工定额的水平越高，对社会主义建设事业的贡献也就越大。以人工定额为标准，就可以衡量出工人贡献的大小、工效的高低，使不同单位、不同工种工人之间有了可比性，便于鼓励先进，帮助后进，带动一般，从而提高劳动生产率，加快建设速度。

（4）人工定额是企业经济核算的重要基础。为了考核、计算和分析工人在生产中的劳动消耗和劳动成果，就要以人工定额为依据进行劳动核算。人工定额完成情况、单位工程用工、人工成本（或单位工程的工资含量）是企业经济核算的重要内容。只有用人工定额严格、

精确地计算和分析比较施工(生产)中的消耗和成果,对劳动消耗进行监督和控制,不断降低单位成品的工时消耗,努力节约人力,才能降低产品成本中的人工费和分摊到产品成本中的管理费。

3. 人工定额的形式

人工定额按照用途不同,可以分为时间定额和产量定额两种形式。

(1)时间定额就是某种专业(工种)、某种技术等级的工人小组或个人,在合理的劳动组织、合理的使用材料、合理的施工机械配合条件下,生产某一单位合格产品所必需的工作时间,包括准备与结束时间、基本生产时间、辅助生产时间、不可避免的中断时间以及工人必要的休息时间。

时间定额以工日为单位,每一工日按8 h计算,其计算公式如下:

$$单位产品时间定额(工日) = \frac{1}{每工产量}$$

或

$$单位产品时间定额(工日) = \frac{小组成员工日数总和}{台班产量}$$

(2)产量定额就是在合理的劳动组织、合理的使用材料、合理的机械配合条件下,某种专业(工种)、某种技术等级的工人小组或个人,在单位工日中所完成的合格产品的数量。

产量定额根据时间定额计算,其计算公式如下:

$$每工产量 = \frac{1}{单位产品时间定额(工日)}$$

或

$$台班产量 = \frac{小组成员工日数的总和}{单位产品时间定额(工日)}$$

产量定额的计量单位,通常以自然单位或物理单位来表示,如台、套、个、米、平方米、立方米等。

产量定额的高低与时间定额成反比,两者互为倒数。生产某一单位合格产品所消耗的工时越少,则在单位时间内的产品产量就越高;反之就越低。

$$时间定额 \times 产量定额 = 1$$

或

$$时间定额 = \frac{1}{产量定额}$$

$$产量定额 = \frac{1}{时间定额}$$

所以两种定额中,无论知道哪一种定额,都可以很容易地计算出另一种定额。

时间定额和产量定额是同一个人工定额量的不同表示方法,但有各自不同的用处。时间定额便于综合,便于计算总工日数,便于核算工资,所以人工定额一般均采用时间定额的形式。产量定额便于施工班组分配任务,便于编制施工作业计划。

(二)人工定额的编制

1. 分析基础资料,拟定编制方案

(1)影响工时消耗因素的确定。

1)技术因素。包括完成产品的类别,材料、构配件的种类和型号等级,机械和机具的种类、型号和尺寸,产品质量等。

2)组织因素。包括操作方法和施工的管理与组织,工作地点的组织,人员组成和分工,工资与奖励制度，原材料和构配件的质量及供应的组织，气候条件等。

（2）计时观察资料的整理。对每次计时观察的资料进行整理之后，要对整个施工过程的观察资料进行系统的分析研究和整理。

整理观察资料大多采用平均修正法。平均修正法是一种在对测时数列进行修正的基础上，求出平均值的方法。修正测时数列，就是剔除或修正那些偏高、偏低的可疑数值。目的是保证分析结果不受那些偶然性因素的影响。

当测时数列受到产品数量的影响时，采用加权平均值则比较适当。因为采用加权平均值可在计算单位产品工时消耗时，考虑到每次观察中产品数量变化的影响，从而获得可靠的数值。

（3）日常积累资料的整理和分析。日常积累的资料主要有四类，第一类是现行定额的执行情况及存在问题的资料；第二类是企业和现场补充定额资料，如因现行定额漏项而编制的补充定额资料，因解决采用新技术、新结构、新材料和新机械而产生的定额缺项所编制的补充定额资料；第三类是已采用的新工艺和新操作方法的资料；第四类是现行的施工技术规范、操作规程、安全规程和质量标准等。

（4）拟定定额的编制方案。

1）提出对拟编定额的定额水平总的设想。

2）拟定定额分章、分节、分项的目录。

3）选择产品和人工、材料、机械的计量单位。

4）设计定额表格的形式和内容。

2．确定正常的施工条件

（1）拟定工作地点的组织。工作地点是工人施工活动场所。拟定工作地点的组织时，要特别注意使人在操作时不受妨碍，所使用的工具和材料应按使用顺序放置于工人最便于取用的地方，以减少疲劳和提高工作效率，工作地点应保持清洁和秩序井然。

（2）拟定工作组成。拟定工作组成就是将工作过程按照劳动分工划分为若干工序，以达到合理安排技术工人的目的。工作组成可以采用两种基本方法：一种是把工作过程中较简单的工序，划分给技术熟练程度较低的工人去完成；一种是分出若干个技术程度较低的工人，去帮助技术程度较高的工人工作。采用后一种方法就是把个人完成的工作过程变成小组完成的工作过程。

（3）拟定施工人员编制。拟定施工人员编制即确定小组人数、技术工人的配备，以及劳动的分工和协作。原则是使每个工人都能充分发挥作用，均衡地担负工作。

3．确定人工定额消耗量的方法

时间定额是在拟定基本工作时间、辅助工作时间、不可避免中断时间、准备与结束的工作时间，以及休息时间的基础上制定的。

（1）拟定基本工作时间。基本工作时间在必须消耗的工作时间中占的比重最大。在确定基本工作时间时，必须细致、精确。基本工作时间消耗一般应根据计时观察资料来确定。其做法是，首先确定工作过程每一组成部分的工时消耗，然后再综合出工作过程的工时消耗。如果组成部分的产品计量单位和工作过程的产品计量单位不符，就需先求出不同计量单位的换算系数，进行产品计量单位的换算，然后再相加，求得工作过程的工时消耗。

（2）拟定辅助工作时间和准备与结束工作时间。辅助工作和准备与结束工作时间的确定方法与基本工作时间相同，但是如果这两项工作时间在整个工作班工作时间消耗中所占比重不超过5%～6%，可归纳为一项，以工作过程的计量单位表示，确定出工作过程的工时消耗。

（3）拟定不可避免的中断时间。在确定不可避免中断时间定额时，必须注意由工艺特点所引起的不可避免中断才可列入工作过程的时间定额。

不可避免中断时间需要根据测时资料通过整理分析获得，也可以根据经验数据或工时规范，以占工作日的百分比表示此项工时消耗的时间定额。

（4）拟定休息时间。休息时间应根据工作班作息制度、经验资料、计时观察资料，以及对工作的疲劳程度做全面分析来确定。同时，应考虑尽可能利用不可避免中断时间作为休息时间。

（5）拟定定额时间。确定的基本工作时间、辅助工作时间、准备与结束工作时间、不可避免中断时间和休息时间之和，就是人工定额的时间定额。根据时间定额可计算出产量定额，时间定额和产量定额互成倒数。

利用工时规范，可以计算人工定额的时间定额，计算公式为：

$$作业时间＝基本工作时间＋辅助工作时间$$

$$规范时间＝准备与结束工作时间＋不可避免的中断时间＋休息时间工作$$

$$工序作业时间＝基本工作时间＋辅助工作时间＝\frac{基本工作时间}{1－辅助工作时间\%}$$

$$定额时间＝\frac{作业时间}{1－规范时间\%}$$

三、机械台班使用定额

（一）机械台班使用定额的概念和表现形式

1. 机械台班使用定额的概念

在建筑装饰工程施工中，有些工程产品或工作是由工人来完成的，有些是由机械来完成的，有些则是由人工和机械配合共同完成的。由机械或人机配合来完成的产品或工作中，就包含一个机械工作时间。

机械台班使用定额或称机械台班消耗定额，是指在正常施工条件下，合理地组织人工和使用机械，完成单位合格产品或某项工作所必需的机械工作时间，包括准备与结束时间、基本工作时间、辅助工作时间、不可避免的中断时间以及使用机械的工人生理需要与休息时间。

2. 机械台班使用定额的表现形式

机械台班使用定额按其表现形式的不同，可分为时间定额和产量定额。

（1）机械时间定额是指在合理劳动组织与合理使用机械条件下，完成单位合格产品所必需的工作时间，包括有效工作时间（正常负荷下的工作时间和降低负荷下的工作时间）、不可避免的中断时间、不可避免的无负荷工作时间。机械时间定额以"台班"表示，即一台机械工作一个作业班时间。一个作业班时间为8 h。

$$单位产品机械时间定额（台班）＝\frac{1}{台班产量}$$

由于机械必须由工人小组配合，所以完成单位合格产品的时间定额，同时列出人工时间定额，即：

$$单位产品人工时间定额(工日)=\frac{小组成员总人数}{台班产量}$$

（2）机械产量定额是指在合理劳动组织与合理使用机械条件下，机械在每个台班时间内应完成合格产品的数量：

$$机械台班产量定额=\frac{1}{机械时间定额(台班)}$$

机械时间定额和机械产量定额互为倒数关系。

复式表示法有如下形式：

$$\frac{人工时间定额}{机械台班产量} 或 \left.\frac{人工时间定额}{机械台班产量}\right|_{台班车次}$$

(二)机械台班使用定额的编制

1. 拟定正常的施工条件

拟定机械工作正常条件，主要是拟定工作地点的合理组织和合理的工人编制。

工作地点的合理组织，就是对施工地点机械和材料的放置位置、工人从事操作的场所做出科学合理的平面布置和空间安排。它要求施工机械和操纵机械的工人在最小范围内移动，但又不阻碍机械运转和工人操作；应使机械的开关和操纵装置尽可能集中地装置在操纵工人的近旁，以节省工作时间和减轻劳动强度；应最大限度地发挥机械的效能，减少工人的手工操作。

拟定合理的工人编制，就是根据施工机械的性能和设计能力以及工人的专业分工和劳动工效，合理确定操纵机械的工人和直接参加机械化施工过程的工人的编制人数。

拟定合理的工人编制，应要求保持机械的正常生产率和工人正常的劳动工效。

2. 确定机械1h纯工作正常生产率

确定机械正常生产率时，必须首先确定机械纯工作1h的正常生产率。

机械纯工作时间，就是指机械的必需消耗时间。机械1h纯工作正常生产率，就是在正常施工组织条件下，具有必需的知识和技能的技术工人操纵机械1h的生产率。

根据机械工作特点的不同，机械1h纯工作正常生产率的确定方法也有所不同。对于循环动作机械，确定机械纯工作1h正常生产率的计算公式为：

$$\begin{aligned}机械一次循环的\\正常延续时间\end{aligned}=\sum\left(\begin{aligned}循环各组成部分\\正常延续时间\end{aligned}\right)-交叠时间$$

$$\begin{aligned}机械纯工作1h\\循环次数\end{aligned}=\frac{60\times60(s)}{一次循环的正常延续时间}$$

$$\begin{aligned}机械纯工作1h\\正常生产率\end{aligned}=\begin{aligned}机械纯工作1h\\正常循环次数\end{aligned}\times\begin{aligned}一次循环生产\\的产品数量\end{aligned}$$

从公式中可以看到，计算循环机械纯工作1h正常生产率的步骤是：根据现场观察资料和机械说明书确定各循环组成部分的延续时间；将各循环组成部分的延续时间相加，减去各组成部分之间的交叠时间，求出循环过程的正常延续时间；计算机械纯工作1h的正常循环次数；计算循环机械纯工作1h的正常生产率。

对于连续动作机械，确定机械纯工作1h正常生产率要根据机械的类型和结构特征，以

及工作过程的特点来进行,计算公式为:

$$连续动作机械纯工作 \atop 1\,h\,正常生产率 = {工作时间内生产的产品数量 \over 工作时间(h)}$$

工作时间内的产品数量和工作时间的消耗,要通过多次现场观察和机械说明书来取得数据。

对于同一机械进行不同的工作过程,如挖掘机所挖土壤的类别不同,碎石机所破碎的石块硬度和粒径不同,均需分别确定其纯工作 1 h 的正常生产率。

3. 确定施工机械的正常利用系数

施工机械的正常利用系数,是指机械在工作班内对工作时间的利用率。机械的利用系数和机械在工作班内的工作状况有着密切的关系。所以,要确定机械的正常利用系数,首先要拟定机械工作班的正常工作状况,保证合理利用工时。

确定机械正常利用系数,要计算工作班正常状况下准备与结束工作,机械启动、机械维护等工作所必需消耗的时间,以及机械有效工作的开始与结束时间,从而进一步计算出机械在工作班内的纯工作时间和机械正常利用系数。机械正常利用系数的计算公式为:

$$机械正常 \atop 利用系数 = {机械在一个工作班内纯工作时间 \over 一个工作班延续时间(8\,h)}$$

4. 计算施工机械台班产量定额

计算施工机械台班产量定额是编制机械定额工作的最后一步。在确定了机械工作正常条件、机械 1 h 纯工作正常生产率和机械正常利用系数之后,采用下列公式计算施工机械的产量定额:

$$施工机械台班 \atop 产量定额 = {机械1\,h纯工作 \atop 正常生产率} \times {工作班纯工作 \atop 时间}$$

或

$$施工机械台 \atop 班产量定额 = {机械1\,h纯工 \atop 作正常生产率} \times {工作班延 \atop 续时间} \times {机械正常 \atop 利用系数}$$

$$施工机械时间定额 = {1 \over 机械台班产量定额指标}$$

四、材料消耗定额

(一)材料消耗定额概述

1. 材料消耗定额的概念

材料消耗定额是指在正常的施工(生产)条件下,在节约和合理使用材料的情况下,生产单位合格产品所必须消耗的一定品种、规格的材料、半成品、配件等的数量标准。

材料消耗定额是编制材料需要量计划、运输计划、供应计划,计算仓库面积,签发限额领料单和经济核算的根据。制定合理的材料消耗定额是组织材料的正常供应、保证生产顺利进行,以及合理利用资源,减少积压、浪费的必要前提。

2. 施工中材料消耗的组成

施工中材料的消耗,可分为必须消耗的材料和损失的材料两类。

必须消耗的材料,是指在合理用料的条件下,生产合格产品所需消耗的材料。它包括直接用于建筑和安装工程的材料、不可避免的施工废料、不可避免的材料损耗。

必须消耗的材料属于施工正常消耗，是确定材料消耗定额的基本数据。其中，直接用于建筑和安装工程的材料，编制材料净用量定额；不可避免的施工废料和材料损耗，编制材料损耗定额。

材料各种类型的损耗量之和称为材料损耗量，除去损耗量之后净用于工程实体上的数量称为材料净用量，材料净用量与材料损耗量之和称为材料总消耗量，损耗量与总消耗量之比称为材料损耗率，它们的关系用公式表示为：

$$损耗率=\frac{损耗量}{总消耗量}\times100\%$$

$$损耗量=总消耗量-净用量$$

$$净用量=总消耗量-损耗量$$

$$总消耗量=\frac{净用量}{1-损耗率}$$

或

$$总消耗量=净用量+损耗量$$

为了计算简便，通常将损耗量与净用量之比作为损耗率，即：

$$损耗率=\frac{损耗量}{净用量}\times100\%$$

$$总消耗量=净用量\times(1+损耗率)$$

(二)材料消耗定额的制定方法

材料消耗定额必须在充分研究材料消耗规律的基础上制定。科学的材料消耗定额应当是材料消耗规律的正确反映。材料消耗定额是通过施工生产过程中对材料消耗进行观测、试验以及根据技术资料的统计与计算等方法制定的。

1. 观测法

观测法亦称现场测定法，是在合理使用材料的条件下，在施工现场按一定程序对完成合格产品的材料耗用量进行测定，通过分析、整理，最后得出一定施工过程单位产品的材料消耗定额。现场测定法主要用于编制材料损耗定额，也可以提供编制材料净用量定额的数据。其优点是能通过现场观察、测定，取得产品产量和材料消耗的情况，为编制材料定额提供技术根据。

观测法的首要任务是选择典型的工程项目，其施工技术、组织及产品质量，均应符合技术规范的要求；材料的品种、型号、质量也应符合设计要求；产品检验合格，操作工人能合理使用材料和保证产品质量。在观测前要充分做好准备工作，如选用标准的运输工具和衡量工具，采取减少材料损耗措施等。观测的结果是要取得材料消耗数量和产品数量的数据资料。

观测法是在现场实际施工中进行的。观测法的优点是真实可靠，能发现一些问题，也能消除一部分消耗材料的不合理浪费因素。但是，用这种方法制定材料消耗定额，由于受到一定的生产技术条件和观测人员的水平等限制，仍然不能把所消耗材料的不合理因素都揭露出来。同时，也有可能把生产和管理工作中的某些与消耗材料有关的缺点保存下来。

对观测取得的数据资料要进行分析研究，区分哪些是合理的，哪些是不合理的，哪些是不可避免的，以制定出在一般情况下都可以达到的材料消耗定额。

2. 试验法

试验法是指在材料试验室中进行试验和测定材料消耗的数据。例如，以各种原材料为变量因素，求得不同强度等级混凝土的配合比，从而计算出每立方米混凝土的各种材料耗用量。

试验法主要用于编制材料净用量定额。通过试验，能够对材料的结构、化学成分和物理性能以及按强度等级控制的混凝土、砂浆配比得出科学的结论，为编制材料消耗定额提供有技术根据的、比较精确的计算数据。

但是，试验法不能取得在施工现场实际条件下，由于各种客观因素对材料耗用量影响的实际数据，这是该法的不足之处。

试验室试验必须符合国家有关标准规范，计量要使用标准容器和称量设备，质量要符合施工与验收规范要求，以保证获得可靠的定额编制依据。

3. 统计法

统计法是指通过对现场进料、用料的大量统计资料进行分析计算，获得材料消耗的数据。这种方法由于不能分清材料消耗的性质，因而不能作为确定材料净用量定额和材料损耗定额的精确依据。对积累的各分部分项工程结算的产品所耗用材料的统计分析，是根据各分部分项工程拨付材料数量、剩余材料数量及总共完成的产品数量来进行的。

采用统计法，必须要保证统计和测算的耗用材料和相应产品一致。在施工现场中的某些材料，往往难以区分用在各个不同部位上的准确数量，因此要有意识地加以区分，才能得到有效的统计数据。用统计法制定材料消耗定额一般采取两种方法：

(1)经验估算法。指以有关人员的经验或以往同类产品的材料实耗统计资料为依据，在研究分析并考虑有关影响因素的基础上制定材料消耗定额的方法。

(2)统计法。统计法是对某一确定的单位工程拨付一定的材料，待工程完工后，根据已完成的产品数量和领退材料的数量，进行统计和计算的一种方法。这种方法的优点是不需要专门人员测定和实验。由统计得到的定额数据有一定的参考价值，但其准确程度较差，应对其分析研究后才能采用。

4. 理论计算法

理论计算法是指根据施工图，运用一定的数学公式，直接计算材料耗用量。计算法只能计算出单位产品的材料净用量，材料的损耗量仍要在现场通过实测取得。采用这种方法必须对工程结构、图纸要求、材料特性和规格、施工及验收规范、施工方法等先进行了解和研究。计算法适用于计算不易产生损耗且容易确定废料的材料，如木材、钢材、砖瓦、预制构件等。因为这些材料根据施工图纸和技术资料从理论上都可以计算出来，不可避免的损耗也有一定的规律可循。

理论计算法是材料消耗定额制定方法中比较先进的方法。但是，用这种方法制定材料消耗定额，要求制定者必须掌握一定的技术资料和各方面的知识，并且有较丰富的现场施工经验。

(三)周转性材料消耗量的计算

在编制材料消耗定额时，某些工序定额、单项定额和综合定额中涉及周转材料的确定和计算。如人工定额中的架子工程、模板工程等。

周转性材料在施工过程中不属于通常的一次性消耗材料，而是可多次周转使用，经过修理、补充才逐渐消耗尽的材料。如：模板、钢板桩、脚手架等，实际上它亦是作为一种施工工具和措施。在编制材料消耗定额时，应按多次使用、分次摊销的办法确定。

周转性材料消耗的定额量是指每使用一次摊销的数量，其计算必须考虑一次使用量、周转使用量、回收价值和摊销量之间的关系。

第五节　建筑安装工程人工、材料、机械台班单价的确定

一、人工单价的组成和确定

人工单价又称人工工日单价，是指一个建筑安装生产工人工作一个工作日(《劳动法》规定一个工作日的工作时间为 8 h)应得的劳动报酬，即企业使用工人的技能、时间所给予的补偿。

1. 人工单价的组成

人工单价的构成在各地区、各部门不完全相同，目前，我国现行规定生产工人的人工工日单价组成如图 2-2 所示。

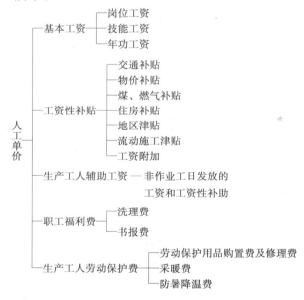

图 2-2　人工单价的构成

(1)生产工人基本工资。它指发放给生产工人的基本工资，包括岗位工资、技能工资和年功工资。它与工人的技术等级有关，一般来说，技术等级越高，工资也越高。

(2)工资性津贴。它是指为了补偿工人额外或特殊的劳动消耗及为了保证工人的工资水平不受特殊条件影响，而以补贴形式支付给工人的劳动报酬，它包括按规定标准发放的物价补贴，煤、燃气补贴，交通费补贴，住房补贴，流动施工津贴及地区津贴等。

(3)生产工人辅助工资。它指生产工人年有效施工天数以外非作业天数的工资，包括职工学习、培训期间的工资，调动工作、探亲、休假期间的工资，因气候影响的停工工资，女工哺乳的工资，病假在 6 个月以内的工资及产、婚、丧假期的工资。

(4)职工福利费。它指按规定标准从工资中计提的职工福利费。

(5)生产工人劳动保护费。它指按规定标准发放的劳动保护用品购置费及修理费、采暖费、防暑降温费，在有碍身体健康的环境中施工的保健费用等。

现阶段企业的人工单价大多由企业自己制定，但其中每一项内容都是根据有关法规、政策文件的精神，结合本部门、本地区和本企业的特点，通过反复测算最终确定的。近几年国家陆续出台了养老保险、医疗保险、住房公积金、失业保险等社会保障的改革措施，新的工资标准将上述内容会逐步纳入人工单价之中。

2. 人工单价的确定方法

根据"国家宏观调控、市场竞争形成价格"的现行工程造价的确定原则，人工单价是由市场形成，国家或地方不再定级定价。

人工单价与当地平均工资水平、劳动力市场供需变化、政府推行的社会保障和福利政策等有直接联系。不同地区、不同时间(农忙、过节等)的人工单价均有不同。

人工单价即日工资单价，其计算公式如下：

$$人工费 = \sum (工日消耗量 \times 日工资单价)$$

日工资单价$(G) = G_1 + G_2 + G_3 + G_4 + G_5$

(1)基本工资：

$$基本工资(G_1) = \frac{生产工人平均月工资}{年平均每月法定工作日}$$

(2)工资性补贴：

$$工资性补贴(G_2) =$$

$$\sum \frac{年发放标准}{全年日历日 - 法定工作日} + \sum \frac{月发放标准}{年平均每月法定工作日} + 每工作日发放标准$$

(3)生产工人辅助工资：

$$生产工资辅助工资(G_3) = \frac{全年无效工作日 \times (G_1 + G_2)}{全年日历日 - 法定工作日}$$

(4)职工福利费：

$$职工福利费(G_4) = (G_1 + G_2 + G_3) \times 福利费计提比例(\%)$$

(5)生产工人劳动保护费：

$$生产工人劳动保护费(G_5) = \frac{生产工人年平均支出劳动保护费}{全年日历日 - 法定工作日}$$

式中：年有效施工天数＝年应工作天数－年非作业天数。

年应工作天数按年日历天数 365 天，减去双休日、法定节假日后的天数。

年非作业工日指职工学习、培训、调动工作、探亲、休假，因气候影响，女工哺乳期，6 个月以内病假及产、婚、丧假等，在年应工作天数之内而未工作天数。

3. 影响人工单价的因素

影响建筑安装工人人工单价的因素很多，归纳起来有以下几方面：

(1)社会平均工资水平。建筑安装工人人工单价必然和社会平均工资水平趋同。社会平均工资水平取决于社会经济发展水平。由于我国改革开放以来经济迅速增长，社会平均工资也有大幅度增长，从而影响到人工单价的大幅提高。

(2)生产消费指数。生产消费指数的提高会带动人工单价的提高以减少生活水平的下降，或维持原来的生活水平。生活消费指数的变动决定于物价的变动，尤其决定于生活消费品物价的变动。

（3）人工单价的组成内容。例如住房公积金，养老保险、医疗保险、失业保险费等列入人工单价，会使人工单价提高。

（4）劳动力市场供需变化。劳动力市场如果需求大于供给，人工单价就会提高；供给大于需求，市场竞争激烈，人工单价就会下降。

（5）国家政策的变化。如政府推行社会保障和福利政策，会影响人工单价的变动。

需要指出的是，随着我国改革的深入，社会主义市场经济体制的逐步建立，企业按劳分配自主权的扩大，建筑企业工资分配标准早已突破以前企业工资标准的规定。因此，为适应社会主义市场经济的需要，人工单价应主要参考建筑劳务市场来确定。

二、材料预算价格组成和确定

材料预算价格是指材料由其来源地（或交货地点）运至工地仓库（或指定堆放地点）的出库价格，包括货源地至工地仓库之间的所有费用。这里的材料包括构件、半成品及成品。

1. 材料预算价格的组成

材料预算价格是指施工过程中耗费的构成工程实体的原材料、辅助材料、构配件、零件、半成品的费用的总和。内容包括：材料原价（或供应价格）、材料运杂费、材料运输损耗费、材料采购及保管费、材料检验试验费五部分，如图2-3所示。

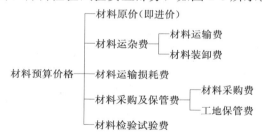

图 2-3　材料预算价格组成示意图

（1）材料原价。材料原价即材料的进价，指材料的出厂价、交货地价格、市场采购价格。

（2）材料运杂费。是指材料自货源地运至工地仓库所发生的全部费用，内容包括车船运输（包括运费、过路费、过桥费）和装车、卸车等费用。

（3）材料运输损耗费（又称途耗）。是指材料在运输及装卸过程中不可避免的损耗，如材料不可避免的损坏、丢失、挥发等。

（4）材料采购及保管费。是指为组织采购和工地保管材料过程中所需要的各项费用，内容包括采购费和工地保管费两部分。

1）材料采购费。材料采购费是指采购人员的工资、异地采购材料的车船费、市内交通费、住勤补助费、通信费等。

2）工地保管费。工地保管费是指工地材料仓库的搭建、拆除、维修费，仓库保管人工的费用，仓库材料的堆码整理费用以及仓储损耗。

（5）材料检验试验费。是指对建筑材料、构件和建筑安装物进行一般鉴定、检查所发生的费用，包括自设试验室进行试验所耗用的材料和化学药品等费用。不包括新结构、新材料的试验费和建设单位对具有出厂合格证明的材料进行检验，对构件做破坏性试验及其他特殊要求检验试验的费用。

在对有出厂合格证明的材料进行检验时，经检验材料合格者，其检验费应由提出检验方承担；经检验材料不合格者，其检验费应由材料供应方承担。

2. 材料预算价格的确定

在确定材料预算价格时，同一种材料若购买地及单价不同，应根据不同的供货数量及单价，采用加权平均的办法确定其材料预算价格。

（1）材料原价（或供应价格）。材料原价是指材料的出厂价格，进口材料抵岸价或销售部门的批发价和市场采购价（或信息价）。

（2）材料包装费。材料包装费是为了便于材料运输和材料保护而进行包装所需的一切费用。包装费包括包装物品的价值和包装费用。

凡由生产厂家负责包装的产品，其包装费已计入材料原价内，不再另行计算，但应扣除包装品的回收价值。包装器材如有回收价值，应考虑回收价值。地区有规定者，按地区规定计算；地区无规定者，可根据实际情况确定。

（3）材料运杂费。材料运杂费是指材料由其来源地（交货地点）起（包括经中间仓库转运）运至施工地仓库或堆放场地上，全部运输过程中所支出的一切费用，包括车船等的运输费、调车费、出入仓库费、装卸费等。

材料运杂费主要包括：车（船）运输费、调车（驳船）费、装卸费及附加工作费等。车（船）运输费是指火车、汽车、轮船运输材料时发生的途中运费；调车（驳船）费是指车（船）到专用线（专用装货码头）或非公用地点装货时发生的往返运费；装卸费是指火车、轮船、汽车上下货物时发生的费用；附加工作费是指货物从货源地运至工地仓库期间所发生的材料搬运、分类堆放及整理费用。

材料运杂费应按照国家有关部门和地方政府交通运输部门的规定计算，同一品种的材料如果有若干个来源地时，可根据材料来源地、运输方式、运输里程以及国家或地方规定的标准按加权平均的方法计算。

建筑材料的运输流程参见图2-4。

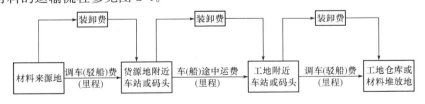

图 2-4　建筑材料运输流程图

$$材料运杂费=材料运输费+材料装卸费$$

$$材料运输费=\sum（各购买地的材料运输距离×运输单价×各地权数）$$

$$材料装卸费=\sum（各购买地的材料装卸单价×各地权数）$$

(4)材料运输损耗费。材料运输损耗是指材料在运输和装卸搬运过程中不可避免的损耗，一般通过损耗率规定损耗标准。

$$材料运输损耗费＝(材料原价＋材料运杂费)×运输损耗率$$

材料运输损耗率按照国家有关部门和地方政府交通运输部门的规定计算。

(5)材料采购及保管费。材料采购及保管费是指为组织采购、供应和保管材料过程中所需的各项费用，包括采购费、仓储费、工地保管费、仓储损耗。

$$材料采购及保管费＝(材料原价＋运杂费＋运输损耗费)×采购及保管费率$$

由于建筑材料的种类、规格繁多，采购保管费不可能按每种材料在采购保管过程中所发生的实际费用计算，只能规定几种费率。由建设单位供应材料到现场仓库，施工企业只收保管费。

(6)材料检验试验费。

$$材料检验试验费＝材料原价×检验试验费率$$

(7)材料预算价格。

$$材料预算价格＝材料原价＋材料运输费＋材料损耗费＋材料采购及保管费＋$$
$$材料检验试验费－包装品回收残值$$

3. 影响材料预算价格变动的因素

影响材料预算价格变动的因素，具体如下：

(1)市场供需变化会对材料预算价格产生影响。材料原价是材料预算价格中最基本的组成。市场供大于求时，价格就会下降，反之，价格就会上升，进而会影响材料预算价格的涨落。

(2)材料生产成本的变动直接涉及材料预算价格的波动。

(3)流通环节的多少和材料供应体制也会影响材料预算价格。

(4)运输距离和运输方法的变化会影响材料运输费的增减，从而也会影响材料预算价格。

(5)国际市场行情会对进口材料价格产生影响。

三、机械台班单价的组成和确定

施工机械台班单价亦称施工机械台班使用费，是指一台施工机械在正常运转条件下，一个工作班中所发生的全部费用。

施工机械台班单价以"台班"为计量单位。一台机械工作一班(一般按 8 h 计)就为一个台班。一个台班中为使机械正常运转所支出和分摊的各种费用之和，就是施工机械台班单价，或称台班使用费。机械台班费的比重，将随着施工机械化水平的提高而增加，所以，正确计算施工机械台班单价具有较重要的意义。

(一)施工机械台班单价的组成

施工机械台班单价按照有关规定由七项费用组成，这类费用按其性质分类，划分为第一类费用、第二类费用和其他费用三大类。

(1)第一类费用(又称固定费用或不变费用)。这些费用不因施工地点、条件的不同而发生大的变化。内容包括折旧费、大修理费、经常修理费、安拆费及场外运费。

（2）第二类费用（又称变动费用或可变费用）。这类费用常因施工地点和条件的不同而有较大的变化。内容包括机上人员工资、燃料动力费。

（3）其他费用。其他费用指上述两类费用以外的其他费用。内容包括车船使用税、牌照费、保险费等。

(二)施工机械台班单价的确定

1. 第一类费用（固定费用或不变费用）的确定

（1）折旧费。折旧费是指施工机械在规定使用期限内，每一台班所摊的机械原值及支付贷款利息的费用。其计算公式如下：

$$台班折旧费 = \frac{施工机械预算价格 \times (1 - 残值率) + 贷款利息}{耐用总台班}$$

$$施工机械预算价格 = 原价 \times (1 + 购置附加费率) + 手续费 + 运杂费$$

$$残值率 = \frac{施工机械残值}{施工机械预算价格} \times 100\%$$

$$耐用总台班 \binom{即施工机械从开始投入使用}{到报废前所使用的总台班数} = 修理间隔台班 \times 修理周期$$

（2）大修理费。大修理费是指施工机械按规定的大修理间隔进行必要的大修理，以恢复其正常的费用。

$$台班大修费 = \frac{一次大修费 \times (大修理周期 - 1)}{耐用总台班}$$

（3）经常修理费。经常修理费是指施工机械除大修理以外的各级保养及临时故障排除所需的费用。其中包括保障机械正常运转所需替换设备与随机配备工具附具的摊销及维护费用、机械运转日常保养所需润滑与擦拭的材料费用及机械停置期间的维护保养费用等。

$$台班经常修理费 = 台班大修理费 \times 经常修理费系数$$

（4）安拆费及场外运费。

1)安拆费是指施工机械在施工现场进行安装、拆卸所需的人工、材料、机械费及试运转费，以及安装所需的辅助设施的折旧、搭设、拆除等费用。

2)场外运费指施工机械整体或分件，从停放场地运至施工现场或由一个工地运至另一个工地，运距在 25 km 以内的机械进出场运输及转移费用，包括施工机械的装卸、运输、辅助材料、架线等费用。

$$机械台班安拆及场外运费 =$$
$$台班辅助设施摊销费 + \frac{机械一次安拆费 \times 年平均安拆次数 + \left(一次运输装卸费 + 辅助材料一次摊销费 + 一次架线费\right) \times 年平均场外运输次数}{年工作台班}$$

2. 第二类费用（变动费用或可变费用）的计算

（1）燃料动力费。燃料动力费是指机械在运转施工作业中所耗用的固定燃料（煤炭、木材）、液体燃料（汽油、柴油）、电力、水和风力等费用。

$$台班燃料动力费 = 台班燃料动力消耗量 \times 燃料或动力单价$$

（2）机上人员工资。机上人员工资是指机上司机（司炉）和其他操作人员的工作日人工费及上述人员在机械规定的年工作台班以外的人工费。

$$台班机上人员工资 = 人工消耗量 \times \left(1 + \frac{年度工作日 - 年工作台班}{年工作台班}\right) \times 人工单价$$

3. 其他费用的计算

其他费用指上述两类费用以外的其他费用。内容包括车船使用税、牌照费、保险费等。

(1)车船使用税。车船使用税是指按照国家和有关部门规定机械应缴纳的车船使用税。

$$台班车船使用税 = \frac{年车船使用税 + 年保险费 + 年检费用}{年工作台班}$$

(2)保险费指按有关规定应缴纳的第三者责任险、车主保险费等。

确定施工机械台班费的原理与确定人工费、材料费的原理相同，都是以定额中的各量分别乘以相应的工资标准及材料、燃料动力预算价格，计算出各项费用。但施工机械台班定额具有与其他定额不同的特点，在计算台班费时应加以注意。

第六节　单位估价表

一、单位估价表的概念与作用

单位估价表又称工程预算单价表，是以货币形式确定定额计量单位某分部分项工程或结构构件费用的文件。它是根据预算定额所确定的人工、材料和机械台班消耗数量乘以人工工资单价、材料预算价格和机械台班预算价格汇总而成。

单位估价表是预算定额在各地区的价格表现的具体形式。

(1)单位估价表是确定工程预算造价的基本依据之一，即按设计图纸计算出分项工程量后，分别乘以相应的定额单价(单位估价表)得出分项工程费用，汇总各分部分项费用，按规定计取各项费用，即得出单位工程全部预算造价。

(2)单位估价表是对设计方案进行技术经济分析的基础资料，即每个分项工程，如各种墙体、地面、装修等，同部位选择什么样的设计方案，除考虑生产、功能、坚固、美观等条件外，还必须考虑经济条件。这就需要采用单位估价表进行衡量、比较，在同样条件下选择一种经济合理的方案。

(3)单位估价表是进行已完工程结算的依据，即建设单位和施工企业，按单位估价表核对已完工程的单价是否正确，以便进行分部分项工程结算。

(4)单位估价表是施工企业进行经济分析的依据，即企业为了考核成本执行情况，必须按单位估价表中所定的单价和实际成本进行比较。通过对两者的比较，算出降低成本的多少并找出原因。

总之，单位估价表的作用很大。合理地确定单价，正确使用单位估价表，是准确确定工程造价，促进企业加强经济核算、提高投资效益的重要环节。

二、单位估价表的划分

单位估价表是在预算定额的基础上编制的。因定额种类繁多，如按工程定额性质、使用范围及编制依据不同，单位估价表可划分如下：

1. 按定额性质划分

(1)建筑工程单位估价表，适用于一般建筑工程。

(2)设备安装工程单位估价表，适用于机械、电气设备安装工程、给排水工程、电气照明工程、采暖工程、通风工程等。

2. 按使用范围划分

(1)全国统一定额单位估价表，适用于各地区、各部门的建筑及设备安装工程。

(2)地区单位估价表，是在地方统一预算定额的基础上，按本地区的工资标准、地区材料预算价格、建筑机械台班费用及本地区建设的需要而编制的，只适于本地区范围内使用。

(3)专业工程单位估价表，仅适用于专业工程的建筑及设备安装工程的单位估价表。

3. 按编制依据不同划分

单位估价表按编制依据分为定额单位估价表和补充单位估价表。

补充单位估价表，是指定额缺项，没有相应项目可使用时，可按设计图纸资料，依照定额单位估价表的编制原则，制定补充单位估价表。

三、单位估价表的编制

单位估价表的内容由两大部分组成：一是预算定额规定的工、料、机数量，即合计用工量、各种材料消耗量、施工机械台班消耗量；二是地区预算价格，即与上述三种"量相适应"的人工工资单价、材料预算价格和机械台班预算价格。

单位估价表、单位估价汇总表的内容和表格见表2-16、表2-17。

表2-16　单位估价表　　　　　　　　　　　　　　　　　　　　　10 m³

序　号	项　　目	单　位	单　价/元	数　量	合　计/元
1	综合人工	工日	×××	12.45	××××
2	水泥混合砂浆 M5	m³	×××	1.39	××××
3	烧结普通砖	千块	×××	4.34	××××
4	水	m³	×××	0.87	××××
5	灰浆搅拌机 200 L	台班	×××	0.23	××××
	合计				××××

表2-17　单位估价汇总表　　　　　　　　　　　　　　　　　　　　　元

定额编号	工程名称	计量单位	单位价值	其　中			附注
				工资	材料费	机械费	
4-23	空斗墙一眠一斗	10 m³	××××				
4-24	空斗墙一眠二斗	10 m³	××××				
4-25	空斗墙一眠三斗	10 m³	××××				
注：表格内容摘自《全国统一建筑工程基础定额》上册。							

本 章 小 结

定额在现代化经济和社会生活中无处不在，同时，随着生产力的发展也不断变化，对社会经济生活中复杂多样的事物进行起着计划、调节、组织、预测、控制和咨询作用。本章主要依据工程定额按编制程序和用途分类，分别介绍了概算指标、概算定额、预算定额、施工定额的概念与作用、编制依据、编制原则以及编制步骤与方法。

思 考 与 练 习

一、是非题

1. 预算定额不论在工程量计算方面，还是在编制预算书方面，都比概算简化了计算程序，省时省事。（　　）

2. 建筑装饰工程预算一般都包含了整个工程的施工内容，具体的实施要求都以合同条款形式加以明确，以备核查。（　　）

3. 编制装饰定额时，应尽量少留"活口"，以减少定额的换算。（　　）

4. 整理观察资料的方法大多采用加权平均值法。当测时数列受到产品数量的影响时，采用平均修正法则比较适当。（　　）

5. 凡由生产厂家负责包装的产品，其包装费已计入材料原价内，不再另行计算，但应扣除包装品的回收价值。（　　）

二、多项选择题

1. 下列有关概算指标的作用，描述正确的有（　　）。

A. 概算指标是编制初步设计概算，确定工程概算造价的依据

B. 概算指标是设计单位进行设计方案的技术经济分析，衡量设计水平，考核投资效果的标准

C. 概算指标是建设单位编制基本建设计划，申请投资拨款和编制主要材料计划的依据

D. 概算指标是编制预算定额的依据

2. 有关概算定额与预算定额的区别，描述正确的有（　　）。

A. 预算定额的每一个项目编号是以分部分项工程来划分的，而概算定额是将预算定额中一些施工顺序相衔接、相关性较大的分部分项工程综合成一个分部工程项目

B. 概算定额不论在工程量计算方面，还是在编制概算书方面，都比预算简化了计算程序，省时省事

C. 概算定额与预算定额之间应保留一个必要、合理的幅度差，以便用概算定额编制的概算，能控制用预算定额编制的施工图预算

D. 以上都对

3. 装饰装修工程消耗量定额的应用，包括(　　)形式。
   A. 直接套用
   B. 定额的补充
   C. 定额的换算
   D. 以上都可以
4. 用统计法制定材料消耗定额一般采取(　　)方法。
   A. 经验估算法
   B. 观测法
   C. 统计法
   D. 试验法
5. 施工机械台班固定费用包括(　　)。
   A. 折旧费
   B. 燃料动力费
   C. 大修理费
   D. 经常修理费

三、简答题

1. 什么是定额？定额的性质及作用是什么？
2. 建筑装饰工程定额的分类有哪些？
3. 什么是概算定额与概算指标，它们各自有什么作用？
4. 什么是预算定额？预算定额的作用是什么？
5. 简述建筑装饰工程预算定额的组成内容。
6. 什么是施工定额？施工定额的作用是什么？
7. 如何编制人工定额？
8. 施工中材料的消耗由哪几部分组成？
9. 如何确定人工、材料、机械台班单价？
10. 如何划分单位估价表？

第三章　建设工程项目费用

具备对建设工程项目费用计算的能力。

1. 了解我国现行工程造价的构成，熟悉建筑安装工程费用的划分方法。
2. 掌握建筑装饰工程费用的组成及计算方法。
3. 掌握建筑装饰工程费用的取费程序。

我国现行工程造价的构成主要划分为设备及工、器具购置费用，建筑安装工程费用，工程建设其他费用，预备费，建设期贷款利息，固定资产投资方向调节税等几项。具体构成内容如图 3-1 所示。

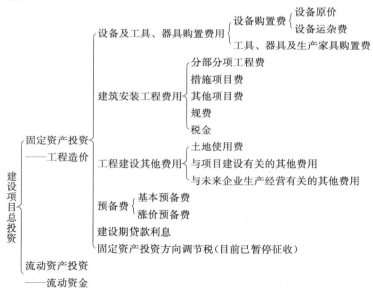

图 3-1　我国现行工程造价的构成

第一节　设备、工器具及生产家具购置费

一、设备购置费

设备购置费是指达到固定资产标准，为建设工程项目购置或自制的各种国产或进口设

备及工器具的费用。它由设备原价和设备运杂费构成。

$$设备购置费＝设备原价＋设备运杂费$$

上式中，设备原价指国产设备或进口设备的原价；设备运杂费指除设备原价之外的关于设备采购、运输、途中包装及仓库保管等方面支出费用的总和。

二、工具、器具及生产家具购置费

工具、器具及生产家具购置费，是指新建或扩建项目初步设计规定的，保证初期正常生产必须购置的没有达到固定资产标准的设备、仪器、工卡模具、器具、生产家具和备品备件等的购置费用。一般以设备购置费为计算基数，按照部门或行业规定的工具、器具及生产家具费率计算。计算公式为：

$$工具、器具及生产家具购置费＝设备购置费×定额费率$$

第二节　建筑安装工程费用

一、按照费用构成要素划分

建筑安装工程费按照费用构成要素划分，由人工费、材料(包含工程设备，下同)费、施工机具使用费、企业管理费、利润、规费和税金组成(图3-2)。其中人工费、材料费、施工机具使用费、企业管理费和利润包含在分部分项工程费、措施项目费、其他项目费中。

1. 人工费

(1)人工费组成。人工费是指按工资总额构成规定，支付给从事建筑安装工程施工的生产工人和附属生产单位工人的各项费用。内容包括：

1)计时工资或计件工资：指按计时工资标准和工作时间或对已做工作按计件单价支付给个人的劳动报酬。

2)奖金：指对超额劳动和增收节支支付给个人的劳动报酬。如节约奖、劳动竞赛奖等。

3)津贴、补贴：指为了补偿职工特殊或额外的劳动消耗和因其他特殊原因支付给个人的津贴，以及为了保证职工工资水平不受物价影响而支付给个人的物价补贴。如流动施工津贴、特殊地区施工津贴、高温(寒)作业临时津贴、高空津贴等。

4)加班加点工资：指按规定支付的在法定节假日工作的加班工资和在法定日工作时间外延时工作的加点工资。

5)特殊情况下支付的工资：指根据国家法律、法规和政策规定，因病、工伤、产假、计划生育假、婚丧假、事假、探亲假、定期休假、停工学习、执行国家或社会义务等原因按计时工资标准或计时工资标准的一定比例支付的工资。

(2)人工费计算。

1)人工费计算方法一：适用于施工企业投标报价时自主确定人工费，也是工程造价管理机构编制计价定额确定定额人工单价或发布人工成本信息的参考依据，计算公式如下：

$$人工费＝\sum(工日消耗量×日工资单价)$$

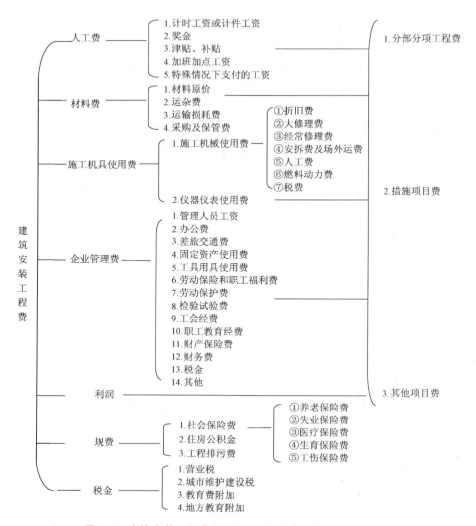

图 3-2 建筑安装工程费用项目组成(按费用构成要素划分)

$$日工资单价 = \frac{生产工人平均月工资(计时计件) + 平均月(奖金 + 津贴补贴 + 特殊情况下支付的工资)}{年平均每月法定工作日}$$

2)人工费计算方法二:适用于工程造价管理机构编制计价定额时确定定额人工费,是施工企业投标报价的参考依据,计算公式如下:

$$人工费 = \sum(工程工日消耗量 \times 日工资单价)$$

日工资单价是指施工企业平均技术熟练程度的生产工人在每工作日(国家法定工作时间内)按规定从事施工作业应得的日工资总额。

工程造价管理机构确定日工资单价应通过市场调查,根据工程项目的技术要求,参考实物工程量人工单价综合分析确定,最低日工资单价不得低于工程所在地人力资源和社会保障部门所发布的最低工资标准的:1.3倍(普工)、2倍(一般技工)、3倍(高级技工)。

工程计价定额不可只列一个综合工日单价,应根据工程项目技术要求和工种差别适当划分多种日人工单价，确保各分部工程人工费的合理构成。

2. 材料费

(1)材料费组成。材料费是指施工过程中耗费的原材料、辅助材料、构配件、零件、半成品或成品、工程设备的费用。其内容包括：

1)材料原价：指材料、工程设备的出厂价格或商家供应价格。

2)运杂费：指材料、工程设备自来源地运至工地仓库或指定堆放地点所发生的全部费用。

3)运输损耗费：指材料在运输装卸过程中不可避免的损耗。

4)采购及保管费：指为组织采购、供应和保管材料、工程设备的过程中所需要的各项费用。其中包括采购费、仓储费、工地保管费、仓储损耗。

工程设备是指构成或计划构成永久工程一部分的机电设备、金属结构设备、仪器装置及其他类似的设备和装置。

(2)材料费计算。

1)材料费。

$$材料费＝\sum（材料消耗量\times材料单价）$$

$$材料单价＝[（材料原价＋运杂费）\times（1＋运输损耗率）]\times（1＋采购保管费率）$$

2)工程设备费。

$$工程设备费＝\sum（工程设备量\times工程设备单价）$$

$$工程设备单价＝（设备原价＋运杂费）\times（1＋采购保管费率）$$

3. 施工机具使用费

(1)施工机具使用费组成。

施工机具使用费是指施工作业所发生的施工机械、仪器仪表使用费或其租赁费。

1)施工机械使用费：以施工机械台班耗用量乘以施工机械台班单价表示。施工机械台班单价应由下列七项费用组成：

①折旧费：指施工机械在规定的使用年限内，陆续收回其原值的费用。

②大修理费：指施工机械按规定的大修理间隔台班进行必要的大修理，以恢复其正常功能所需的费用。

③经常修理费：指施工机械除大修理以外的各级保养和临时故障排除所需的费用。包括为保障机械正常运转所需替换设备与随机配备工具附具的摊销和维护费用，机械运转中日常保养所需润滑与擦拭的材料费用及机械停滞期间的维护和保养费用等。

④安拆费及场外运费：安拆费指施工机械（大型机械除外）在现场进行安装与拆卸所需的人工、材料、机械和试运转费用以及机械辅助设施的折旧、搭设、拆除等费用；场外运费指施工机械整体或分体自停放地点运至施工现场或由一施工地点运至另一施工地点的运输、装卸、辅助材料及架线等费用。

⑤人工费：指机上司机（司炉）和其他操作人员的人工费。

⑥燃料动力费：指施工机械在运转作业中所消耗的各种燃料及水、电等。

⑦税费：指施工机械按照国家规定应缴纳的车船使用税、保险费及年检费等。

2)仪器仪表使用费：指工程施工所需使用的仪器仪表的摊销及维修费用。

(2)施工机具使用费计算。

1)施工机械使用费。

$$施工机械使用费=\sum（施工机械台班消耗量×机械台班单价）$$

机械台班单价=台班折旧费+台班大修费+台班经常修理费+台班安拆费及场外运费+

台班人工费+台班燃料动力费+台班车船税费

注：工程造价管理机构在确定计价定额中的施工机械使用费时，应根据《建筑施工机械台班费用计算规则》，并结合市场调查编制施工机械台班单价。施工企业可以参考工程造价管理机构发布的台班单价，自主确定施工机械使用费的报价，如租赁施工机械，公式为：

$$施工机械使用费=\sum（施工机械台班消耗量×机械台班租赁单价）$$

2)仪器仪表使用费。

$$仪器仪表使用费=工程使用的仪器仪表摊销费+维修费$$

4. 企业管理费

(1)企业管理费组成。企业管理费是指建筑安装企业组织施工生产和经营管理所需的费用。内容包括：

1)管理人员工资：指按规定支付给管理人员的计时工资、奖金、津贴补贴、加班加点工资及特殊情况下支付的工资等。

2)办公费：指企业管理办公用的文具、纸张、账表、印刷、邮电、书报、办公软件、现场监控、会议、水电、烧水和集体取暖降温(包括现场临时宿舍取暖降温)等费用。

3)差旅交通费：指职工因公出差、调动工作的差旅费、住勤补助费，市内交通费和误餐补助费，职工探亲路费，劳动力招募费，职工退休、退职一次性路费，工伤人员就医路费，工地转移费以及管理部门使用的交通工具的油料、燃料等费用。

4)固定资产使用费：指管理和试验部门及附属生产单位使用的属于固定资产的房屋、设备、仪器等的折旧、大修、维修或租赁费。

5)工具用具使用费：指企业施工生产和管理使用的不属于固定资产的工具、器具、家具、交通工具和检验、试验、测绘、消防用具等的购置、维修和摊销费。

6)劳动保险和职工福利费：指由企业支付的职工退职金，按规定支付给离休干部的经费，集体福利费，夏季防暑降温、冬季取暖补贴，上下班交通补贴等。

7)劳动保护费：指企业按规定发放的劳动保护用品的支出。如工作服、手套、防暑降温饮料以及在有碍身体健康的环境中施工的保健费用等。

8)检验试验费：指施工企业按照有关标准规定，对建筑以及材料、构件和建筑安装物进行一般鉴定、检查所发生的费用，包括自设试验室进行试验所耗用的材料等费用。不包括新结构、新材料的试验费，对构件做破坏性试验及其他特殊要求检验试验的费用和建设单位委托检测机构进行检测的费用；对此类检测发生的费用，由建设单位在工程建设其他费用中列支。但对施工企业提供的具有合格证明的材料进行检测不合格的，该检测费用由施工企业支付。

9)工会经费：指企业按《工会法》规定的全部职工工资总额比例计提的工会经费。

10)职工教育经费：指按职工工资总额的规定比例计提，企业为职工进行专业技术和职业技能培训，专业技术人员继续教育、职工职业技能鉴定、职业资格认定以及根据需要对职工进行各类文化教育所发生的费用。

11)财产保险费：指施工管理用财产、车辆等的保险费用。

12)财务费：指企业为施工生产筹集资金或提供预付款担保、履约担保、职工工资支付担保等所发生的各种费用。

13)税金：指企业按规定缴纳的房产税、车船使用税、土地使用税、印花税等。

14)其他：包括技术转让费、技术开发费、投标费、业务招待费、绿化费、广告费、公证费、法律顾问费、审计费、咨询费、保险费等。

（2）企业管理费费率。

1)以分部分项工程费为计算基础。

$$企业管理费费率 = \frac{生产工人年平均管理费}{年有效施工天数 \times 人工单价} \times 人工费占分部分项工程费比例$$

2)以人工费和机械费合计为计算基础。

$$企业管理费费率 = \frac{生产工人年平均管理费}{年有效施工天数 \times (人工单价 + 每一工日机械使用费)} \times 100\%$$

3)以人工费为计算基础。

$$企业管理费费率 = \frac{生产工人年平均管理费}{年有效施工天数 \times 人工单价} \times 100\%$$

注：上述公式适用于施工企业投标报价时自主确定管理费，是工程造价管理机构编制计价定额确定企业管理费的参考依据。

工程造价管理机构在确定计价定额中企业管理费时，应以定额人工费或(定额人工费＋定额机械费)作为计算基数，其费率根据历年工程造价积累的资料，辅以调查数据确定，列入分部分项工程和措施项目中。

5. 利润

利润是指施工企业完成所承包工程获得的盈利。施工企业根据企业自身需求并结合建筑市场实际自主确定，列入报价中。

工程造价管理机构在确定计价定额中利润时，应以定额人工费或(定额人工费＋定额机械费)作为计算基数，其费率根据历年工程造价积累的资料，并结合建筑市场实际确定，以单位(单项)工程测算，利润在税前建筑安装工程费的比重可按不低于5%且不高于7%的费率计算。利润应列入分部分项工程和措施项目中。

6. 规费

(1)规费组成。规费是指按国家法律、法规规定，由省级政府和省级有关权力部门规定必须缴纳或计取的费用。其中包括：

1)社会保险费。

①养老保险费：指企业按照规定标准为职工缴纳的基本养老保险费。

②失业保险费：指企业按照规定标准为职工缴纳的失业保险费。

③医疗保险费：指企业按照规定标准为职工缴纳的基本医疗保险费。

④生育保险费：指企业按照规定标准为职工缴纳的生育保险费。

⑤工伤保险费：指企业按照规定标准为职工缴纳的工伤保险费。

2)住房公积金：指企业按规定标准为职工缴纳的住房公积金。

3)工程排污费：指按规定缴纳的施工现场工程排污费。

其他应列而未列入的规费，按实际发生计取。

(2)规费计算。

1)社会保险费和住房公积金。社会保险费和住房公积金应以定额人工费为计算基础，根据工程所在地省、自治区、直辖市或行业建设主管部门规定费率计算。

$$社会保险费和住房公积金 = \sum（工程定额人工费 \times 社会保险费和住房公积金费率）$$

式中：社会保险费和住房公积金费率可以每万元发承包价的生产工人人工费和管理人员工资含量与工程所在地规定的缴纳标准综合分析取定。

2)工程排污费。工程排污费等其他应列而未列入的规费，应按工程所在地环境保护等部门规定的标准缴纳，按实际计取列入。

7. 税金

税金是指国家税法规定的应计入建筑安装工程造价内的营业税、城市维护建设税、教育费附加以及地方教育附加。

根据上述规定，现行应缴纳的税金计算公式如下：

$$税金 = 税前造价 \times 综合税率$$

综合税率计算为：

(1)纳税地点在市区的企业。

$$综合税率 = \frac{1}{1-3\% - (3\% \times 7\%) - (3\% \times 3\%) - (3\% \times 2\%)} - 1$$

(2)纳税地点在县城、镇的企业。

$$综合税率 = \frac{1}{1-3\% - (3\% \times 5\%) - (3\% \times 3\%) - (3\% \times 2\%)} - 1$$

(3)纳税地点不在市区、县城、镇的企业。

$$综合税率 = \frac{1}{1-3\% - (3\% \times 1\%) - (3\% \times 3\%) - (3\% \times 2\%)} - 1$$

(4)实行营业税改增值税的，按纳税地点现行税率计算。

二、按照工程造价形成划分

建筑安装工程费按照工程造价形成由分部分项工程费、措施项目费、其他项目费、规费、税金组成，分部分项工程费、措施项目费、其他项目费包含人工费、材料费、施工机具使用费、企业管理费和利润(图 3-3)。

1. 分部分项工程费

(1)分部分项工程费组成。分部分项工程费是指各专业工程的分部分项工程应予列支的各项费用。

1)专业工程：指按现行国家计量规范划分的房屋建筑与装饰工程、仿古建筑工程、通用安装工程、市政工程、园林绿化工程、矿山工程、构筑物工程、城市轨道交通工程、爆破工程等各类工程。

2)分部分项工程：指按现行国家计量规范对各专业工程划分的项目。如通用安装工程划分的机械设备安装工程，热力设备安装工程，静置设备与工艺结构制作安装工程，电气设备安装工程，建筑智能化工程，自动化控制仪表安装工程，通风空调工程，工业管道工程、消防工程，给排水、采暖、燃气工程，通信设备及线路工程，刷油、防腐蚀、绝热工程等。

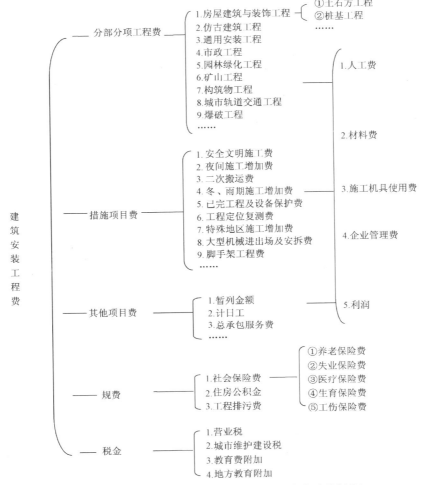

图 3-3　建筑安装工程费用项目组成表(按造价形成划分)

(2)分部分项工程费计算。

$$分部分项工程费 = \sum (分部分项工程量 \times 综合单价)$$

式中:综合单价包括人工费、材料费、施工机具使用费、企业管理费和利润以及一定范围的风险费用(下同)。

2.措施项目费

(1)措施项目费组成。措施项目费是指为完成建设工程施工,发生于该工程施工前和施工过程中的技术、生活、安全、环境保护等方面的费用。其内容包括:

1)安全文明施工费。

①环境保护费:指施工现场为达到环保部门要求所需要的各项费用。

②文明施工费:指施工现场文明施工所需要的各项费用。

③安全施工费:指施工现场安全施工所需要的各项费用。

④临时设施费:指施工企业为进行建设工程施工所必须搭设的生活和生产用的临时建筑物、构筑物和其他临时设施费用。其中包括临时设施的搭设、维修、拆除、清理费或摊

销费等。

2)夜间施工增加费：指因夜间施工所发生的夜班补助费、夜间施工降效、夜间施工照明设备摊销及照明用电等费用。

3)二次搬运费：指因施工场地条件限制而发生的材料、构配件、半成品等一次运输不能到达堆放地点，必须进行二次或多次搬运所发生的费用。

4)冬雨期施工增加费：指在冬期或雨期施工需增加的临时设施、防滑、排除雨雪，人工及施工机械效率降低等费用。

5)已完工程及设备保护费：指竣工验收前，对已完工程及设备采取的必要保护措施所发生的费用。

6)工程定位复测费：指工程施工过程中进行全部施工测量放线和复测工作的费用。

7)特殊地区施工增加费：指工程在沙漠或其边缘地区、高海拔、高寒、原始森林等特殊地区施工增加的费用。

8)大型机械设备进出场及安拆费：指机械整体或分体自停放场地运至施工现场或由一个施工地点运至另一个施工地点，所发生的机械进出场运输及转移费用及机械在施工现场进行安装、拆卸所需的人工费、材料费、机械费、试运转费和安装所需的辅助设施的费用。

9)脚手架工程费：指施工需要的各种脚手架搭、拆、运输费用以及脚手架购置费的摊销(或租赁)费用。

措施项目及其包含的内容详见各类专业工程的现行国家或行业计量规范。

(2)措施项目费计算。

1)国家计量规范规定应予计量的措施项目，其计算公式为：

$$措施项目费 = \sum (措施项目工程量 \times 综合单价)$$

2)国家计量规范规定不宜计量的措施项目计算方法如下：

①安全文明施工费。

$$安全文明施工费 = 计算基数 \times 安全文明施工费费率$$

计算基数应为定额基价(定额分部分项工程费＋定额中可以计量的措施项目费)、定额人工费或(定额人工费＋定额机械费)，其费率由工程造价管理机构根据各专业工程的特点综合确定。

②夜间施工增加费。

$$夜间施工增加费 = 计算基数 \times 夜间施工增加费费率$$

③二次搬运费。

$$二次搬运费 = 计算基数 \times 二次搬运费费率$$

④冬雨期施工增加费。

$$冬雨期施工增加费 = 计算基数 \times 冬雨期施工增加费费率$$

⑤已完工程及设备保护费。

$$已完工程及设备保护费 = 计算基数 \times 已完工程及设备保护费费率$$

上述②～⑤项措施项目的计费基数应为定额人工费或(定额人工费＋定额机械费)，其费率由工程造价管理机构根据各专业工程特点和调查资料综合分析后确定。

3.其他项目费

(1)其他项目费组成。

1)暂列金额：指建设单位在工程量清单中暂定并包括在工程合同价款中的一笔款项。用于施工合同签订时尚未确定或者不可预见的所需材料、工程设备、服务的采购，施工中可能发生的工程变更、合同约定调整因素出现时的工程价款调整以及发生的索赔、现场签证确认等的费用。

2)计日工：指在施工过程中，施工企业完成建设单位提出的施工图纸以外的零星项目或工作所需的费用。

3)总承包服务费：指总承包人为配合、协调建设单位进行的专业工程发包，对建设单位自行采购的材料、工程设备等进行保管以及施工现场管理、竣工资料汇总整理等服务所需的费用。

（2）其他项目费计算。

1)暂列金额由建设单位根据工程特点，按有关计价规定估算，施工过程中由建设单位掌握使用。扣除合同价款调整后如有余额，归建设单位。

2)计日工由建设单位和施工企业按施工过程中的签证计价。

3)总承包服务费由建设单位在招标控制价中根据总包服务范围和有关计价规定编制，施工企业投标时自主报价，施工过程中按签约合同价执行。

4. 规费和税金

规费是政府和有关权力部门根据国家法律、法规规定施工企业必须缴纳的费用。税金是国家按照税法预先规定的标准，强制地、无偿地要求纳税人缴纳的费用。二者都是工程造价的组成部分，但是其费用内容和计取标准都不是发承包人能自主确定的，更不是由市场竞争决定的。主要包括如下内容：

（1）社会保险费。《中华人民共和国社会保险法》第二条规定："国家建立基本养老保险、基本医疗保险、工伤保险、失业保险、生育保险等社会保险制度，保障公民在年老、疾病、工伤、失业、生育等情况下依法从国家和社会获得物质帮助的权利。"

1)养老保险费。《中华人民共和国社会保险法》第十条规定："职工应当参加基本养老保险，由用人单位和职工共同缴纳基本养老保险费。"

《中华人民共和国劳动法》第四条规定：用人单位和劳动者必须依法参加社会保险，缴纳社会保险费。为此，国务院《关于建立统一的企业职工基本养老保险制度的决定》（国发〔1997〕26号）第三条规定：企业缴纳基本养老保险费（以下简称企业缴费）的比例，一般不得超过企业工资总额的20％（包括划入个人账户的部分），具体比例由省、自治区、直辖市人民政府确定。

2)医疗保险费。《中华人民共和国社会保险法》第二十三条规定："职工应当参加职工医疗保险，由用人单位和职工按照国家规定共同缴纳基本医疗保险费。"

国务院《关于建立城镇职工基本医疗保险制度的决定》（国发〔1998〕44号）第二条规定：基本医疗保险费由用人单位和职工个人共同缴纳。用人单位缴费应控制在职工工资总额的6％左右，职工一般为本人工资收入的2％。随着经济发展，用人单位和职工缴费率可作相应调整。

3)失业保险费。《中华人民共和国社会保险法》第四十四条规定："职工应当参加失业保险，由用人单位和职工按照国家规定共同缴纳失业保险费。"

《失业保险条例》（国务院令第258号）第六条规定：城镇企业事业单位按照本单位工资总额的2％缴纳失业保险费。城镇企业事业单位职工按照本人工资的1％缴纳失业保险费。

城镇企业事业单位招用的农民合同制工人本人不缴纳失业保险费。

4）工伤保险费。《中华人民共和国社会保险法》第三十三条规定："职工应当参加工伤保险。由用人单位缴纳工伤保险费，职工不缴纳工伤保险费。"

《中华人民共和国建筑法》第四十八条规定："建筑施工企业必须为从事危险作业的职工办理意外伤害保险，支付保险费。"

《工伤保险条例》(国务院令第 586 号)第十条规定："用人单位应按时缴纳工伤保险费。职工个人不缴纳工伤保险费。"

5）生育保险费。《中华人民共和国社会保险法》第五十三条规定："职工应当参加生育保险，由用人单位按照国家规定缴纳生育保险费，职工不缴纳生育保险费。"

（2）住房公积金。《住房公积金管理条例》(国务院令第 262 号)第十八条规定："职工和单位住房公积金的缴存比例均不得低于职工上一年度月平均工资的 5%；有条件的城市，可以适当提高缴存比例。具体缴存比例由住房委员会拟订，经本级人民政府审核后，报省、自治区、直辖市人民政府批准。"

（3）工程排污费。《中华人民共和国水污染防治法》第二十四条规定："直接向水体排放污染物的企业事业单位和个体工商户，应当按照排放水污染物的种类、数量和排污费征收标准缴纳排污费。"

由上述法律、行政法规以及国务院文件可见，规费是由国家或省级、行业建设行政主管部门依据国家有关法律、法规以及省级政府或省级有关权力部门的规定确定。因此，在工程造价计价时，规费和税金应按国家或省级、行业建设主管部门的有关规定计算，并不得作为竞争性费用。

三、建筑安装工程计价程序

1. 工程招标控制价计价程序

建设单位工程招标控制价计价程序见表 3-1。

表 3-1 建设单位工程招标控制价计价程序

工程名称：　　　　　　　　　　标段：

序号	内　　容	计算方法	金　额/元
1	分部分项工程费	按计价规定计算	
1.1			
1.2			
1.3			
1.4			
1.5			

序号	内　容	计算方法	金　额/元
2	措施项目费	按计价规定计算	
2.1	其中:安全文明施工费	按规定标准计算	
3	其他项目费		
3.1	其中:暂列金额	按计价规定估算	
3.2	其中:专业工程暂估价	按计价规定估算	
3.3	其中:计日工	按计价规定估算	
3.4	其中:总承包服务费	按计价规定估算	
4	规费	按规定标准计算	
5	税金(扣除不列入计税范围的工程设备金额)	(1+2+3+4)×规定税率	
招标控制价合计=1+2+3+4+5			

2. 工程投标报价计价程序

施工企业工程投标报价计价程序见表 3-2。

表 3-2　施工企业工程投标报价计价程序

工程名称:　　　　　　　　　　　标段:

序号	内　容	计算方法	金　额/元
1	分部分项工程费	自主报价	
1.1			
1.2			
1.3			
1.4			
1.5			
2	措施项目费	自主报价	
2.1	其中:安全文明施工费	按规定标准计算	
3	其他项目费		
3.1	其中:暂列金额	按招标文件提供金额计列	
3.2	其中:专业工程暂估价	按招标文件提供金额计列	
3.3	其中:计日工	自主报价	
3.4	其中:总承包服务费	自主报价	
4	规费	按规定标准计算	
5	税金(扣除不列入计税范围的工程设备金额)	(1+2+3+4)×规定税率	
投标报价合计=1+2+3+4+5			

3. 竣工结算计价程序

竣工结算计价程序见表 3-3。

表 3-3 竣工结算计价程序

工程名称： 　　　　　　　　　　　　标段：

序号	汇总内容	计算方法	金　额/元
1	分部分项工程费	按合同约定计算	
1.1			
1.2			
1.3			
1.4			
1.5			
2	措施项目	按合同约定计算	
2.1	其中：安全文明施工费	按规定标准计算	
3	其他项目		
3.1	其中：专业工程结算价	按合同约定计算	
3.2	其中：计日工	按计日工签证计算	
3.3	其中：总承包服务费	按合同约定计算	
3.4	索赔与现场签证	按发承包双方确认数额计算	
4	规费	按规定标准计算	
5	税金(扣除不列入计税范围的工程设备金额)	(1+2+3+4)×规定税率	
竣工结算总价合计＝1+2+3+4+5			

第三节　工程建设其他费用

工程建设其他费用是指从工程筹建到工程竣工验收交付使用止的整个建设期间，除建筑安装工程费用和设备、工器具购置费以外的，为保证工程建设顺利完成和交付使用后能够正常发挥效用而发生的一些费用。

工程建设其他费用，按其内容大体可分为三类。第一类为土地使用费，由于工程项目固定于一定地点与地面相连接，必须占用一定量的土地，也就必然要发生为获得建设用地而支付的费用；第二类是与项目建设有关的费用；第三类是与未来企业生产和经营活动有关的费用。

一、土地使用费

任何一个建设项目都固定于一定地点与地面相连接，必须占用一定量的土地，也就必然要发生为获得建设用地而支付的费用，这就是土地使用费。它是指通过划拨方式取得土地使用权而支付的土地征用及迁移补偿费，或者通过土地使用权出让方式取得土地使用权而支付的土地使用权出让金。

1. 土地征用及迁移补偿费

土地征用及迁移补偿费，是指建设项目通过划拨方式取得无限期的土地使用权，依照《中华人民共和国土地管理法》等规定所支付的费用。其总和一般不得超过被征土地年产值的 20 倍，土地年产值则按该地被征用前 3 年的平均产量和国家规定的价格计算。其内容包括：

(1)土地补偿费。征用耕地(包括菜地)的补偿标准，按政府规定，为该耕地年产值的若干倍，具体补偿标准由省、自治区、直辖市人民政府在此范围内制定。征用园地、鱼塘、藕塘、苇塘、宅基地、林地、牧场、草原等的补偿标准，由省、自治区、直辖市人民政府制定。征收无收益的土地，不予补偿。

(2)青苗补偿费和被征用土地上的房屋、水井、树木等附着物补偿费。这些补偿费的标准由省、自治区、直辖市人民政府制定。征用城市郊区的菜地时，还应按照有关规定向国家缴纳新菜地开发建设基金。

(3)安置补助费。征用耕地、菜地的，每个农业人口的安置补助费为该地每亩年产值的 2～3 倍，每亩耕地的安置补助费最高不得超过其年产值的 10 倍。

(4)缴纳的耕地占用税或城镇土地使用税、土地登记费及征地管理费等。县市土地管理机关从征地费中提取土地管理费的比率，要按征地工作量大小，视不同情况，在 1％～4％ 幅度内提取。

(5)征地动迁费。包括征用土地上的房屋及附属构筑物、城市公共设施等拆除、迁建补偿费、搬迁运输费，企业单位因搬迁造成的减产、停工损失补贴费、拆迁管理费等。

(6)水利水电工程水库淹没处理补偿费。包括农村移民安置迁建费，城市迁建补偿费，库区工矿企业、交通、电力、通信、广播、管网、水利等的恢复、迁建补偿费，库底清理费，防护工程费，环境影响补偿费用等。

2. 取得国有土地使用费

取得国有土地使用费包括：土地使用权出让金、城市建设配套费、拆迁补偿与临时安置补助费等。

(1)土地使用权出让金。指建设工程通过土地使用权出让方式，取得有限期的土地使用权，依照《中华人民共和国城镇国有土地使用权出让和转让暂行条例》规定，支付的土地使用权出让金。

1)明确国家是城市土地的唯一所有者，并分层次、有偿、有限期地出让、转让城市土地。第一层次是城市政府将国有土地使用权出让给用地者，该层次由城市政府垄断经营。出让对象可以是有法人资格的企事业单位，也可以是外商。第二层次及以下层次的转让则发生在使用者之间。

2)城市土地的出让和转让可采用协议、招标、公开拍卖等方式。

①协议方式是由用地单位申请，经市政府批准同意后双方洽谈具体地块及地价。该方式适用于市政工程、公益事业用地以及需要减免地价的机关、部队用地和需要重点扶持、优先发展的产业用地。

②招标方式是在规定的期限内，由用地单位以书面形式投标，市政府根据投标报价、所提供的规划方案以及企业信誉综合考虑，择优而取。该方式适用于一般工程建设用地。

③公开拍卖是指在指定的地点和时间，由申请用地者叫价应价，价高者得。

这些方式由市场竞争决定，适用于盈利高的行业用地。

3)在有偿出让和转让土地时，政府对地价不做统一规定，但应坚持以下原则：

①地价对目前的投资环境不产生大的影响。

②地价与当地的社会经济承受能力相适应。

③地价要考虑已投入的土地开发费用、土地市场供求关系、土地用途和使用年限。

4)关于政府有偿出让土地使用权的年限，各地可根据时间、区位等各种条件作不同的规定，一般可在30~99年之间。按照地面附属建筑物的折旧年限来看，以50年为宜。

5)土地有偿出让和转让，土地使用者和所有者要签约，明确使用者对土地享有的权利和对土地所有者应承担的义务。

①有偿出让和转让使用权，要向土地受让者征收契税。

②转让土地如有增值，要向转让者征收土地增值税。

③在土地转让期间，国家要区别不同地段、不同用途向土地使用者收取土地占用费。

(2)城市建设配套费。指因进行城市公共设施的建设而分摊的费用。

(3)拆迁补偿与临时安置补助费。此项费用由两部分构成，即拆迁补偿费和临时安置补助费或搬迁补助费。拆迁补偿费是指拆迁人对被拆迁人，按照有关规定予以补偿所需的费用。拆迁补偿的形式可分为产权调换和货币补偿两种形式。

产权调换的面积按照所拆迁房屋的建筑面积计算；货币补偿的金额按照被拆迁人或者房屋承租人支付搬迁补助费。在过渡期内，被拆迁人或者房屋承租人自行安排住处的，拆迁人应当支付临时安置补助费。

二、与项目建设有关的其他费用

根据项目的不同，与项目建设有关的其他费用的构成也不尽相同，一般包括以下各项。在进行工程估算及概算中可根据实际情况进行计算。

1. 建设单位管理费

建设单位管理费是指建设项目从立项、筹建、建设、联合试运转、竣工验收、交付使用及后评估等全过程管理所需的费用。其内容包括：

(1)建设单位开办费。指新建项目为保证筹建和建设工作正常进行所需办公设备、生活家具、用具、交通工具等购置费用。

(2)建设单位经费。包括工作人员的基本工资、工资性补贴、职工福利费、劳动保护费、劳动保险费、办公费、差旅交通费、工会经费、职工教育经费、固定资产使用费、工具用具使用费、技术图书资料费、生产人员招募费、工程招标费、合同契约公证费、工程质量监督检测费、工程咨询费、法律顾问费、审计费、业务招待费、排污费、竣工交付使用清理及竣工验收费、后评估等费用。不包括应计入设备、材料预算价格的建设单位采购及保管设备材料所需的费用。

建设单位管理费按照单项工程费用之和(包括设备工、器具购置费和建筑安装工程费用)乘以建设单位管理费率计算。

建设单位管理费率按照建设项目的不同性质、不同规模确定。有的建设项目按照建设工期和规定的金额计算建设单位管理费。

2. 勘察设计费

勘察设计费是指为本建设项目提供项目建议书、可行性研究报告及设计文件等所需费用,内容包括:

(1)编制项目建议书、可行性研究报告及投资估算、工程咨询、评价以及为编制上述文件所进行勘察、设计、研究试验等所需费用。

(2)委托勘察、设计单位进行初步设计、施工图设计及概预算编制等所需费用。

(3)在规定范围内由建设单位自行完成的勘察、设计工作所需费用。

勘察设计费中,项目建议书、可行性研究报告按国家颁布的收费标准计算,设计费按国家颁布的工程设计收费标准计算;勘察费一般民用建筑 6 层以下的按 $3\sim5$ 元/m^2 计算,高层建筑按 $8\sim10$ 元/m^2 计算,工业建筑按 $10\sim12$ 元/m^2 计算。

3. 研究试验费

研究试验费是指为建设项目提供和验证设计参数、数据、资料等所进行的必要的试验费用以及设计规定在施工中必须进行试验、验证所需费用。其中包括自行或委托其他部门研究试验所需人工费、材料费、试验设备及仪器使用费等。这项费用按照设计单位根据本工程项目的的需要提出的研究试验内容和要求计算。

4. 建设单位临时设施费

建设单位临时设施费是指建设期间建设单位所需临时设施的搭设、维修、摊销费用或租赁费用。

临时设施包括临时宿舍、文化福利及公用事业房屋与构筑物、仓库、办公室、加工厂以及规定范围内的道路、水、电、管线等临时设施和小型临时设施。

5. 工程监理费

工程监理费是指建设单位委托工程监理单位对工程实施监理工作所需费用。

根据国家发展改革委、原建设部《建设工程监理与相关服务收费管理规定》发改价格〔2007〕670 号等文件规定,选择下列方法之一计算:

(1)一般情况应按工程建设监理收费标准计算,即按所监理工程概算或预算的百分比计算。

(2)对于单工种或临时性项目,可根据参与监理的年度平均人数按 3.5 万～5 万元/(人·年)计算。

6. 工程保险费

工程保险费是指建设项目在建设期间根据需要实施工程保险所需的费用。包括以各种建筑工程及其在施工过程中的物料、机器设备为保险标的的建筑工程一切险,以安装工程中的各种机器、机械设备为保险标的的安装工程一切险,以及机器损坏保险等。根据不同的工程类别,分别以其建筑、安装工程费乘以建筑、安装工程保险费率计算。民用建筑(住宅楼、综合性大楼、商场、旅馆、医院、学校)占建筑工程费的 2‰～4‰;其他建筑(工业厂房、仓库、道路、码头、水坝、隧道、桥梁、管道等)占建筑工程费的3‰~6‰；安装工程(农业、工业、机械、电子、电气、纺织、矿山、石油、化学及钢铁工业、钢结构桥梁)占建筑工程费的3‰~6‰。

7. 引进技术和进口设备其他费用

引进技术及进口设备其他费用，包括出国人员费用、国外工程技术人员来华费用、技术引进费、分期或延期付款利息、担保费以及进口设备检验鉴定费。

(1)出国人员费用。指为引进技术和进口设备派出人员在国外培训和进行设计联络，设备检验等的差旅费、制装费、生活费等。这项费用根据设计规定的出国培训和工作的人数、时间及派往国家，按财政部、外交部规定的临时出国人员费用开支标准及中国民用航空公司现行国际航线票价等进行计算，其中使用外汇部分应计算银行财务费用。

(2)国外工程技术人员来华费用。指为安装进口设备，引进国外技术等聘用外国工程技术人员进行技术指导工作所发生的费用。包括技术服务费、外国技术人员的在华工资、生活补贴、差旅费、医药费、住宿费、交通费、宴请费、参观游览等招待费用。这项费用按每人每月费用指标计算。

(3)技术引进费。指为引进国外先进技术而支付的费用。包括专利费、专有技术费(技术保密费)、国外设计及技术资料费、计算机软件费等。这项费用根据合同或协议的价格计算。

(4)分期或延期付款利息。指利用出口信贷引进技术或进口设备采取分期或延期付款的办法所支付的利息。

(5)担保费。指国内金融机构为买方出具保函的担保费。这项费用按有关金融机构规定的担保费率计算(一般可按承保金额的5‰计算)。

(6)进口设备检验鉴定费用。指进口设备按规定付给商品检验部门的进口设备检验鉴定费。这项费用按进口设备货价的3‰~5‰计算。

8. 工程承包费

工程承包费是指具有总承包条件的工程公司，对工程建设项目从开始建设至竣工投产全过程的总承包所需的管理费用。具体内容包括组织勘察设计、设备材料采购、非标设备设计制造与销售、施工招标、发包、工程预决算、项目管理、施工质量监督、隐蔽工程检查、验收和试车直至竣工投产的各种管理费用。该费用按国家主管部门或省、自治区、直辖市协调规定的工程总承包费取费标准计算。如无规定时，一般工业建设项目为投资估算的6%~8%，民用建筑(包括住宅建设)和市政项目为4%~6%。不实行工程承包的项目不计算本项费用。

三、与未来企业生产经营有关的其他费用

1. 联合试运转费

联合试运转是指新建企业或改扩建企业在工程竣工验收前，按照设计的生产工艺流程和质量标准对整个企业进行联合试运转所发生的费用支出与联合试运转期间的收入部分的差额部分。联合试运转费用一般根据不同性质的项目按需进行试运转的工艺设备购置费的百分比计算。

2. 生产准备费

生产准备费是指新建企业或新增生产能力的企业，为保证竣工交付使用进行必要的生产准备所发生的费用。费用内容包括：

(1)生产人员培训费，包括自行培训、委托其他单位培训的人员的工资、工资性补贴、职工福利费、差旅交通费、学习资料费、学习费、劳动保护费等。

(2)生产单位提前进厂参加施工、设备安装、调试等以及熟悉工艺流程及设备性能等人员的工资、工资性补贴、职工福利费、差旅交通费、劳动保护费等。

生产准备费一般根据需要培训和提前进厂人员的人数及培训时间，按生产准备费指标进行估算。

应该指出，生产准备费在实际执行中是一笔在时间上、人数上、培训深度上很难划分的、活口很大的支出，尤其要严格掌握。

3. 办公和生活家具购置费

办公和生活家具购置费是指为保证新建、改建、扩建项目初期正常生产、使用和管理所必须购置的办公和生活家具、用具的费用。改、扩建项目所需的办公和生活用具购置费，应低于新建项目。其范围包括办公室、会议室、资料档案室、阅览室、文娱室、食堂、浴室、理发室、单身宿舍和设计规定必须建设的托儿所、卫生所、招待所、中小学校等家具用具购置费。这项费用按照设计定员人数乘以综合指标计算，一般为600~800元/人。

第四节　预备费和建设期贷款利息

一、预备费

按我国现行规定，预备费包括基本预备费和涨价预备费。

1. 基本预备费

基本预备费是指在初步设计及概算内难以预料的工程费用，费用内容包括：

(1)在批准的初步设计范围内，技术设计、施工图设计及施工过程中所增加的工程费用；设计变更、局部地基处理等增加的费用。

(2)一般自然灾害造成的损失和预防自然灾害所采取的措施费用。实行工程保险的工程项目费用应适当降低。

(3)竣工验收时，为鉴定工程质量对隐蔽工程进行必要的挖掘和修复费用。

基本预备费是按设备及工具、器具购置费，建筑安装工程费用和工程建设其他费用三者之和为计取基础，乘以基本预备费率进行计算。

$$基本预备费＝（设备及工具、器具购置费＋建筑安装工程费用＋$$
$$工程建设其他费用）×基本预备费率$$

基本预备费率的取值应执行国家及部门的有关规定。

2. 涨价预备费

涨价预备费是指建设项目在建设期间内由于价格等变化引起工程造价变化的预测预留费用。费用内容包括：人工、设备、材料、施工机械的价差费，建筑安装工程费及工程建设其他费用调整，利率、汇率调整等增加的费用。

涨价预备费的测算方法，一般根据国家规定的投资综合价格指数，按估算年份价格水平的投资额为基数，采用复利方法计算。计算公式为：

$$PF = \sum_{t=1}^{n} I_t \left[(1+f)^t - 1 \right]$$

式中　PF——涨价预备费；

　　　n——建设期年份数；

　　　I_t——建设期中第 t 年的投资计划额，包括设备及工器具购置费、建筑安装工程费、工程建设其他费用及基本预备费；

　　　f——年均投资价格上涨率。

二、建设期贷款利息

为了筹措建设项目资金所发生的各项费用，包括工程建设期间投资贷款利息、企业债券发行费、国外借款手续费和承诺费、汇兑净损失及调整外汇手续费、金融机构手续费以及为筹措建设资金发生的其他财务费用等，统称为财务费。其中，最主要的是在工程项目建设期投资贷款而产生的利息。

建设期投资贷款利息是指建设项目使用银行或其他金融机构的贷款，在建设期应归还的借款的利息。建设项目筹建期间借款的利息，按规定可以计入购建资产的价值或开办费。贷款机构在贷出款项时，一般都是按复利考虑的。作为投资者来说，在项目建设期间，投资项目一般没有还本付息的资金来源，即使按要求还款，其资金也可能是通过再申请借款来支付。当项目建设期长于一年时，为简化计算，可假定借款发生当年均在年中支用，按半年计息，年初欠款按全年计息，这样，建设期投资贷款的利息可按下式计算：

$$q_j = \left(P_{j-1} + \frac{1}{2} A_j \right) \cdot i$$

式中　q_j——建设期第 j 年应计利息；

　　　P_{j-1}——建设期第 $(j-1)$ 年末贷款累计金额与利息累计金额之和；

　　　A_j——建设期第 j 年贷款金额；

　　　i——年利率。

━━━━━━━━━ **本　章　小　结** ━━━━━━━━━

本章主要介绍了基本建设费用的构成和建筑工程费用的组成与计算。基本建设费用由建筑安装工程费用、设备及工具、器具购置费用，工程建设其他费用以及预备费等构成。在学习基本建设费用的组成时，应重点掌握建筑安装工程费用的组成与计算。

━━━━━━━━━ **思　考　与　练　习** ━━━━━━━━━

一、是非题

1. 建设期投资贷款利息是指建设项目使用银行或其他金融机构的贷款，在建设期应归

还的借款的利息。（　　）

2. 流动资金估算一般是参照现有同类企业的状况采用扩大指标法，个别情况或者小型项目可采用分项详细估算法。（　　）

3. 施工企业可以参考工程造价管理机构发布的台班单价，但不可自主确定施工机械使用费的报价。（　　）

4. 工具、器具及生产家具购置费一般以设备购置费为计算基数，按照部门或行业规定的工具、器具及生产家具费率计算。（　　）

5. 涨价预备费的测算方法，一般根据国家规定的投资综合价格指数，按估算年份价格水平的投资额为基数，采用年利方法计算。（　　）

二、多项选择题

1. 投资方向调节税根据国家产业政策和项目经济规模实行差别税率，税率分为（　　）等几个档次。

A. 0%　　　　　　　B. 3%　　　　　　　C. 5%　　　　　　　D. 10%

2. 特殊情况下支付的工资：是指根据国家法律、法规和政策规定，因（　　）等原因按计时工资标准或计时工资标准的一定比例支付的工资。

A. 节假日　　　　　B. 工伤　　　　　　C. 婚丧假　　　　　D. 产假

3. 税费指施工机械按照国家规定应缴纳的（　　）等。

A. 过路费　　　　　　　　　　　　B. 车船使用税

C. 保险费　　　　　　　　　　　　D. 年检费

4. 工程造价管理机构确定日工资单价应通过市场调查、根据工程项目的技术要求，参考实物工程量人工单价综合分析确定，最低日工资单价不得低于工程所在地人力资源和社会保障部门所发布的最低工资标准的（　　）。

A. 普工 1.5 倍　　　　　　　　　　B. 一般技工 2 倍

C. 高级技工 3 倍　　　　　　　　　D. 以上都对

5. 基本预备费是按（　　）之和为计取基础，乘以基本预备费率进行计算。

A. 设备及工、器具购置费　　　　　B. 工程建设其他费用

C. 建筑安装工程费用　　　　　　　D. 铺底流动资金

三、简答题

1. 建筑安装工程费用项目组成有哪几种划分方式？其项目组成有何不同？

2. 人工费、材料费、施工机具使用费各项费用包括哪些内容？

3. 列入建筑工程造价的税金有哪几项？应如何计算？

4. 措施项目费是如何定义的？包括哪些内容？

5. 工程招投标与工程结算的计价程序是怎样的？

第四章　建筑装饰工程工程量计算

具备建筑装饰工程工程量计算的能力。

1. 了解工程的概念与作用，熟悉工程量计算的依据，掌握工程量计算的方法。
2. 了解建筑面积的概念与作用，掌握建筑面积计算的基本规则。
3. 掌握楼地面装饰工程，墙、柱面装饰与隔断工程，幕墙工程，天棚工程，门窗工程，油漆、涂料、裱糊工程，其他装饰工程，拆除工程工程量计算规则与方法。

第一节　工程量计算概述

一、工程量的概念及作用

工程量是以规定的物理计量单位或自然计量单位所表示的各个具体分项工程或构配体的数量。物理计量单位是指法定计量单位，以公制度量表示的长度(m)、面积(m^2)、体积(m^3)和质量(t)等来表示。如木扶手油漆以"m"为计量单位；墙面抹灰以"m^2"为计量单位；柜类、货架可以以"m^3"为计量单位；金属面油漆可以以"t"为计量单位。自然计量单位，一般是以物体的自然形态表示的套、组、台、件、个等为计量单位。如门窗工程可以以"樘"为计量单位；浴厕配件可以以"个、套、副"为计量单位。

工程量计算是定额计价时编制施工图预算、工程量清单计价时编制招标工程量清单的重要环节。工程量计算是否正确，直接影响工程预算造价及招标工程量清单的准确性，从而进一步影响发包人所编制的工程招标控制价及承包人所编制的投标报价的准确性。另外，在整个工程造价编制工作中，工程量计算所花的劳动量占整个工程造价编制工作量的 70% 左右。因此，在工程造价编制过程中，必须对工程量计算这个重要环节给予充分的重视。

工程量还是施工企业编制施工计划，组织劳动力和供应材料、机具的重要依据。因此正确计算工程量对工程建设各单位加强管理，正确确定工程造价具有重要的现实意义。

二、工程量计算的依据

工程量是根据施工图及相关说明，按照一定的工程量计算规则逐项进行计算并汇总得到的，其计算的主要依据有：①经审定的施工设计图纸及其说明；②工程施工合同、招标文件中的商务条款；③经审定的施工组织设计或施工技术措施方案；④经审定的其他有关技术经济文件；⑤工程量计算规则等。其中工程量计算规范是工程量计算最主要的依据之一，按照现行规定，对于建设工程采用工程量清单计价的，其工程量计算应执行《房屋建筑与装饰工程工程量计算规范》(GB 50854—2013)、《仿古建筑工程工程量计算规范》(GB 50855—2013)、《通用安装工程工程量计算规范》(GB 50856—2013)、《市政工程工程量计算规范》(GB 50857—2013)、《园林绿化工程工程量计算规范》(GB 50858—2013)、《矿山工程工程量计算规范》(GB 50859—2013)、《构筑物工程工程量计算规范》(GB 50860—2013)、《城市轨道交通工程工程量计算规范》(GB 50861—2013)、《爆破工程工程量计算规范》(GB 50862—2013)9个计量规范。

三、工程量计算方法

(一)工程量计算一般原则

1. 工程量计算规则要一致

工程量计算必须与相关工程现行国家工程量计算规范规定的工程量计算规则相一致。现行国家工程量计算规范规定的工程量计算规则中对各分部分项工程的工程量计算规则做了具体规定，计算时必须严格按规定执行。

2. 计算口径要一致

计算工程量时，根据施工图纸列出的工程项目的口径(指工程项目所包括的工作内容)，必须与现行国家工程量计算规范规定相应的清单项目的口径相一致，即不能将清单项目中已包含了的工作内容拿出来另列子目计算。

3. 计量单位要一致

计算工程量时，所计算工程项目的工程量单位必须与现行国家工程量计算规范中相应清单项目的计量单位相一致。

4. 计算尺寸的取定要准确

计算工程量时，首先要对施工图尺寸进行核对，并对各项目计算尺寸的取定要准确。

5. 计算的顺序要统一

要遵循一定的顺序进行计算。计算工程量时要遵循一定的计算顺序，依次进行计算，这是为避免发生漏算或重算的重要措施。

6. 计算精确度要统一

工程量的数字计算要准确、统一，要满足规范要求。

(二)工程量计算顺序

为避免漏算或重算，提高计算的准确程度，工程量的计算应按照一定的顺序进行。具体的计算顺序应根据具体工程和个人的习惯来确定，一般有以下几种顺序：

1. 单位工程计算顺序

单位工程计算顺序一般按计价规范清单列项顺序计算。即按照计价规范上的分章或分部分项工程顺序来计算工程量。

2. 单个分部分项工程计算顺序

(1)按轴线编号顺序计算。按轴线编号顺序计算，就是按横向轴线从①～⑩编号顺序计算横向构造工程量；按竖向轴线从Ⓐ～Ⓘ编号顺序计算纵向构造工程量，如图4-1所示。这种方法适用于计算内外墙的挖基槽、做基础、砌墙体、墙面装修等分项工程量。

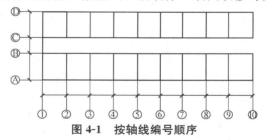

图 4-1　按轴线编号顺序

（2）按顺时针顺序计算。先从工程平面图左上角开始，按顺时针方向先横后竖、自左至右、自上而下逐步计算，环绕一周后再回到左上方为止。

（3）按"先横后竖、先上后下、先左后右"计算法，即在平面图上从左上角开始，按"先横后竖、先上后下、先左后右"的顺序计算工程量。

（4）按编号顺序计算。按图纸上所注各种构件、配件的编号顺序进行计算。例如在施工图上，对钢、木门窗构件等按序编号，计算它们的工程量时，可分别按所注编号逐一分别计算。

（三）用统筹法计算工程量

统筹法是通过研究分析事物内在规律及其相互依赖关系，从全局出发，统筹安排工作顺序，明确工作重心，以提高工作质量和工作效率的一种科学管理方法。实际工作中，工程量计算一般采用统筹法。

统筹法计算工程量是根据各分项工程量计算之间的固有规律和相互之间的依赖关系，运用统筹原理和统筹图来合理安排工程量的计算程序，并按其顺序计算工程量。

用统筹法计算工程量的基本要点是：统筹顺序，合理安排；利用基数，连续计算；一次计算，多次应用；结合实际，灵活机动。

1. 统筹顺序，合理安排

计算工程量的顺序是否合理，直接关系到工程量计算效率的高低。工程量计算一般是以施工顺序和定额顺序进行计算的，若违背这个规律，势必造成烦琐计算，浪费时间和精力。统筹程序，合理安排，可克服用老方法计算工程量的缺陷。

2. 利用基数，连续计算

基数是单位工程的工程量计算中反复多次运用的数据，提前把这些数据算出来，供各分项工程的工程量计算时查用。

3. 一次计算，多次应用

在工程量计算中，凡是不能用"线"和"面"基数进行连续计算的项目，或工程量计算中经常用到的一些系数，如木门窗、屋架、钢筋混凝土预制标准构件、土方放坡断面系数等，事先组织力量，将常用数据一次算出，汇编成建筑工程量计算手册。当需计算有关的工程量时，只要查手册就能很快算出所需要的工程量来。这样可以减少以往那种按图逐项地进行烦琐而重复的计算，亦能保证准确性。

4. 结合实际，灵活机动

由于工程设计差异很大，运用统筹法计算工程量时，必须具体问题具体分析，结合实际，灵活运用下列方法加以解决：

(1)分段计算法：如遇外墙的断面不同时，可采取分段法计算工程量。

(2)分层计算法：如遇多层建筑物，各楼层的建筑面积不同时，可用分层计算法。

(3)补加计算法：如带有墙柱的外墙，可先计算出外墙体积，然后加上砖柱体积。

(4)补减计算法：如每层楼的地面面积相同，地面构造除一层门厅为水磨石面外，其余均为水泥砂浆地面，可先按每层都是水泥砂浆地面计量各楼层的工程量，然后再减去门厅的水磨石面工程量。

第二节　建筑面积计算规则

一、建筑面积的概念及作用

1. 建筑面积的概念

建筑面积又称建筑展开面积，是表示建筑物平面特征的几何参数，是建筑物各层水平面面积之和。单位通常用"m^2"表示。

建筑面积主要包括使用面积、辅助面积和结构面积三部分。使用面积是指建筑物各层平面面积中直接为生产或生活使用的净面积之和。辅助面积是指建筑物各层平面面积中为辅助生产或辅助生活所占净面积之和。使用面积与辅助面积之和称为有效面积。结构面积是指建筑物各层平面面积中的墙、柱等结构所占面积之和。

2. 建筑面积的作用

建筑面积在建筑装饰工程预算中的作用主要有以下几个方面：

(1)建筑面积是建设投资、建设项目可行性研究、建设项目勘察设计、建设项目评估、建设项目招标投标、建筑工程施工和竣工验收、建筑工程造价管理、建筑工程造价控制等一系列工作的重要评价指标。

(2)建筑面积是计算开工面积、竣工面积以及建筑装饰规模的重要技术指标。

(3)建筑面积是计算单位工程技术经济指标的基础。如单方造价，单方人工、材料、机械消耗指标及工程量消耗指标等的重要技术经济指标。

(4)建筑面积是进行设计评价的重要技术指标。设计人员在进行建筑与结构设计时，通过计算建筑面积与使用面积、辅助面积、结构面积、有效面积之间的比例关系以及平面系数、土地利用系数等技术经济指标，对设计方案做出优劣评价。

综上所述，建筑面积是重要的技术经济指标，在全面控制建筑装饰工程造价和建设过程中起着重要作用。

二、建筑面积计算规则

1. 计算建筑面积的范围

(1)单层建筑物的建筑面积，应按其外墙勒脚以上结构外围水平面积计算，并应符合下列规定：

1)单层建筑物高度在 2.20 m 及以上者，应计算全面积；高度不足 2.20 m 者，应计算 1/2 面积。

2）利用坡屋顶内空间时净高超过2.10 m的部位，应计算全面积；净高在1.20～2.10 m的部位，应计算1/2面积；净高不足1.20 m的部位，不应计算面积。利用坡屋顶建筑面积计算规则示意如图4-2所示。

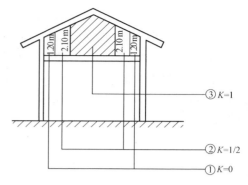

图4-2　坡屋顶可以得用的空间

注：建筑面积的计算是以勒脚以上外墙结构外边线计算，勒脚是墙根部很矮的一部分墙体加厚，不能代表整个外墙结构，因此要扣除勒脚墙体加厚的部分。

（2）单层建筑物内设有局部楼层者(图4-3)，局部楼层的二层及以上楼层，有围护结构的应按其围护结构外围水平面积计算，无围护结构的应按其结构底板水平面积计算。层高在2.20 m及以上者，应计算全面积；层高不足2.20 m者，应计算1/2面积。

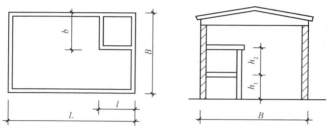

图4-3　有局部楼层的单层建筑物图

注：1.单层建筑物应按不同的高度确定其面积。其高度指室内地面标高至屋面板板面结构标高之间的垂直距离。遇有以屋面板找坡的平屋顶单层建筑物，其高度指室内地面标高至屋面板最低处板面结构标高之间的垂直距离。

2.坡屋顶内空间建筑面积计算，可参照《住宅设计规范》的有关规定，将坡屋顶的建筑按不同净高确定其面积。净高指楼面或地面至上部楼板底面或吊顶底面之间的垂直距离。

（3）多层建筑物首层应按其外墙勒脚以上结构外围水平面积计算；二层及以上楼层应按其外墙结构外围水平面积计算。层高在2.20 m及以上者，应计算全面积；层高不足2.20 m者，应计算1/2面积。

注：多层建筑物的建筑面积应按不同的层高分别计算。层高指上下两层楼面结构标高之间的垂直距离。建筑物最底层的层高，有基础底板的，指基础底板上表面结构标高至上层楼面的结构标高之间的垂直距离；没有基础底板的，指地面标高至上层楼面结构标高之间的垂直距离。最上一层的层高指楼面结构标高至屋面板板面结构标高之间的垂直距离，遇有以屋面板找坡的屋面，层高指楼面结构标高至屋面板最低处板面结构标高之间的垂直距离。

（4）多层建筑坡屋顶内和场馆看台下，当设计加以利用时，净高超过2.10 m的部位，应计算全面积；净高在1.20～2.10 m的部位，应计算1/2面积；当设计不利用或室内净高不足1.20 m时，不应计算面积，如图4-4所示。

注：多层建筑坡屋顶内和场馆看台下的空间应视为坡屋顶

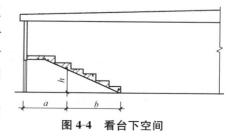

图4-4　看台下空间

内的空间，设计加以利用时，应按其净高确定其面积。设计不利用的空间，不应计算建筑面积。

(5)地下室、半地下室(车间、商店、车站、车库、仓库等)，包括相应的有永久性顶盖的出入口，应按其外墙上口(不包括采光井、外墙防潮层及其保护墙)外边线所围水平面积计算。层高在2.20 m及以上者，应计算全面积；层高不足2.20 m者，应计算1/2面积。

注：地下室、半地下室应以其外墙上口外边线所围水平面积计算。原计算规则按地下室、半地下室上口外墙外围水平面积计算，文字上不甚严密，"上口外墙"容易理解为地下室、半地下室的上一层建筑的外墙。由于上一层建筑外墙与地下室墙的中心线不一定完全重叠，多数情况是凸出或凹进地下室外墙中心线。

(6)坡地的建筑物吊脚架空层(图4-5)、深基础架空层，设计加以利用并有围护结构的，层高在2.20 m及以上的部位，应计算全面积；层高不足2.20 m的部位，应计算1/2面积。设计加以利用、无围护结构的建筑吊脚架空层，应按其利用部位水平面积的1/2计算；设计不利用的深基础架空层、坡地吊脚架空层、多层建筑坡屋顶内、场馆看台下的空间，不应计算面积。

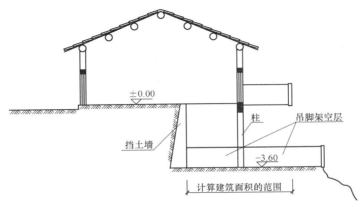

图4-5 坡地建筑吊脚架空层建筑示意图

(7)建筑物的门厅、大厅按一层计算建筑面积。门厅、大厅内设有回廊时，应按其结构底板水平面积计算。层高在2.20 m及以上者，应计算全面积；层高不足2.20 m者，应计算1/2面积。

注："门厅、大厅内设有回廊"是指建筑物大厅、门厅的上部(一般该大厅、门厅占两个或两个以上建筑物层高)四周向大厅、门厅、中间挑出的走廊，也称为回廊，见图4-6。

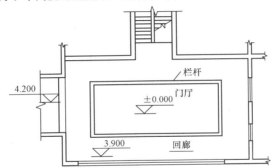

图4-6 门厅、大厅内设有回廊示意图

(8)建筑物间有围护结构的架空走廊，应按其围护结构外围水平面积计算。层高在 2.20 m 及以上者，应计算全面积(图 4-7)；层高不足 2.20 m 者，应计算 1/2 面积。有永久性顶盖无围护结构的应按其结构底板水平面积的 1/2 计算。

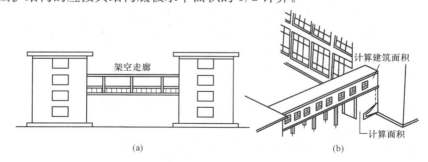

图 4-7　架空走廊
(a)无围护结构的架空走廊立面图；(b)有围护结构的架空走廊轴测图

(9)立体书库(图 4-8)、立体仓库、立体车库，无结构层的应按一层计算，有结构层的应按其结构层面积分别计算。层高在 2.20 m 及以上者，应计算全面积；层高不足 2.20 m 者，应计算 1/2 面积。

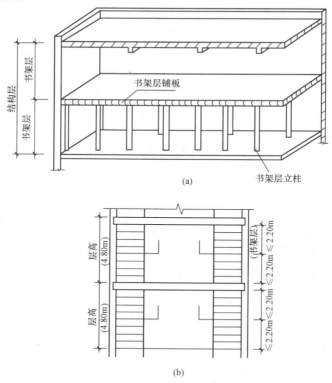

图 4-8　立体书库
(a)书架层轴测图；(b)书架层剖面图

(10)有围护结构的舞台灯光控制室，应按其围护结构外围水平面积计算。层高在

2.20 m及以上者,应计算全面积;层高不足2.20 m者,应计算1/2面积,如图4-9所示。

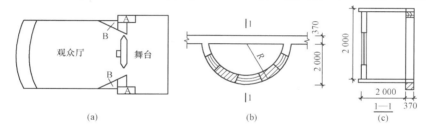

图 4-9 舞台灯光控制室

(a)舞台平面图;(b)灯光控制室平面图;(c)灯光控制室平面图

A—夹层;B—耳光室

(11)建筑物外有围护结构的落地橱窗、门斗、挑廊、走廊、檐廊,应按其围护结构外围水平面积计算。层高在2.20 m及以上者,应计算全面积;层高不足2.20 m者,应计算1/2面积。有永久性顶盖无围护结构的,应按其结构底板水平面积的1/2计算。

(12)有永久性顶盖无围护结构的场馆看台(图4-10),应按其顶盖水平投影面积的1/2计算。

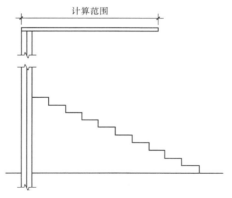

图 4-10 场馆看台剖面示意图

注:"场馆"实质上是指"场"(如足球场、网球场等),即看台上有永久性顶盖部分。而"馆"应是有永久性顶盖和围护结构的,应按单层或多层建筑相关规定计算面积。

(13)建筑物顶部有围护结构的楼梯间、水箱间、电梯机房等,层高在2.20 m及以上者,应计算全面积;层高不足2.20 m者,应计算1/2面积。

注:如遇建筑物屋顶的楼梯间是坡屋顶,应按坡屋顶的相关规定计算面积。

(14)设有围护结构不垂直于水平面而超出底板外沿的建筑物,应按其底板面的外围水平面积计算。层高在2.20 m及以上者,应计算全面积;层高不足2.20 m者,应计算1/2面积。

注:设有围护结构不垂直于水平面而超出底板外沿的建筑物是指向建筑物外倾斜的墙体,若遇有向建筑物内倾斜的墙体,应视为坡屋顶,应按坡屋顶有关规定计算面积。

(15)建筑物内的室内楼梯间、电梯井、观光电梯井、提物井、管道井、通风排气竖井、垃圾道、附墙烟囱,应按建筑物的自然层计算。

注：室内楼梯间的面积计算，应按楼梯依附的建筑物的自然层数计算并在建筑物面积内。遇跃层建筑，其共用的室内楼梯应按自然层计算面积；上下两错层户室共用的室内楼梯，应选上一层的自然层计算面积(图4-11)。

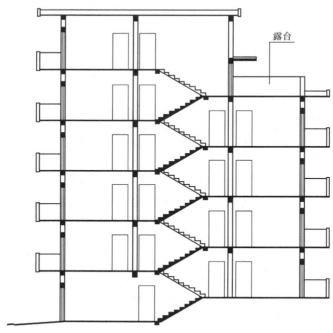

图 4-11　户室错层剖面示意图

(16)雨篷结构(图4-12)的外边线至外墙结构外边线的宽度超过2.10 m者，应按雨篷结构板的水平投影面积的1/2计算。

注：雨篷均以其宽度超过2.10 m或不超过2.10 m衡量，超过2.10 m者，应按雨篷结构板水平投影面积的1/2计算。有柱雨篷和无柱雨篷计算应一致。

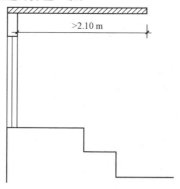

图 4-12　雨篷图

(17)有永久性顶盖的室外楼梯，应按建筑物自然层的水平投影面积的1/2计算。

室外楼梯一般分为二跑梯式，梯井宽一般都不超过500 mm，故按各层水平投影面积计算建筑面积，不扣减梯井面积。图4-13中的室外楼梯建筑面积为：

$$F = 4ab \times 1/2$$

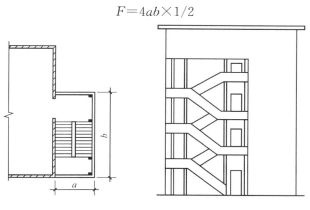

图 4-13　室外楼梯示意图

注：室外楼梯，最上层楼梯无永久性顶盖，或不能完全遮盖楼梯的雨篷，上层楼梯不计算面积，上层楼梯可视为下层楼梯的永久性顶盖，下层楼梯应计算面积。

(18)建筑物的阳台均应按其水平投影面积的 1/2 计算，如图 4-14 所示。

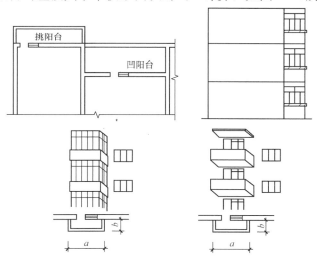

图 4-14　阳台示意图

注：建筑物的阳台，无论是凹阳台、挑阳台、封闭阳台还是不封闭阳台，都按其水平投影面积的一半计算。

(19)有永久性顶盖无围护结构的车棚、货棚、站台、加油站、收费站等，应按其顶盖水平投影面积的 1/2 计算。

注：对于车棚、货棚、站台、加油站、收费站等的面积计算，由于建筑技术的发展，出现许多新型结构，如柱不再是单纯的直立的柱，而出现正∨形柱、倒∧形柱等不同类型的柱，给面积计算带来许多争议，为此，《建筑工程建筑面积计算规范》中不以柱来确定面积的计算，而是依据顶盖的水平投影面积计算。在车棚、货棚、站台、加油站、收费站内设有有围护结构的管理室、休息室等，另按相关规定计算面积。

(20)高低联跨的建筑物(图 4-15)，应以高跨结构外边线为界分别计算建筑面积；其高低跨内部连通时，其变形缝应计算在低跨面积内。

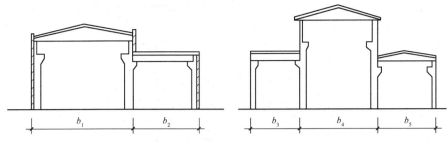

图 4-15　高低跨单层建筑物建筑面积计算示意图

(21)以幕墙作为围护结构的建筑物，应按幕墙外边线计算建筑面积。

(22)建筑物外墙外侧有保温隔热层的，应按保温隔热层外边线计算建筑面积。

(23)建筑物内的变形缝(图 4-16)，应按其自然层合并在建筑物面积内计算。

注：此处所指建筑物内的变形缝是与建筑物相连通的变形缝，即暴露在建筑物内，在建筑物内可以看得见的变形缝。

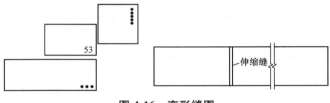

图 4-16　变形缝图

2. 不计算建筑面积的范围

下列项目不应计算面积。

(1)建筑物通道(骑楼、过街楼的底层)，如图 4-17 及图 4-18 所示。

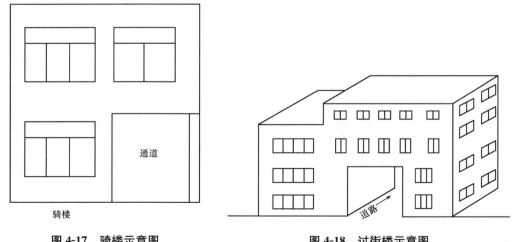

图 4-17　骑楼示意图　　　　　图 4-18　过街楼示意图

(2)建筑物内的设备管道夹层，如图 4-19 所示。

(3)建筑物内分隔的单层房间，舞台及后台悬挂幕布、布景的天桥、挑台(图 4-20)等。

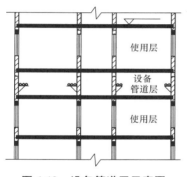

图 4-19 设备管道层示意图

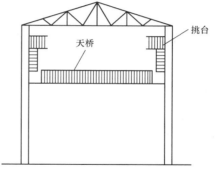

图 4-20 天桥、挑台图

（4）屋顶水箱、花架、凉棚、露台、露天游泳池，如图 4-21 所示。

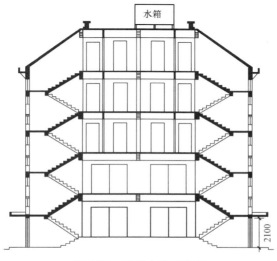

图 4-21 屋顶水箱示意图

（5）建筑物内的操作平台、上料平台（图 4-22）、安装箱和罐体的平台。

（6）勒脚、附墙柱、垛、台阶、墙面抹灰、装饰面、镶贴块料面层、装饰性幕墙、空调室外机搁板（箱）、飘窗、构件、配件、宽度在 2.10 m 及以内的雨篷以及与建筑物内不相连通的装饰性阳台、挑廊，如图 4-23 所示。

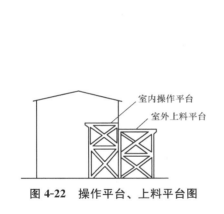

图 4-22 操作平台、上料平台图

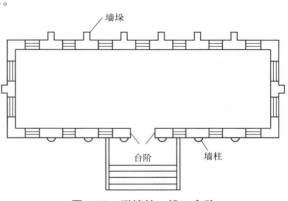

图 4-23 附墙柱、垛、台阶

注：突出墙外的勒脚、附墙柱、垛、台阶、墙面抹灰、装饰面、镶贴块料面层、装饰性幕墙、空调室外机搁板(箱)、飘窗、构件、配件、宽度在 2.10 m 及以内的雨篷以及与建筑物内不相连通的装饰性阳台、挑廊等，均不属于建筑结构，不应计算建筑面积。

（7）无永久性顶盖的架空走廊、室外楼梯和用于检修、消防等的室外钢楼梯、爬梯。

（8）自动扶梯、自动人行道。

注：自动扶梯(斜步道滚梯)，除两端固定在楼层板或梁之外，扶梯本身属于设备，为此，扶梯不宜计算建筑面积。水平步道(滚梯)属于安装在楼板上的设备，不应单独计算建筑面积。

（9）独立烟囱、烟道、地沟、油(水)罐、气柜、水塔、贮油(水)池、贮仓、栈桥、地下人防通道、地铁隧道。

第三节　楼地面装饰工程工程量计算

楼地面是房屋建筑物底层地面(即地面)和楼层地面(即楼面)的总称，它是构成房屋建筑各层的水平结构层，楼地面主要由基层和面层两大基本构造层组成(图 4-24)。

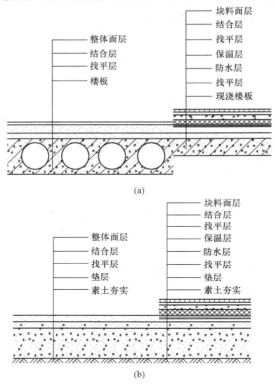

图 4-24　楼地面的构造
(a)楼面；(b)地面

一、整体面层及找平层

整体面层是以建筑砂浆为主要材料，用现场浇筑法做成整片直接承受各种荷载、摩擦、冲击的表面层。整体面层及找平层包括水泥砂浆楼地面、现浇水磨石楼地面、细石混凝土楼地面、菱苦土楼地面、自流平楼地面、平面砂浆找平层。

整体地面做法见表 4-1，整体楼面做法见表 4-2。

表 4-1　整体地面做法

编号	名　　称	图　　示	做 法 说 明	厚度/mm	附　　注
1	混凝土（一）		C15 混凝土随打随抹加浆压光	60～120	混凝土强度等级及厚度按设计图纸要求计算
			素土夯实		
2	混凝土（二）		C15 混凝土随打随抹加浆压光	60～120	
			二八灰土	150	
			素土夯实		
3	混凝土（三）		C15 混凝土随打随抹加浆压光	60～120	
			卵石(碎石)灌 M2.5 混合砂浆	120	
			素土夯实		
4	混凝土（四）		C20 混凝土随打随抹拉毛	120	
			填砂	30	
			毛石压实	120	
			素土夯实		
5	细石混凝土（一）		C20 细石混凝土随打随抹	40	
			C10 混凝土	60～120	
			素土夯实		
6	细石混凝土（二）		C20 细石混凝土随打随抹	40	
			C10 混凝土	60～120	
			二八灰土	150	
			素土夯实		
7	细石混凝土（三）		C20 细石混凝土随打随抹	40	
			卵石(碎石)灌 M5 砂浆	120	
			素土夯实		
8	水泥砂浆（一）		1:2 水泥砂浆	20	混凝土厚度按设计图纸规定计算
			C10 混凝土	60～80	
			素土夯实		
9	水泥砂浆（二）		1:2 水泥砂浆	20	
			C10 混凝土	60～80	
			二八灰土	150	
			素土夯实		
10	水泥砂浆（三）		1:2 水泥砂浆	20	
			卵石灌 M5 混合砂浆	120	
			素土夯实		

编号	名 称	图 示	做 法 说 明	厚度/mm	附 注
11	水泥砂浆（四）		1:2 水泥砂浆	20	
			1:2:4 水泥、砂、碎砖	100	
			二八灰土	150	
			素土夯实		
12	水泥砂浆（五）		1:2 水泥砂浆	20	
			C7.5 炉渣混凝土	80	
			素土夯实		
13	水泥砂浆（六）		1:2 水泥砂浆	20	
			C7.5 炉渣混凝土	80	
			二八灰土	150	
			素土夯实		
14	水磨石（一）		1:1.5 水泥白石子	10	
			1:3 水泥砂浆	15	
			C10 混凝土	80	
			素土夯实		
15	水磨石（二）		1:1.5 水泥白石子	10	
			1:3 水泥砂浆	15	
			卵石灌 M5 混合砂浆	120	
			素土夯实		

表 4-2　整体楼面面层做法

编号	名 称	图 示	做 法 说 明	厚度/mm	附 注
1	水泥砂浆（一）		1:2 水泥砂浆	30	
			预制(现浇)楼板		
2	水泥砂浆（二）		1:2 水泥砂浆	20	
			1:8 水泥焦碴	60	
			预制(现浇)楼板		
3	细石混凝土（一）		C20 细石混凝土随打随抹	35	原浆压光
			预制(现浇)楼板		
4	细石混凝土（二）		C20 细石混凝土随打随抹	40	原浆压光
			1:8 水泥焦碴	60	
			预制(现浇)楼板		
5	水磨石（一）		1:1.5 水泥白石子	10	
			1:3 水泥砂浆	20	
			现浇楼板		

编号	名　称	图　示	做法说明	厚度/mm	附　注
6	水磨石 （二）	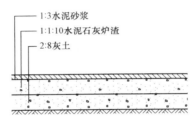	1：1.5 水泥白石子	10	钢筋网双向 200 mm间距
			1：3 水泥砂浆	15	
			C20 细石混凝土内配 φ4 钢筋网	35	
			预制楼板		
7	水　磨　石 （三）		1：1.5 水泥白石子	10	
			1：3 水泥砂浆	15	
			1：8 水泥焦碴	60	
			预制（现浇）楼板		

1. 水泥砂浆楼地面

水泥砂浆楼地面是指用 1：3 或 1：2.5 的水泥砂浆在基层上抹 15～20 mm 厚，抹平后待其终凝前再用铁板压光而成的地面，如图 4-25 所示。优点是造价低廉，施工方便；缺点是易起砂，地面干缩较大。

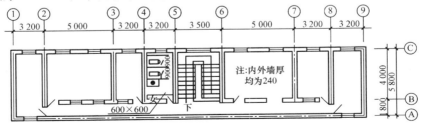

图 4-25　水泥砂浆地面

水泥砂浆楼地面按设计图示尺寸以面积计算，单位为 m²。扣除凸出地面构筑物、设备基础、室内铁道、地沟等所占面积，不扣除间壁墙（间壁墙指墙厚≤120 mm 的墙）及≤0.3 m² 柱、垛、附墙烟囱及孔洞所占面积。门洞、空圈、暖气包槽、壁龛的开口部分不增加面积。水泥砂浆面层处理是拉毛还是提浆压光，应在面层做法要求中描述。

【例 4-1】　如图 4-26 所示，求某办公楼二层房间(不包括卫生间)及走廊地面整体面工程量(做法：内外墙均厚 240 mm，1：2.5 水泥砂面层厚 25 mm，素水泥浆一道；C20 细石混凝土找平层厚 100 mm；水泥砂浆踢脚线高 150 mm，M：900 mm×2 000 mm)。

图 4-26　某办公楼二层示意图

【解】　按轴线序号排列进行计算：

工程量＝(3.2－0.12×2)×(5.8－0.12×2)＋(5.0－0.12×2)×(4.0－0.12×2)＋(3.2－0.12×2)×(4.0－0.12×2)＋(5.0－0.12×2)×(4.0－0.12×2)＋(3.2－0.12×2)×(4.0－0.12×2)＋(3.2－0.12×2)×(5.8－0.12×2)＋(5.0＋3.2＋3.2＋3.5＋5.0＋3.2－0.12×2)×(1.8－0.12×2)＝126.63(m²)

2. 现浇水磨石地面

现浇水磨石地面，是指天然石料的石子，用水泥浆拌合在一起，浇抹结硬，再经磨光、打蜡而成的地面，可依据设计制作成各种颜色的图案，如图 4-27 所示。其特点为价格低廉，铺出的地面可以按照设计要求用分格条组合出不同花型，有一定的装饰效果。

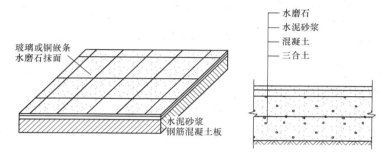

图 4-27 水磨石地面

现浇水磨石楼地面按设计图示尺寸以面积计算，单位：m²。扣除凸出地面构筑物、设备基础、室内铁道、地沟等所占面积，不扣除间壁墙(间壁墙指墙厚≤120 mm 的墙)及≤0.3 m² 柱、垛、附墙烟囱及孔洞所占面积。门洞、空圈、暖气包槽、壁龛的开口部分不增加面积。

【例 4-2】 某商店平面如图 4-28 所示。地面做法：C20 细石混凝土找平层 60 mm 厚，1∶2.5 白水泥色石子水磨石面层 20 mm 厚，15 mm×2 mm 铜条分隔，距墙柱边 300 mm 内按纵横 1 m 宽分格。计算地面工程量。

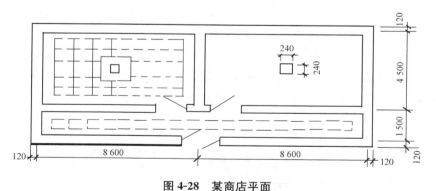

图 4-28 某商店平面

【解】 现浇水磨石楼地面工程量＝主墙间净长度×主墙间净宽度－构筑物等所占面积
＝(8.6－0.24)×(4.5－0.24)×2＋(8.6×2－0.24)×(1.5－0.24)＝92.60(m²)

注：柱子面积＝0.24×0.24＝0.057 6(m²)<0.3 m²，故不用扣除柱子面积。

3. 细石混凝土地面

细石混凝土地面指在结构层上做细石混凝土，浇好后随即用木板拍表浆或用铁滚滚压，待水泥浆液到表面时，再撒上水泥浆，最后用铁板压光（这种做法也称随打随抹）的地面，如图 4-29 所示。为提高表面光洁度和耐磨性，压光时可撒上适量的 1∶1 干拌水泥砂子灰。

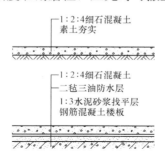

图 4-29　细石混凝土地面

细石混凝土地面的混凝土强度等级一般不低于 C20，水泥强度等级应不低于 32.5 级，碎石或卵石的最大粒径不超过 15 cm，并要求级配适当。配制出的混凝土坍落度应在 30 mm 以下。

细石混凝土楼地面按设计图示尺寸以面积计算，单位：m²。扣除凸出地面构筑物、设备基础、室内铁道、地沟等所占面积，不扣除间壁墙（间壁墙指墙厚≤120 mm 的墙）及 ≤0.3 m² 柱、垛、附墙烟囱及孔洞所占面积。门洞、空圈、暖气包槽、壁龛的开口部分不增加面积。

【例 4-3】 某工程底层平面层如图 4-30 所示，已知地面为 35 mm 厚 1∶2 细石混凝土面层，求细石混凝土面层工程量。

【解】 细石混凝土面层工程量＝（7.0－0.12×2）×（6.3－0.12×2）＋（3.0－0.12×2）×（6.3－0.12×2）＝57.69（m²）

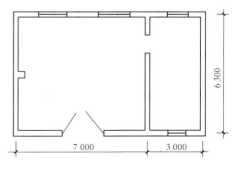

图 4-30　底层平面图

4. 菱苦土楼地面

菱苦土楼地面是以菱苦土为胶结料，锯木屑（锯末）为主要填充料，加入适量具有一定浓度的氯化镁溶液，调制成可塑性胶泥，从而铺设而成的一种整体楼地面工程。为使其表面光滑、色泽美观，调制时可加入少量滑石粉和矿物颜料；有时为了耐磨，还掺入一些砂粒或石屑。菱苦土面层具有耐火、保温、隔声、隔热及绝缘等特点，而且质地坚硬并可具有一定的弹性，适用于住宅、办公楼、教学楼、医院、俱乐部、幼儿园及纺织车间等的楼地面。

菱苦土楼地面可铺设单层或双层。单层面层厚度一般为 12～15 mm；双层的分底层和面层，底层厚度一般为 12～15 mm，面层厚度一般为 8～12 mm。但绝大多数均采用双层做法，很少采用单层做法。在双层做法中，由于下底与上层的作用不同，所以其配合比成分也不同。

菱苦土楼地面按设计图示尺寸以面积计算，单位：m²。扣除凸出地面构筑物、设备基础、室内铁道、地沟等所占面积，不扣除间壁墙(间壁墙指墙厚≤120 mm的墙)及≤0.3 m²柱、垛、附墙烟囱及孔洞所占面积。门洞、空圈、暖气包槽、壁龛的开口部分不增加面积。

【例 4-4】 如图 4-31 所示，设计要求做菱苦土整体面层，试计算其工程量。

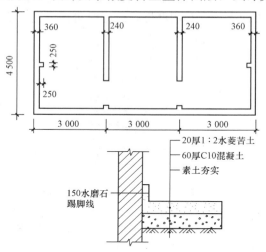

图 4-31 菱苦土地面示意

【解】 菱苦土面层工程量=(4.5-0.36×2)×(3-0.36-0.24)×2+(4.5-0.36×2)×(3-0.24)=28.58(m²)

5. 自流平楼地面

自流平是一种地面施工技术，它是将多材料同水混合成液态物质，倒入地面后，这种物质可根据地面的高低不平顺势流动，对地面进行自动找平，并很快干燥，固化后的地面会形成光滑、平整、无缝的新基层。除找平功能之外，自流平还可以防潮、抗菌，这一技术已经在无尘室、无菌室等精密行业中广泛应用。

自流平楼地面按设计图示尺寸以面积计算，单位：m²。扣除凸出地面构筑物、设备基础、室内铁道、地沟等所占面积，不扣除间壁墙(间壁墙指墙厚≤120 mm的墙)及≤0.3 m²柱、垛、附墙烟囱及孔洞所占面积。门洞、空圈、暖气包槽、壁龛的开口部分不增加面积。

6. 平面砂浆找平层

平面砂浆找平层按设计图示尺寸以面积计算，单位：m²。平面砂浆找平层只适用于仅做找平层的平面抹灰。楼地面混凝土垫层另按现浇混凝土基础中垫层项目编码列项，除混凝土外的其他材料垫层，按砌筑工程中垫层项目编码列项。

二、块料面层

块料面层是以陶质材料制品及天然石材等为主要材料，用建筑砂浆或胶粘剂做结合层嵌砌的直接接受各种荷载、摩擦、冲击的表面层，包括石材楼地面、碎石材楼地面、块料楼地面。

块料地面常用做法见表 4-3，彩色块料地面的常见做法见表 4-4。

表 4-3 块料地面

编号	名 称	图 示	做 法 说 明	厚度/mm	附 注
1	烧结普通砖		烧结普通砖平铺砂扫缝	60	红砖或青砖
			砂拍实找平	30	
			二八灰土	150	
			素土夯实		
2	大阶砖		大阶砖 1：3 水泥砂浆抹缝	30	
			砂垫层	30	
			素土夯实		
3	混凝土板（一）		C20 混凝土板砂填缝	60	
			砂垫层	30	
			卵石灌 M5 混合砂浆	120	
			素土夯实		
4	混凝土板（二）		C20 混凝土板砂填缝	60	
			砂垫层	30	
			素土夯实		
5	水泥花砖（一）		水泥花砖砂填缝	20	花砖规格按当地情况定
			1：3 水泥砂浆铺砌	20	
			C10 混凝土	60	
			素土夯实		
6	水泥花砖（二）		水泥花砖砂填缝	20	
			1：3 水泥砂浆铺砌	20	
			二八灰土	60	
			素土夯实	150	
7	水泥花砖（三）		水泥花砖砂填缝	20	
			1：3 水泥砂浆铺砌	20	
			卵石灌 M5 混合砂浆	120	
			素土夯实		
8	缸 砖		缸 砖	10	缸砖规格由设计单位定
			1：3 水泥砂浆铺砌	20	
			C10 混凝土	80	
			素土夯实		
9	马赛克（一）		马赛克	5	
			1：1 水泥砂浆粘结	5	
			1：3 水泥砂浆找平	15	
			C10 混凝土	60	
			素土夯实		

编号	名 称	图 示	做 法 说 明	厚度/mm	附 注
10	马赛克 (二)		马赛克	5	
			1∶1水泥砂浆粘结	5	
			1∶3水泥砂浆找平	15	
			卵石灌M5混合砂浆	120	
			素土夯实		
11	水磨石 (一)		水磨石板	25	
			1∶1水泥砂浆粘结	5	
			1∶3水泥砂浆找平	15	
			C10混凝土	60	
			素土夯实		
12	水磨石 (二)		水磨石板	25	
			1∶1水泥砂浆粘结	5	
			1∶3水泥砂浆找平	15	
			卵石灌M5混合砂浆	120	
			素土夯实		
13	大理石 (一)		大理石	25	大理石规格按设计规定
			1∶1水泥砂浆粘结	5	
			1∶3水泥砂浆找平	15	
			C10混凝土	60	
			素土夯实		
14	大理石 (二)		大理石	25	
			1∶1水泥砂浆粘结	5	
			1∶3水泥砂浆找平	15	
			卵石灌M5混合砂浆	120	
			素土夯实		
15	PVC (塑料)		PVC,粘胶		
			1∶3水泥砂浆找平	20	
			C10混凝土	80	
			素土夯实		

表4-4 彩色块料面层

编号	名 称	图 示	做 法 说 明	厚度/mm	附 注
1	水泥花砖		水泥花砖	20	
			1∶3水泥砂浆	25	
			预制(现浇)楼板		
2	水磨石板 (一)		水磨石板	25	
			1∶1水泥砂浆粘结	5	
			1∶3水泥砂浆找平	20	
			预制(现浇)楼板		

编号	名 称	图 示	做 法 说 明	厚度/mm	附 注
3	水磨石板（二）		水磨石板 1：1水泥砂浆粘结 1：3水泥砂浆找平 1：8水泥焦碴 预制（现浇）楼板	25 5 20 60	水磨石板规格按当地情况定
4	大 理 石		大理石板 1：1水泥砂浆粘结 1：3水泥砂浆找平 1：8水泥焦碴 预制（现浇）楼板	25 5 20 60	
5	缸 砖		缸 砖 1：1水泥砂浆粘结 1：3水泥砂浆找平 预制（现浇）楼板	15 5 20	
6	马 赛 克		马赛克 1：1水泥砂浆粘结 1：3水泥砂浆找平 现浇楼板	5 5 20	
7	PVC（塑料）		PVC，粘胶 1：3水泥砂浆找平 预制（现浇）楼板	25	

1. 石材楼地面

石材楼地面包括大理石楼地面和花岗石楼地面等。

（1）大理石面层。大理石具有斑驳纹理，色泽鲜艳美丽。大理石的硬度比花岗石稍差，所以它比花岗石易于雕琢磨光。

大理石可根据不同色泽、纹理等组成各种图案。通常在工厂加工成 20～30 mm 厚的板材，每块大小一般为 300 mm×300 mm～500 mm×500 mm。方整的大理石地面，多采用紧拼对缝，接缝不大于 1 mm，铺贴后用纯水泥扫缝；不规则形的大理石铺地接缝较大，可用水泥砂浆或水磨石嵌缝。大理石铺砌后，表面应粘贴纸张或覆盖麻袋加以保护，待结合层水泥强度达到 60%～70%后，方可进行细磨和打蜡。

（2）花岗石面层。花岗石系天然石材，一般具有抗拉性能差、密度大、传热快、易产生冲击噪声、开采加工困难、运输不便、价格高昂等缺点，但是由于它们具有良好的抗压性能和硬度、质地坚实、耐磨、耐久、外观大方稳重等优点，所以至今仍为许多重大工程所使用。花岗石属于高档建筑装饰材料。

花岗石常加工成条形或块状，厚度较大，50～150 mm，其面积尺寸是根据设计分块后进行订货加工的。花岗石在铺设时，相邻两行应错缝，错缝为条石长度的 1/3～1/2。

铺设花岗石地面的基层有两种：一种是砂垫层；另一种是混凝土或钢筋混凝土基层。混凝土或钢筋混凝土表面常常要求用砂或砂浆做找平层，厚 30～50 mm。砂垫层应在填缝以前进行洒水、拍实、整平。

石材楼地面按设计图示尺寸以面积计算，单位：m²。门洞、空圈、暖气包槽、壁龛的开口部分并入相应的工程量内。石材与胶结材料的结合面刷防渗材料的种类在防护层材料种类中描述。

【例 4-5】 试计算图 4-32 所示房间地面镶贴大理石面层的工程量。已知暖气包槽尺寸为 1 200 mm×120 mm×600 mm，门与墙外边线齐平。

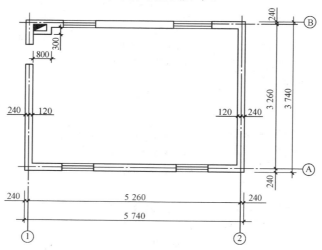

图 4-32 某建筑物建筑平面图

【解】 工程量=地面面积+暖气包槽开口部分面积+门开口部分面积+壁龛开口部分面积+空圈开口部分面积

$$=[5.74-(0.24+0.12)\times2]\times[3.74-(0.24+0.12)\times2]-0.8\times0.3+1.2\times0.36$$

$$=15.35(\text{m}^2)$$

2. 碎石材楼地面

碎石材楼地面按设计图示尺寸以面积计算，单位：m²。门洞、空圈、暖气包槽、壁龛的开口部分并入相应的工程量内。

3. 块料楼地面

块料楼地面包括砖面层、预制板块面层和料石面层等。

(1) 砖面层。砖面层应按设计要求采用烧结普通砖、缸砖、陶瓷地砖、水泥花砖或陶瓷马赛克等板块材在砂、水泥砂浆、沥青胶结料或胶粘剂结合层上铺设而成。

砂结合层厚度为 20～30 mm；水泥砂浆结合层厚度为 10～15 mm；沥青胶结料结合层厚度为 2～5 mm；胶粘剂结合层厚度为 2～3 mm。

(2) 预制板块面层。预制板块面层是采用混凝土板块、水磨石板块等在结合层上铺设而成。

砂结合层的厚度应为 20～30 mm；当采用砂垫层兼做结合层时，其厚度不宜小于 60 mm；水泥砂浆结合层的厚度应为 10～15 mm；宜采用 1∶4 干硬性水泥砂浆。

(3) 料石面层。料石面层应采用天然石料铺设。料石面层的石料宜为条石或块石两类。采用条石做面层应铺设在砂、水泥砂浆或沥青胶结料结合层上；采用块石做面层应铺设在基土或砂垫层上。

条石面层下结合层厚度为：砂结合层为 15～20 mm；水泥砂浆结合层为 10～15 mm；沥青胶结料结合层为 2～5 mm。块石面层下砂垫层厚度，在夯实后不应小于 6 mm；块石面层下基土层应均匀、密实，填土或土层结构被搅动的基土，应予分层压(夯)实。

块料楼地面按设计图示尺寸以面积计算，单位：m²。门洞、空圈、暖气包槽、壁龛的开口部分并入相应的工程量内。石材与胶结材料的结合面刷防渗材料的种类在防护层材料种类中描述。

【例 4-6】 如图 4-33 所示，求某卫生间地面镶贴马赛克面层工程量。

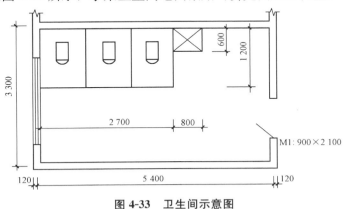

图 4-33　卫生间示意图

【解】 马赛克面层工程量＝(5.4－0.24)×(3.3－0.24)－2.7×1.2－0.8×0.6＋
　　　　　　　　0.9×0.24
　　　　　　　＝12.29(m²)

三、橡塑面层

橡胶板楼地面是指以天然橡胶或以含有适量填料的合成橡胶制成的复合板材。它具有吸声、绝缘、耐磨、防滑和弹性好等优点，多用于有绝缘或清洁、耐磨要求的场所。

塑料板面层应采用塑料板块、卷材并以粘贴、干铺或采用现浇整体式在水泥类基层上铺设而成。板块、卷材可采用聚氯乙烯树脂、聚氯乙烯-聚乙烯共聚地板、聚乙烯树脂、聚丙烯树脂和石棉塑料板等。现浇整体式面层可采用环氧树脂涂布面层、不饱和聚酯涂布面层和聚醋酸乙烯塑料面层等。

塑料板以及塑料卷材地面，表面光滑，色泽鲜艳，且脚感舒适，有不易沾尘、防滑、耐磨等优点，用途广泛，是当今比较风行的地面装饰板材。

聚氯乙烯 PVC 铺地卷材，分为单色、印花和印花发泡卷材，常用规格为幅宽 900～1 900 mm，每卷长度 9～20 m，厚度 1.5～3.0 mm。基底材料一般为化纤无纺布或玻璃纤维交织布，中间层为彩色印花(或单色)或发泡涂层，表面为耐磨涂敷层，具有柔软、丰满的脚感及隔声、保温、耐腐、耐磨、耐折、耐刷洗和绝缘等性能。氯化聚乙烯 CPE 铺地卷材是聚乙烯与氯经取代反应制成的无规则氯化聚合物，具有橡胶的弹性，由于 CPE 分子结构的饱和性以及氯原子的存在，使之具有优良的耐候性、耐臭氧和耐热老化性，以及耐油、耐化学药品性等。作为铺地材料，其耐磨耗性能和延伸率明显优于普通聚氯乙烯卷材。塑料卷材铺贴于楼地面的做法，可采用活铺、粘贴，由使用要求及设计确定，卷材的接缝如采用焊接形式，则可成为无缝地面。

橡塑面层包括橡胶板楼地面、橡胶板卷材楼地面、塑料板楼地面、塑料卷材楼地面。按设计图示尺寸以面积计算，单位：m²。门洞、空圈、暖气包槽、壁龛的开口部分并入相应的工程量内。

【例4-7】 如图4-34所示，楼地面用橡胶卷材铺贴，试求其工程量。

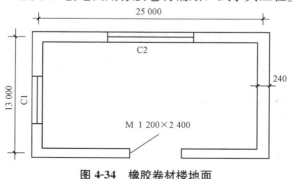

图4-34 橡胶卷材楼地面

【解】 橡胶卷材楼地面工程量＝(13－0.24)×(25－0.24)＋1.2×0.24
＝316.23(m²)

四、其他材料面层

其他材料面层包括地毯楼地面，竹、木(复合)地板，金属复合地板，防静电活动地板。

1. 地毯楼地面

地毯可分为天然纤维和合成纤维两类，由面层、防松涂层和背衬构成(图4-35)。

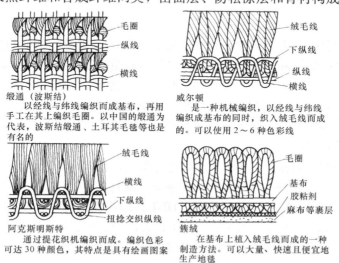

图4-35 地毯的构造

(1)面层。化纤地毯的面层，一般采用中、长纤维做成，中长纤维制作的面层，绒毛不易脱落、起球，使用寿命较长；也可用短纤维，但不如中、长纤维质量好。纤维的粗细也直接影响地毯的脚感与弹性。

（2）防松涂层。在化纤地毯的初级背衬上涂一层以氯乙烯-偏氯乙烯共聚乳液为基料，添加增塑剂、增稠剂及填充料的防松层涂料，可以增加地毯绒面纤维的固着，使之不易脱落；同时，可在棉纱或丙纶扁丝的初级背衬上形成一层薄膜，防止胶粘剂渗透到绒面层而使面层发硬；并在与次级背衬粘结复合时，能减少胶粘剂的用量及增加粘结强度；水溶性防松层，是经过简单的热风烘道干燥装置干燥成膜。

（3）背衬。化纤地毯经过防松涂层处理后，用胶粘剂与麻布粘结复合，形成次级背衬，以增加步履轻松的感觉；同时，覆盖织物层的针码，改善地毯背面的耐磨性。胶粘剂采用对化纤及黄麻织物均有良好粘结力的水溶性橡胶，如丁苯胶乳、天然乳胶，加入增稠剂、填充料、扩散剂等，并经过高速分散，使之成为黏稠的浆液，然后通过辊筒涂敷在预涂过防松层的初级背衬上。涂敷胶粘剂应以地毯面层与麻布间有足够的粘结力，但又不渗透到地毯的绒面里，并以不影响地毯的面层美观及柔软性为标准来控制涂布量。贴上麻布经过几分钟的加热、加压，使之粘结复合，然后通过简单的热风烘道，进一步使乳胶热化、干燥，即可成卷。

楼地面地毯构造做法见表 4-5。

表 4-5　楼地面地毯构造做法

名称	厚度及重量	简图	构造做法		附注
			地面	楼面	
单层地毯面层（燃烧性能等级B2）	D90 L30 0.45 kN/m²	地面　楼面	1.5～8 厚地毯 2.20 厚 1：2.5 水泥砂浆找平 3. 水泥浆一道（内掺建筑胶） 4.60 厚 C15 混凝土垫层 5. 浮铺 0.2 厚塑料薄膜一层 6. 素土夯实	4. 现浇钢筋混凝土楼板或预制楼板现浇叠合层	1. 地毯花色品种、规格见工程设计 2. 地毯铺装分浮铺、粘铺两种，见工程设计
	D240 L90 1.30 kN/m²	地面　楼面	1.5～8 厚地毯 2.20 厚 1：2.5 水泥砂浆找平 3. 水泥浆一道（内掺建筑胶） 4.60 厚 C15 混凝土垫层 5. 浮铺 0.2 厚塑料薄膜一层 6.150 厚碎石夯入土中	3.60 厚 LC7.5 轻集料混凝土 4. 现浇钢筋混凝土楼板或预制楼板现浇叠合层	
	D240 L90 1.30 kN/m²	地面　楼面	1.5～8 厚地毯 2.20 厚 1：2.5 水泥砂浆找平 3. 水泥浆一道（内掺建筑胶） 4.60 厚 C15 混凝土垫层 5. 浮铺 0.2 厚塑料薄膜一层 6.150 厚粒径 5～32 卵石（碎石）灌 M2.5 混合砂浆振捣密实或 3：7 灰土 7. 素土夯实	3.60 厚 1：6 水泥焦碴 4. 现浇钢筋混凝土楼板或预制楼板现浇叠合层	

名称	厚度及重量	简图	构造做法		附注
			地面	楼面	
双层地毯面层（带衬垫）（燃烧性能等级B2）	D95 L35 0.50 kN/m²	地面　楼面	1. 8～10 厚地毯 2. 5 厚橡胶海绵衬垫 3. 20 厚 1：2.5 水泥砂浆找平 4. 水泥浆一道（内掺建筑胶） 5. 60 厚 C15 混凝土垫层 6. 浮铺 0.2 厚塑料薄膜一层 7. 素土夯实	 5. 现浇钢筋混凝土楼板或预制楼板现浇叠合层	地毯花色品种、规格见工程设计
	D245 L95 1.35 kN/m²	地面　楼面	1. 8～10 厚地毯 2. 5 厚橡胶海绵衬垫 3. 20 厚 1：2.5 水泥砂浆找平 4. 水泥浆一道（内掺建筑胶） 5. 60 厚 C15 混凝土垫层 6. 浮铺 0.2 厚塑料薄膜一层 7. 150 厚碎石夯入土中	 4. 60 厚 LC7.5 轻集料混凝土 5. 现浇钢筋混凝土楼板或预制楼板现浇叠合层	
	D245 L95 1.35 kN/m²	地面　楼面	1. 8～10 厚地毯 2. 5 厚橡胶海绵衬垫 3. 20 厚 1：2.5 水泥砂浆找平 4. 水泥浆一道（内掺建筑胶） 5. 60 厚 C15 混凝土垫层 6. 浮铺 0.2 厚塑料薄膜一层 7. 150 厚粒径 5～32 卵石（碎石）灌 M2.5 混合砂浆振捣密实或 3：7 灰土 8. 素土夯实	 4. 60 厚 1：6 水泥焦碴 5. 现浇钢筋混凝土楼板或预制楼板现浇叠合层	

注：表中，D 为地面总厚度；d 为垫层、填充层厚度；L 为楼面建筑构造总厚度（结构层以上总厚度）。

地毯楼地面按设计图示尺寸以面积计算，单位：m²。门洞、空圈、暖气包槽、壁龛的开口部分并入相应的工程量内。

【例 4-8】 如图 4-36 所示，某房客房地面为 20 mm 厚 1：3 水泥砂浆找平层，上铺双层地毯，木压条固定，施工至门洞处，计算其工程量。

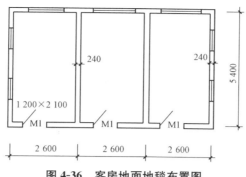

图 4-36　客房地面地毯布置图

【解】　双层地毯工程量＝(2.6－0.24)×(5.4－0.24)×3＋1.2×0.24×3
　　　　　　　　＝37.40(m²)

2. 竹、木(复合)地板，金属复合地板

(1)竹地板面层。竹地板按加工形式(或结构)可分为三种类型：平压型、侧压型和平侧压型(工字形)；按表面颜色可分为三种类型：本色型、漂白型和碳化色型(竹片再次进行高温高压碳化处理后所形成)；按表面有无涂饰可分为三种类型：亮光型、亚光型和素板。竹地板面层构造如图 4-37 所示。

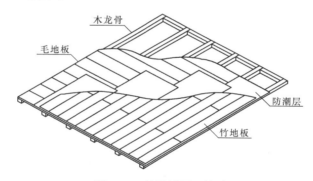

图 4-37　竹地板面层构造

(2)木地板。木地板以材质分为硬木地板、复合木地板、强化复合地板、硬木拼花地板和硬木地板砖；硬木质地板常称实木地板，复合地板亦称铭木地板，强化复合地板简称强化地板。木板面层构造做法如图 4-38 所示。

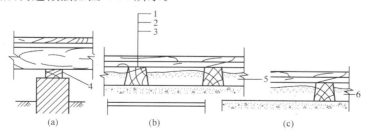

图 4-38　木板面层
(a)空铺式；(b)、(c)实铺式
1—企口板；2—毛地板；3—木格栅；4—垫木；5—剪刀撑；6—炉渣

竹木地板包括竹地板和木地板，架空竹木地板构造做法见表4-6，硬木地板构造做法见表4-7。

表4-6　架空竹木地板构造做法

名称	厚度及重量	简图	构造做法 地面	构造做法 楼面	附注
架空竹木地板面层（燃烧性能等级B2）	D140～150 L80～90 0.6 kN/m²	地面　楼面	1.200 μm厚聚酯漆或聚氨酯漆 2.10～20厚竹木地板（背面满刷氟化钠防腐剂） 3.专业防潮垫层 4.50×50木龙骨@400架空，表面刷防腐剂 5.20厚1:2.5水泥砂浆找平 6.60厚C15混凝土垫层 7.素土夯实	（楼面5、6、7共用上方1~5） 6.现浇钢筋混凝土楼板或预制楼板现浇叠合层	1. 竹木地板的种类有：竹条地板、竹片竹条复合地板、立竹拼花地板等，由设计人员选定 2. 竹木地板错缝拼接要求用胶粘结，与四周墙体留缝均应按铺复合木地板的要求实施 3. 设计要求燃烧性能为B₁级时，应另做防火处理
	D290～300 L140～150 1.7 kN/m²	地面　楼面	1.200 μm厚聚酯漆或聚氨酯漆 2.10～20厚竹木地板（背面满刷氟化钠防腐剂） 3.专业防潮垫层 4.50×50木龙骨@400架空，表面刷防腐剂 5.20厚1:2.5水泥砂浆找平 6.60厚C15混凝土垫层 7.150厚碎石夯入土中	6.60厚LC7.5轻集料混凝土 7.现浇钢筋混凝土楼板或预制楼板现浇叠合层	
	D290～300 L140～150 1.7 kN/m²	地面　楼面	1.200 μm厚聚酯漆或聚氨酯漆 2.10～20厚竹木地板（背面满刷氟化钠防腐剂） 3.专业防潮垫层 4.50×50木龙骨@400架空，表面刷防腐剂 5.20厚1:2.5水泥砂浆找平 6.60厚C15混凝土垫层 7.150厚粒径5～32卵石（碎石）灌M2.5混合砂浆振捣密实或3:7灰土 8.素土夯实	6.60厚1:6水泥焦碴 7.现浇钢筋混凝土楼板或预制楼板现浇叠合层	

注：表中，D为地面总厚度；d为垫层、填充层厚度；L为楼面建筑构造总厚度（结构层以上总厚度）。

表 4-7　硬木地板构造做法

名称	厚度及重量	简图	构造做法		附注
			地面	楼面	
硬木地板面层（燃烧性能等级B2）	D95 L35 0.5 kN/m²		1.200 μm 厚聚酯漆或聚氨酯漆 2.8～15 厚硬木地板，用专用胶粘贴 3.20 厚 1:2.5 水泥砂浆找平 4. 水泥浆一道（内掺建筑胶）		1. 设计要求燃烧性能为 B1 级时，应另做防火处理 2. 硬木地板的品种由设计人选定，如硬木马赛克、硬木企口席纹拼花地板等
			5.60 厚 C15 混凝土垫层 6. 浮铺 0.2 厚塑料薄膜一层 7. 素土夯实	5. 现浇钢筋混凝土楼板或预制楼板现浇叠合层	
	D245 L95 1.35 kN/m²		1.200 μm 厚聚酯漆或聚氨酯漆 2.8～15 厚硬木地板，用专用胶粘贴 3.20 厚 1:2.5 水泥砂浆找平 4. 水泥浆一道（内掺建筑胶）		
			5.60 厚 C15 混凝土垫层 6. 浮铺 0.2 厚塑料薄膜一层 7.150 厚碎石夯入土中	5.60 厚 LC7.5 轻集料混凝土 6. 现浇钢筋混凝土楼板或预制楼板现浇叠合层	
	D245 L95 1.35 kN/m²		1.200 μm 厚聚酯漆或聚氨酯漆 2.8～15 厚硬木地板，用专用胶粘贴 3.20 厚 1:2.5 水泥砂浆找平 4. 水泥浆一道（内掺建筑胶）		
			5.60 厚 C15 混凝土垫层 6. 浮铺 0.2 厚塑料薄膜一层 7.150 厚 3:7 灰土 8. 素土夯实	5.60 厚 1:6 水泥焦碴 6. 现浇钢筋混凝土楼板或预制楼板现浇叠合层	

注：表中，D 为地面总厚度；d 为垫层、填充层厚度；L 为楼面建筑构造总厚度（结构层以上总厚度）。

金属复合地板多用于一些特殊场所，如金属弹簧地板可用于舞厅中舞池地面；镭射钢化夹层玻璃地砖，因其抗冲击、耐磨、装饰效果美观，多用于酒店、宾馆、酒吧等娱乐、休闲场所的地面。钢屑水泥耐磨面层构造做法见表4-8；金属集料耐磨面层构造做法见表4-9。

表 4-8　钢屑水泥耐磨面层构造做法

名称	厚度及重量	简图	构造做法		附注
			地面	楼面	
钢屑水泥耐磨面层（燃烧性能等级A）	D130 L30 0.85 kN/m²	地面　楼面	1.30厚1:1水泥钢屑面层 2.水泥浆一道（内掺建筑胶） 3.100厚C15混凝土垫层 4.素土夯实	3.现浇钢筋混凝土楼板或预制楼板现浇叠合层	1.适用于有较强磨损作业和有耐冲击性要求的地面 2.耐磨地面也可掺入矿物集料，相关技术参数见生产厂家说明书
	D280 L90 1.70 kN/m²	地面　楼面	1.30厚1:1水泥钢屑面层 2.水泥浆一道（内掺建筑胶） 3.60厚C15混凝土垫层 4.150厚碎石夯入土中	2.60厚LC7.5轻集料混凝土 3.现浇钢筋混凝土楼板或预制楼板现浇叠合层	
	D280 L90 1.70 kN/m²	地面　楼面	1.30厚1:1水泥钢屑面层 2.水泥浆一道（内掺建筑胶） 3.60厚C15混凝土垫层 4.150厚粒径5～32卵石（碎石）灌M2.5混合砂浆振捣密实或3:7灰土 5.素土夯实	2.60厚1:6水泥焦碴 3.现浇钢筋混凝土楼板或预制楼板现浇叠合层	

注：表中，D为地面总厚度；d为垫层、填充层厚度；L为楼面建筑构造总厚度（结构层以上总厚度）。

表 4-9　金属集料耐磨面层构造做法

名称	厚度及重量	简图	构造做法		附注
			地面	楼面	
金属集料耐磨面层（燃烧性能等级A）	D110 L50 1.2 kN/m²	地面　楼面	1.50 厚 C25 细石混凝土，强度达标后，表面撒布金属集料，2～3 厚金属集料耐磨面层，随打随抹光 2. 水泥浆一道（内掺建筑胶） 3.60 厚 C15 混凝土垫层 4. 素土夯实	1.50 厚 C25 细石混凝土，强度达标后，表面撒布金属集料，2～3 厚金属集料耐磨面层，随打随抹光 2. 水泥浆一道（内掺建筑胶） 3. 现浇钢筋混凝土楼板或预制楼板现浇叠合层	1. 适用于有较强磨损作业和有耐冲击性要求的地面，此种地面具有耐油、抗压、不起尘等特点 2. 金属集料耐磨地面也称为金属硬化地坪，相关技术参数见生产厂家说明书
	D260	地面	1.50 厚 C25 细石混凝土，强度达标后，表面撒布金属集料，2～3 厚金属集料耐磨面层，随打随抹光 2. 水泥浆一道（内掺建筑胶） 3.60 厚 C15 混凝土垫层 4.150 厚碎石夯入土中		
	D260	地面	1.50 厚 C25 细石混凝土，强度达标后，表面撒布金属集料，2～3 厚金属集料耐磨面层，随打随抹光 2. 水泥浆一道（内掺建筑胶） 3.60 厚 C15 混凝土垫层 4.150 厚粒径 5～32 卵石（碎石）灌 M2.5 混合砂浆振捣密实或 3：7 灰土 5. 素土夯实		

注：表中，D 为地面总厚度；d 为垫层、填充层厚度；L 为楼面建筑构造总厚度（结构层以上总厚度）。

竹、木（复合）地板，金属复合地板按设计图示尺寸以面积计算，单位：m²。门洞、空圈、暖气包槽、壁龛的开口部分并入相应的工程量内。

【例 4-9】　如图 4-39 所示，求某建筑房间（不包括卫生间）及走廊地面铺贴复合木地板面层的工程量。

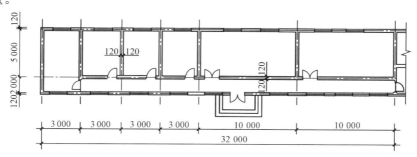

图 4-39　某建筑平面图示意图

【解】　工程量＝(7.0－0.12×2)×(3.0－0.12×2)＋(5.0－0.12×2)×(3.0－0.12×2)×3＋(5.0－0.12×2)×(10.0－0.12×2)×2＋(2.0－0.12×2)×(32.0－3.0－0.12×2)

＝201.60(m²)

3. 防静电活动地板

防静电活动地板是一种以金属材料或木质材料为基材，表面覆以耐高压装饰板（如三聚氰胺优质装饰板），经高分子合成胶粘剂胶合而成的特制地板，再配以专制钢梁、橡胶垫条和可调金属支架装配成活动地板。其广泛应用于计算机房、通信中心、电化教室、试验室、展览台、剧场舞台等。防静电水磨石面层构造做法见表 4-10。

表 4-10　防静电水磨石面层构造做法

名称	厚度及重量	简图	构造做法		附注
			地　面	楼　面	
防静电水磨石（水泥）面层（燃烧性能等级A）	D100 L40 1.00 kN/m²	地面　楼面	1.10 厚 1∶2.5 防静电水磨石（或 20 厚 1∶2 防静电水泥砂浆或 NFJ 金属集料砂浆） 2.防静电水泥浆一道 3.30 厚 1∶3 防静电水泥砂浆找平层，内配防静电接地金属网表面抹平 4.水泥浆一道（内掺建筑胶）		1. 适用于有防静电要求的房间 2. 防静电水泥浆和防静电水泥砂浆的掺加剂及防静电接地金属网，由专业施工队施工
			5.60 厚 C15 混凝土垫层 6.素土夯实	5.现浇钢筋混凝土楼板或预制楼板现浇叠合层	
	D250 L100 1.85 kN/m²	地面　楼面	1.10 厚 1∶2.5 防静电水磨石（或 20 厚 1∶2 防静电水泥砂浆或 NFJ 金属集料砂浆） 2.防静电水泥浆一道 3.30 厚 1∶3 防静电水泥砂浆找平层，内配防静电接地金属网表面抹平		
			4. 水泥浆一道（内掺建筑胶） 5.60 厚 C15 混凝土垫层 6.150 厚碎石夯入土中	4.60 厚 LC7.5 轻集料混凝土 5.现浇钢筋混凝土楼板或预制楼板现浇叠合层	
	D250 L100 1.85 kN/m²	地面　楼面	1.10 厚 1∶2.5 防静电水磨石（或 20 厚 1∶2 防静电水泥砂浆或 NFJ 金属集料砂浆） 2.防静电水泥浆一道 3.30 厚 1∶3 防静电水泥砂浆找平层，内配防静电接地金属网表面抹平		
			4. 水泥浆一道（内掺建筑胶） 5.60 厚 C15 混凝土垫层 6.150 厚粒径 5～32 卵石（碎石）灌 M2.5 混合砂浆振捣密实或 3∶7 灰土 7.素土夯实	4.60 厚 1∶6 水泥焦碴 5.现浇钢筋混凝土楼板或预制楼板现浇叠合层	

名称	厚度及重量	简图	构造做法 地面	构造做法 楼面	附注
防静电水磨石（水泥）面层（有防水层）（燃烧性能等级A）	D120 L60 1.30 kN/m²	地面　楼面	1.10厚1：2.5防静电水磨石(或20厚1：2防静电水泥砂浆或NFJ金属集料砂浆) 2.防静电水泥浆一道 3.30厚1：3水泥砂浆找平层，内配防静电接地金属网表面抹平 4.1.5厚聚氨酯防水层或2厚聚合物水泥基防水涂料 5.20厚1：3水泥砂浆 6.水泥浆一道(内掺建筑胶) 7.60厚C15混凝土垫层 8.素土夯实	7.现浇钢筋混凝土楼板或预制楼板现浇叠合层	1.适用于有防静电要求的房间 2.防静电水泥浆和防静电水泥砂浆的掺加剂及防静电接地金属网，由专业施工队施工
	D270 L120 2.10 kN/m²	地面　楼面	1.10厚1：2.5防静电水磨石(或20厚1：2防静电水泥砂浆或NFJ金属集料砂浆) 2.防静电水泥浆一道 3.30厚1：3水泥砂浆找平层，内配防静电接地金属网表面抹平 4.1.5厚聚氨酯防水层或2厚聚合物水泥基防水涂料 5.20厚碎石夯入土中 6.水泥浆一道(内掺建筑胶) 7.60厚C15混凝土垫层 8.150厚碎石夯入土中	6.60厚LC7.5轻集料混凝土 7.现浇钢筋混凝土楼板或预制楼板现浇叠合层	
	D270 L120 2.10 kN/m²	地面　楼面	1.10厚1：2.5防静电水磨石(或20厚1：2防静电水泥砂浆或NFJ金属集料砂浆) 2.防静电水泥浆一道 3.30厚1：3水泥砂浆找平层，内配防静电接地金属网表面抹平 4.1.5厚聚氨酯防水层或2厚聚合物水泥基防水涂料 5.20厚1：3水泥砂浆 6.水泥浆一道(内掺建筑胶) 7.60厚C15混凝土垫层 8.150厚粒径5～32卵石(碎石)灌M2.5混合砂浆振捣密实或3：7灰土 9.素土夯实	6.60厚1：6水泥焦碴 7.现浇钢筋混凝土楼板或预制楼板现浇叠合层	

注：表中，D为地面总厚度；d为垫层、填充层厚度；L为楼面建筑构造总厚度(结构层以上总厚度)。

防静电活动地板典型面板平面尺寸有 500 mm×500 mm、600 mm×600 mm、762 mm×762 mm 等。定额按防火防静电木质地板(规格 600 mm×600 mm×30 mm)、铝合金防静电活动地板、活动地板(600 mm×600 mm×30 mm)三种类型编制,列三个子目。

防静电活动地板按设计图示尺寸以面积计算,单位:m²。门洞、空圈、暖气包槽、壁龛的开口部分并入相应的工程量内。

【例 4-10】 某工程平面如图 4-40 所示,附墙垛为 240 mm×240 mm,门洞宽为 1 000 mm,地面用防静电活动地板,边界到门扇下面,试计算防静电活动地板工程量。

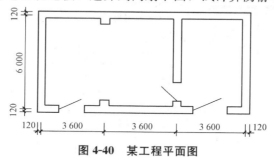

图 4-40 某工程平面图

【解】 防静电活动地板工程量=(3.6×3−0.12×4)×(6−0.24)−0.24×0.24×2+1×0.24+1×0.12×2=59.81(m²)

五、踢脚板

踢脚板是地面与墙面交接处的构造处理,起遮盖墙面与地面之间接缝的作用,并可防止碰撞墙面或擦洗地面时弄脏墙面。其有缸砖、木、水泥砂浆和水磨石、大理石之分,如图 4-41 所示。

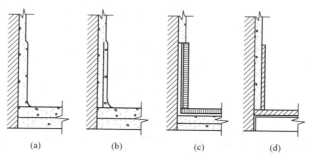

图 4-41 踢脚板
(a)水泥踢脚板;(b)水磨石踢脚板;(c)缸砖踢脚板;(d)木踢脚板

踢脚板包括水泥砂浆踢脚板、石材踢脚板、块料踢脚板、塑料踢脚板、木质踢脚板、金属踢脚板、防静电踢脚板。

1. 水泥砂浆踢脚板

水泥砂浆踢脚板构造如图 4-42 所示。其所用材料、施工工艺与水泥砂浆楼地面层相同,且同时施工。施工时要注意踢脚板上口平直,拉 5 m 线(不足 5 m 拉通线)检查,误差不得超过 4 mm。

图 4-42 水泥砂浆踢脚板构造

水泥砂浆踢脚线按设计图示长度乘高度以面积计算，单位：m²；或按延长米计算，单位：m。

【例 4-11】 根据例 4-1 中图 4-26，求某办公楼二层房间(不包括卫生间)及走廊水泥砂浆踢脚线工程量(做法：水泥砂浆踢脚线，踢脚线高 150 mm，M：900×2 000)。

【解】 水泥砂浆踢脚线工程量计算有两种方法，一是以米计量；二是以平方米计量。

(1)以米计量，按延长米计算：

工程量=[(3.2－0.12×2)＋(5.8－0.12×2)]×4＋[(5.0－0.12×2)＋(4.0－0.12×2)]×4＋[(3.2－0.12×2)＋(4.0－0.12×2)]×4＋(5.0×2＋3.2×3＋3.5－0.12×2＋1.8－0.12×2)×2－(3.5－0.12×2)－0.9×6=135.22(m)

(2)以平方米计量，按设计图示长度乘以高度以面积计算，由方法(1)可知图示长度为140.08 m，则：

工程量=135.22×0.15=20.28(m²)

2. 石材踢脚板

石材踢脚板按设计图示长度乘高度以面积计算，单位：m²；或按延长米计算，单位：m。

3. 块料踢脚板

块料踢脚板包括大理石、花岗石、预制水磨石、彩釉砖、缸砖、陶瓷马赛克等材料所做的踢脚板。块料踢脚板构造如图 4-43 所示。

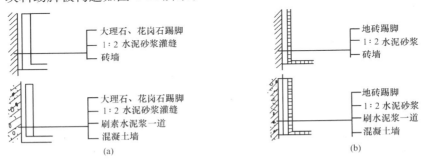

图 4-43 块料踢脚板构造

(a)大理石、花岗石踢脚板；(b)地砖踢脚板

石材踢脚线、块料踢脚线按设计图示长度乘以高度以面积计算，单位：m²；或按延长米计算，单位：m。石材、块料与胶结材料的结合面刷防渗材料的种类在防护材料种类中描述。

【例 4-12】 某房屋平面如图 4-44 所示，室内水泥砂浆粘结 200 mm 高全瓷地板砖块料踢脚线，试计算块料踢脚线工程量。

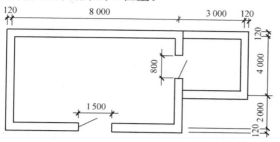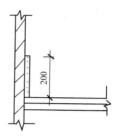

图 4-44　某房屋平面图

【解】 块料踢脚线工程量计算有两种方法，一是以米计量；二是以平方米计量。

(1)以米计量，按延长米计算：

工程量＝(8−0.24+6−0.24)×2−0.8−1.5+(4−0.24+3−0.24)×2−0.8+0.12×
　　　　2+0.24×2＝37.7(m)

(2)以平方米计量，按设计图示长度乘高度以面积计算，由(1)可知图示长度为 37.7 m，则：

工程量＝37.7×0.2＝7.54(m²)

4. 塑料踢脚板

塑料踢脚板构造如图 4-45 所示。

塑料踢脚板按设计图示长度乘高度以面积计算，单位：m²；或按延长米计算，单位：m。

5. 木质踢脚板

普通木质踢脚板的构造如图 4-46 所示，木踢脚板所用木材最好与木地板面层所用材料相同。一般高 100～200 mm，预先刨光，上口刨成线条。为防翘曲和防潮通风，踢脚板靠墙一面应做成凹槽(踢脚板超过 150 mm 高时，开三条凹槽)，凹槽深 3～5 mm，并每隔 1～1.5 m 设一组 φ6 的孔。如采用 15 mm 厚木夹板作踢脚板，则无须开槽。

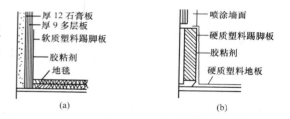

图 4-45　塑料踢脚板构造

(a)软质塑料踢脚板；(b)硬质塑料踢脚板

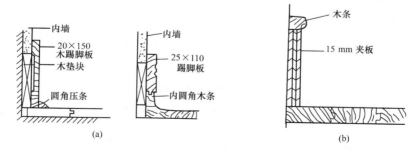

图 4-46　木质踢脚板构造示意图

(a)木质踢脚板及地面转角处做法；(b)用木夹板作踢脚

木质踢脚板按设计图示长度乘以高度以面积计算，单位：m²；或按延长米计算，单位：m。

【例4-13】 计算图4-47所示卧室榉木夹板踢脚板工程量，踢脚板的高度按150 mm考虑。

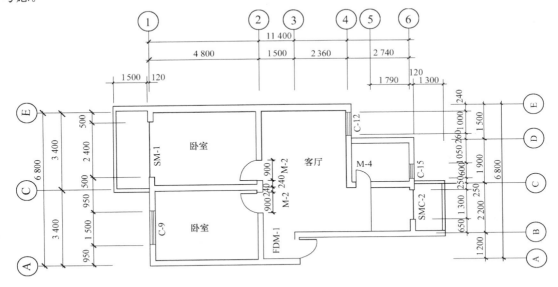

图4-47 中套居室设计平面图

【解】 榉木夹板踢脚板工程量计算有两种方法，一是以米计量；二是以平方米计量。

(1)以米计量，按延长米计算：

工程量＝[(3.4－0.24)＋(4.8－0.24)]×4－2.40－0.9×2＋0.24×2＝27.16(m)

(2)以平方米计量，按设计图示长度乘高度以面积计算，由方法(1)可知图示长度为27.16 m，则：

工程量＝27.16×0.15＝4.074(m²)

6. 金属踢脚板、防静电踢脚板

金属踢脚板、防静电踢脚板按设计图示长度乘以高度以面积计算，单位：m²；或按延长米计算，单位：m。

六、楼梯面层

楼梯面层包括石材楼梯面层、块料楼梯面层、拼碎块料面层、水泥砂浆楼梯面层、现浇水磨石楼梯面层、地毯楼梯面层、木板楼梯面层、橡胶板楼梯面层、塑料板楼梯面层。

1. 石材、块料、拼碎块料面层

石材楼梯面层是楼地面面层的延续项目，它可采用两种粘结方式：若用水泥砂浆粘结，基层为20 mm厚的1∶3水泥砂浆；若用胶粘剂粘结，所用大理石胶和903胶用量与踢脚板相同。

块料楼梯面层应采用质地均匀、无风化、无裂纹的岩石，其强度、规格要求如下：

(1)条石强度等级不少于MU60，形状为矩形六面体，厚度宜为80～120 mm。

(2)块石强度等级不少于MU30，形状接近于棱柱体或四边形、多边形，底面为截锥体，顶面粗琢平整，底面面积不宜小于顶面面积的60%。厚度为100~150 mm。

石材楼梯面层、块料楼梯面层、拼碎块料面层按设计图示尺寸以楼梯(包括踏步、休息平台及≤500 mm的楼梯井)水平投影面积计算，单位：m²。楼梯与楼地面相连时，算至梯口梁内侧边沿；无梯口梁者，算至最上一层踏步边沿加300 mm，如图4-48所示。

即

当$b>500$ mm时，$S=\sum(LB)-\sum(lb)$

当$b\leqslant500$ mm时，$S=\sum(LB)$

式中　S——楼梯面层的工程量(m²)；

　　　L——楼梯的水平投影长度(m)；

　　　B——楼梯的水平投影宽度(m)；

　　　l——楼梯井的水平投影长度(m)；

　　　b——楼梯井的水平投影宽度(m)。

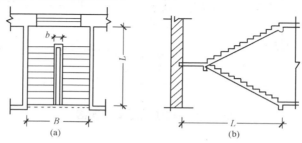

图4-48　楼梯示意图

(a)平面图；(b)剖面图

在描述碎石材项目的面层材料特征时，可不用描述规格、颜色；石材、块料与胶结材料的结合面刷防渗材料的种类，在防护材料种类中描述。

【例4-14】　某6层建筑物，平台梁宽250 mm，欲铺贴大理石楼梯面，试根据图4-49所示平面图计算其工程量。

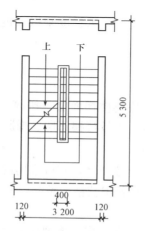

图4-49　某石材楼梯平面图

【解】 石材楼梯面层工程量＝$(3.2-0.24)\times(5.3-0.24)\times(6-1)$

$\qquad\qquad\qquad\qquad\qquad =74.89(\mathrm{m}^2)$

2. 水泥砂浆楼梯面层、现浇水磨石楼梯面层

水泥砂浆楼梯面层、现浇水磨石楼梯面层按设计图示尺寸以楼梯(包括踏步、休息平台及≤500 mm的楼梯井)水平投影面积计算,单位:m^2。楼梯与楼地面相连时,算至梯口梁内侧边沿;无梯口梁者,算至最上一层踏步边沿加300 mm。

3. 地毯楼梯面层

楼梯面地毯为固定式铺设,与楼地面地毯一样分带垫和不带垫两种。铺设在楼梯、走廊上的地毯常有纯毛地毯、化纤地毯等,尤以化纤地毯用得较多。表4-11为化纤地毯的品种规格。

表 4-11　化纤地毯的品种规格

品　　名	规　　格	材 质 及 色 泽
聚丙烯切绒地毯 聚丙烯切绒地毯 聚丙烯圈绒地毯	幅宽:3 m、3.6 m、4 m 针距:2.5mm	丙纶长丝、桂圆色 丙纶长丝、酱红色 尼龙长丝、胡桃色

地毯楼梯面层按设计图示尺寸以楼梯(包括踏步、休息平台及≤500 mm的楼梯井)水平投影面积计算,单位:m^2。楼梯与楼地面相连时,算至梯口梁内侧边沿;无梯口梁者,算至最上一层踏步边沿加300 mm。

【例 4-15】 图4-50所示为某住宅地毯楼梯面,求其工程量。

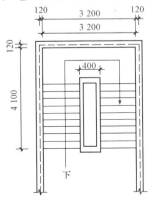

图 4-50　楼梯平面图

【解】 楼梯井宽400 mm,不必扣除楼梯井面积,则

地毯楼梯面工程量＝$(3.2-0.24)\times(4.1-0.24)$

$\qquad\qquad\qquad\quad =11.43(\mathrm{m}^2)$

4. 木板、橡胶板、塑料板楼梯面层

木板楼梯面层是用单层面层和双层面层铺设而成。单层木板面层是在木格栅上直接钉企口板;双层木板面层是在木格栅上先钉一层毛地板,再钉一层企口板。木格栅有空铺和

实铺两种形式，空铺式是将格栅两头置于墙体的垫木上，木格栅之间加设剪刀撑；实铺式是将木格栅铺于混凝土结构层上或水泥混凝土垫层上，木格栅之间填以炉渣等隔声材料，并加设横向木撑，构造做法如图4-51所示。

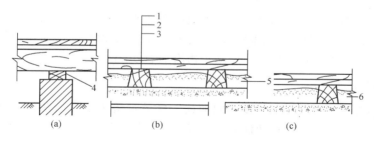

图 4-51　木板面层

(a)空铺式；(b)、(c)实铺式

1—企口板；2—毛地板；3—木格栅；4—垫木；5—剪刀撑；6—炉渣

木板楼梯面层、橡胶板楼梯面层、塑料板楼梯面层按设计图示尺寸以楼梯(包括踏步、休息平台及≤500 mm的楼梯井)水平投影面积计算，单位：m²。楼梯与楼地面相连时，算至梯口梁内侧边沿；无梯口梁者，算至最上一层踏步边沿加300 mm。

【例 4-16】　图4-52所示为某二层建筑楼设计图，设计为木板楼梯面层，求木板楼梯面层工程量(不包括楼梯踢脚线)。

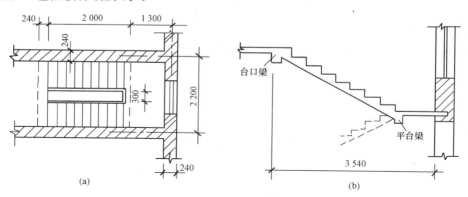

图 4-52　木板楼梯设计图

(a)平面图；(b)剖面图

【解】　木板楼梯面层工程量=(2.2-0.24)×(0.24+2.0+1.3-0.12)
　　　　　　　　　　　=6.70(m²)

七、台阶装饰

台阶装饰包括石材台阶面、块料台阶面、拼碎块料台阶面、水泥砂浆台阶面、现浇水磨石台阶面、剁假石台阶面。

石材、块料台阶面构造做法见表4-12；水泥砂浆台阶面构造做法见表4-13；现浇水磨石台阶面构造做法见表4-14；剁假石台阶面构造做法见表4-15。

表 4-12　石材、块料台阶面构造做法

名称	厚度	简图	构造做法 A	构造做法 B	附注
地砖面层台阶	388～392	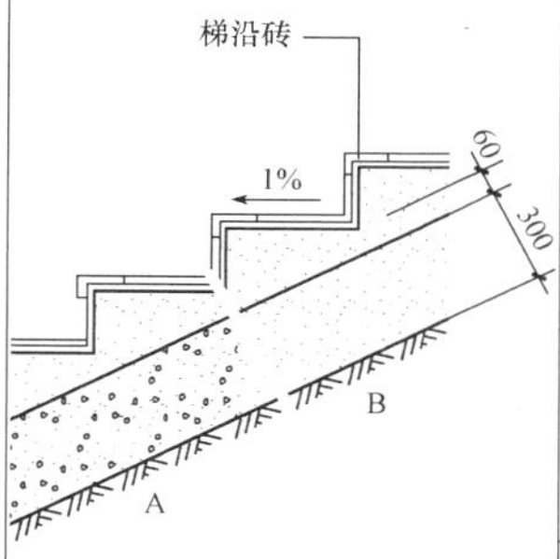	1. 8～12厚铺地砖面层，1：1水泥砂浆勾缝(宽缝)；或水泥浆擦缝(密缝) 2. 撒素水泥面(洒适量清水) 3. 20厚1：3干硬性水泥砂浆结合层 4. 素水泥浆一道(内掺建筑胶) 5. 60厚C15混凝土、台阶面向外坡1%		1. 施工图中应注明台阶的平面尺寸及高度 2. 建筑胶品种由设计人定 3. 设计人应在施工图中注明地砖、石材的品种、规格、颜色、表面质感及缝宽 4. 抛光石材面层应设防滑条带可烧毛成划槽 5. 多雨、多雪地区、室外台阶不应采用抛光面砖及抛光石材 6. 地砖面层应为防滑地砖
			6. 300厚粒径5～32卵石(砾石)灌 M2.5 混合砂浆，宽出面层100	6. 300厚3：7灰土分两步夯实，宽出面层100	
			7. 素土夯实		
薄板石材面层台阶	410	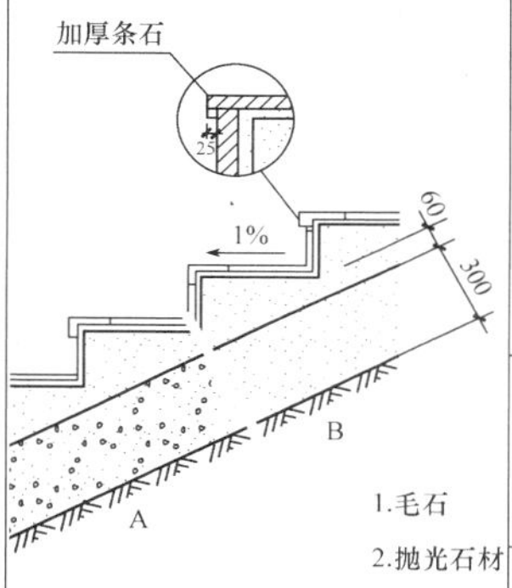	1. 30厚花岗石板铺面，背面及四周边满涂防污剂，灌水泥浆擦缝，台口双层加厚处用环氧或硅酮胶粘贴与面板相同的石条 2. 撒素水泥面(洒适量清水) 3. 20厚1：3干硬性水泥砂浆结合层 4. 素水泥浆一道(内掺建筑胶) 5. 60厚C15混凝土，台阶面向外坡1%		
			6. 300厚粒径5～32卵石(砾石)灌 M2.5 混合砂浆，宽出面层100	6. 300厚3：7灰土分两步夯实，宽出面层100	
			7. 素土夯实		
拼碎大理石板面层台阶	400～410	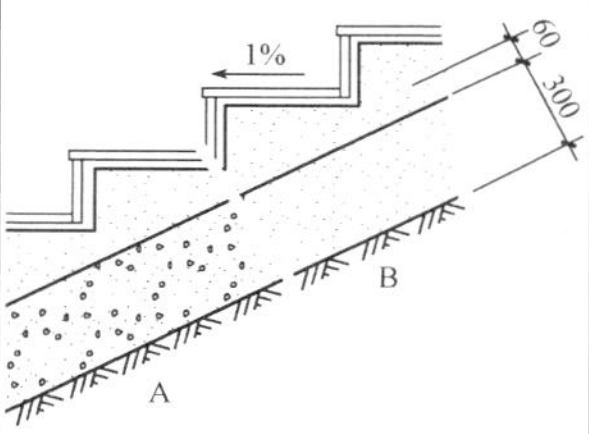	1. 20～30厚碎拼彩色大理石板铺面，1：2水泥砂浆(或彩色水泥浆)勾缝 2. 撒素水泥面(洒适量清水) 3. 20厚1：3干硬性水泥砂浆粘结层 4. 素水泥浆一道(内掺建筑胶) 5. 60厚C15混凝土、台阶面向外坡1%		1. 施工图中应注明台阶的平面尺寸及高度 2. 建筑胶品种由设计人定 3. 设计人应在施工图中注明石材的品种、规格、颜色、表面质感
			6. 300厚粒径5～32卵石(砾石)灌 M2.5 混合砂浆，宽出面层100	6. 300厚3：7灰土分两步夯实，宽出面层100	
			7. 素土夯实		
拼碎青石板面层台阶	395～400	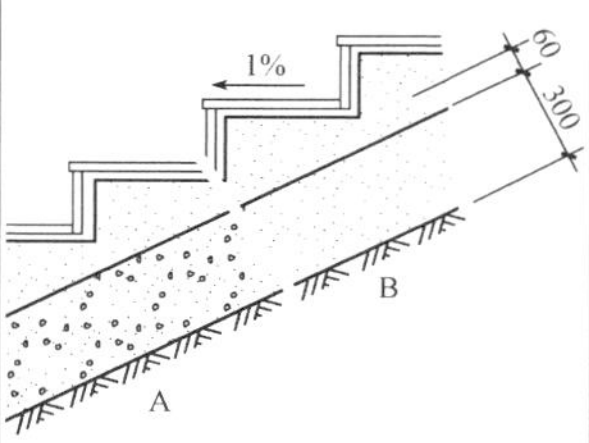	1. 15～20厚碎拼青石板铺面(表面平整)，1：2水泥砂浆勾缝 2. 撒素水泥面(洒适量清水) 3. 20厚1：3干硬性水泥砂浆粘结层 4. 素水泥浆一道(内掺建筑胶) 5. 60厚C15混凝土，台阶面向外坡1%		
			6. 300厚粒径5～32卵石(砾石)灌 M2.5 混合砂浆，宽出面层100	6. 300厚3：7灰土分两步夯实，宽出面层100	
			7. 素土夯实		

表 4-13 水泥砂浆台阶面构造做法

名称	厚度	简 图	构造做法	
			A	B
水泥面层台阶	380	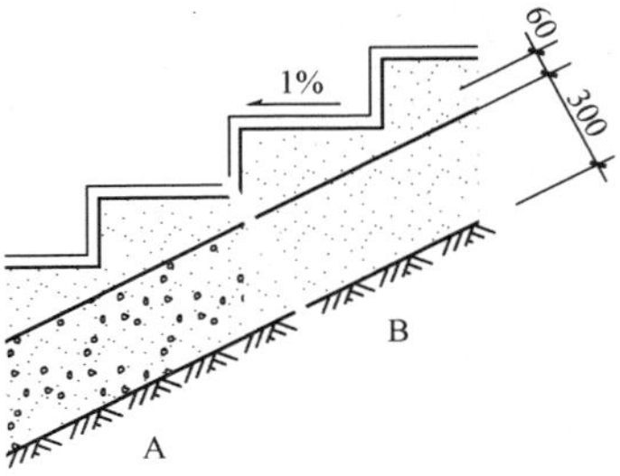	1.20 厚 1：2.5 水泥砂浆面层 2.素水泥浆一道(内掺建筑胶) 3.60 厚 C15 混凝土，台阶面向外坡 1%	
			4.300 厚粒径 5～32 卵石(砾石)灌 M2.5 混合砂浆，宽出面层 100	4.300 厚 3：7 灰土分两步夯实，宽出面层 100
			5.素土夯实	

表 4-14 现浇水磨石台阶面构造做法

名称	厚度	简 图	构造做法		附 注
			A	B	
现制水磨石面层台阶	392	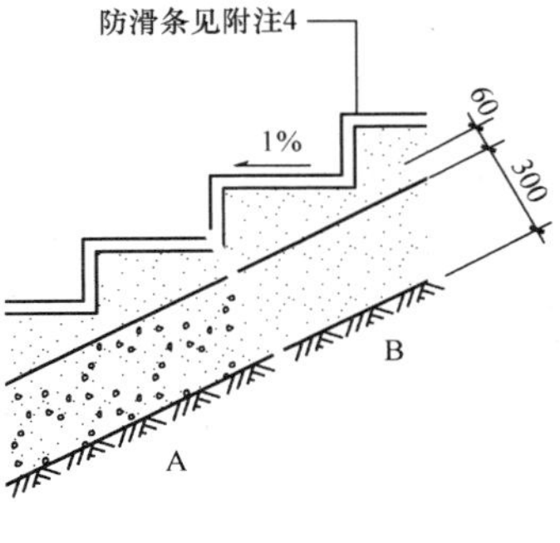 防滑条见附注4 1.普通水磨石 2.彩色水磨石	1.12 厚 1：2.5 普通水泥白石子(或白水泥彩色石子)磨石面层磨光 2.素水泥浆一道(内掺建筑胶) 3.20 厚 1：3 水泥砂浆找平层 4.素水泥浆一道(内掺建筑胶) 5.60 厚 C15 混凝土、台阶面向外坡 1%		1.施工图中应注明台阶的平面尺寸及高度 2.建筑胶品种由设计人定 3.彩色水磨石的水泥及石子颜色由设计人定，并在施工图中注明 4.水磨石台阶的防滑条可采用 1：1 金刚砂水泥防滑条，或划槽防滑 5.多雨、多雪地区室外不应采用水磨石台阶
			6.300 厚粒径 5～32 卵石(砾石)灌 M2.5 混合砂浆，宽出面层 100	6.300 厚 3：7 灰土分两步夯实，宽出面层 100	
			7.素土夯实		

表 4-15　剁假石台阶面构造做法

名称	厚度	简　图	构造做法		附　注
			A	B	
剁假石面层台阶	385	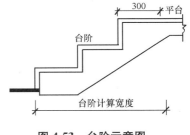	1.10 厚 1：2.5 水泥砂浆石子，用斧剁毛两遍成活，台阶边沿留 20 宽不剁 2. 素水泥浆一道（内掺建筑胶） 3.15 厚 1：3 水泥砂浆找平层 4. 素水泥浆一道（内掺建筑胶） 5.60 厚 C15 混凝土、台阶面向外坡 1%		1. 施工图中应注明台阶的平面尺寸及高度 2. 建筑胶品种由设计人定 3. 砌筑用砖应采用烧结普通砖
			6.300 厚粒径 5～32 卵石（砾石）灌 M2.5 混合砂浆，宽出面层 100	6.300 厚 3：7 灰土分两步夯实，宽出面层 100	
			7. 素土夯实		

1. 石材、块料、拼碎块料台阶面

石材台阶面现在较为常用的材料是大理石和花岗石，其具有强度高，使用时间长，对各种腐蚀有良好的抗腐蚀作用等优点。

块料台阶面指用块砖作地面、台阶的面层，常需做耐腐蚀加工，用沥青砂浆铺砌而成。

石材台阶面、块料台阶面、拼碎块料台阶面按设计图示尺寸以台阶水平投影面积计算，单位：m^2。台阶块料面层工程量计算不包括翼墙、侧面装饰，当台阶与平台相连时，台阶与平台的分界线，应以最上层踏步外沿另加 300 mm 计算，如图 4-53 所示台阶工程量可按下式计算。

$$S=LB$$

式中 S——台阶块料面层工程量（m^2）；

$\quad\ L$——台阶计算长度（m）；

$\quad\ B$——台阶计算宽度（m）。

图 4-53　台阶示意图

在描述碎石材项目的面层材料特征时，可不用描述规格、颜色；石材、块料与胶结材料的结合面刷防渗材料的种类在防护材料种类中描述。

【例 4-17】　某建筑物门前台阶如图 4-54 所示，试计算贴大理石面层的工程量。

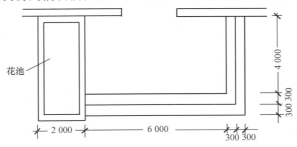

图 4-54　某建筑物门前台阶示意图

【解】 台阶贴大理石面层的工程量为：

$$(6.0+0.3×2)×0.3×3+(4.0-0.3)×0.3×3=9.27(m^2)$$

平台贴大理石面层的工程量为：

$$(6.0-0.3)×(4.0-0.3)=21.09(m^2)$$

2. 水泥砂浆台阶面

水泥砂浆台阶面按设计图示尺寸以台阶(包括最上层踏步边沿加 300 mm)水平投影面积计算，单位：m^2。

3. 现浇水磨石台阶面

现浇水磨石台阶面是指用天然石料的石子，与用水泥浆拌合在一起，浇抹结硬，再经磨光、打蜡而成的台阶面。

现浇水磨石台阶面按设计图示尺寸以台阶(包括最上层踏步边沿加 300 mm)水平投影面积计算，单位：m^2。

【例 4-18】 图 4-55 所示为某建筑物入口处台阶平面图，台阶做一般水磨石，底层1：3水泥砂浆厚 20 mm，面层 1：3 水泥白石子浆厚 20 mm，求其工程量。

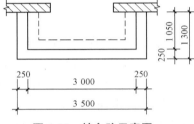

图 4-55 某台阶示意图

【解】 水磨石台阶面工程量为台阶水磨石工程量加平台部分水磨石工程量，台阶部分工程量应算至最上层踏步外沿加 300 mm 处，即：

台阶贴水磨石面层的工程量为：

$$3.5×0.25+0.25×1.05×2+(3.0+0.3)×0.3+0.3×0.3×3=2.66(m^2)$$

平台贴水磨石面层的工程量为：

$$(3.0-0.3)×(1.05-0.3)=2.03(m^2)$$

4. 剁假石台阶面

剁假石是一种人造石料，制作过程是用石粉、水泥等加水拌合抹在建筑物的表面，半凝固后，用斧子剁出像经过砍凿的石头那样的纹理。

剁假石台阶面按设计图示尺寸以台阶(包括最上层踏步边沿加 300 mm)水平投影面积计算，单位：m^2。

【例 4-19】 求图 4-56 所示剁假石台阶面工程量。

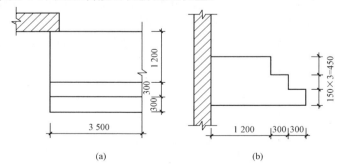

(a)   (b)

图 4-56 剁假石台阶示意图

(a)台阶平面图；(b)台阶剖面图

【解】 剁假石台阶面工程量＝3.5×0.3×3

$$＝3.15(m^2)$$

八、零星装饰项目

楼地面零星项目是指楼地面中装饰面积小于 $0.5m^2$ 的项目，如楼梯踏步的侧边、台阶的牵边、小便池、蹲台蹲脚、池槽、花池、独立柱的造型柱脚等。零星装饰项目包括石材零星项目、拼碎石材零星项目、块料零星项目、水泥砂浆零星项目。按设计图示尺寸以面积计算，单位：m^2。

楼梯、台阶牵边和侧面镶贴块料面层，不大于 $0.5m^2$ 的少量分散的楼地面镶贴块料面层，应按零星装饰项目进行计算；石材、块料与粘结材料的结合面刷防渗材料的种类在防护材料种类中描述。

第四节　墙、柱面装饰与隔断、幕墙工程量计算

一、墙面抹灰

墙面抹灰按质量标准分普通抹灰、中级抹灰和高级抹灰三个等级。一般多采用普通抹灰和中级抹灰。抹灰的总厚度通常为：内墙 15～20 mm，外墙 20～25 mm。抹灰一般由三层组成(图 4-57)。

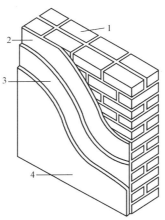

图 4-57　墙柱面抹灰的组成
1—墙体；2—底层；3—中层；4—面层

墙面抹灰包括墙面一般抹灰、墙面装饰抹灰、墙面勾缝、立面砂浆找平层。常见墙面抹灰做法见表 4-16。

表 4-16　常见墙面抹灰

名称	适用范围	项次	分层做法	厚度/mm	施工要点	注意事项
石灰砂浆抹灰	砖墙基层	1	①1：2：8(石灰膏：砂：黏土)砂浆(或1：3石灰黏土草秸灰)打底、中层 ②1：2～1：2.5石灰砂浆面层压光(或纸筋石灰)	13(13～15) 6(2)		石灰砂浆的抹灰层,应待前一层7～8成干后,方可涂抹后一层
		2	①1：2.5石灰砂浆抹底层 ②1：2.5石灰砂浆抹中层 ③在中层还潮湿时刮石灰膏	7～9 7～9 1	①中层石灰砂浆木抹子搓平稍干后,立即用铁抹子来回刮白灰膏,达到表面光滑平整,无砂眼、无裂纹、愈薄愈好 ②白灰膏刮后2天未干前再压实压光一次	
		3	①1：2.5石灰砂浆抹底层 ②1：2.5石灰砂浆抹中层 ③刮大白腻子	7～9 7～9 1	①中层石灰砂浆木抹子搓平后,再用铁抹子压光 ②满刮大白腻子两遍砂子打磨 ③大白腻子配比是:大白粉：滑石粉乳液：甲基纤维素溶液=60：40：(2～4.75)	
		4	①1：3石灰砂浆抹底层 ②1：3石灰砂浆抹中层 ③1：1石灰木屑(或谷壳)抹面	7 7 10	①锯末屑过5mm孔筛,使用前石灰膏与木屑拌合均匀,经钙化24 h,使木屑纤维软化 ②适用于有吸声要求的房间	
石灰砂浆抹灰	加气混凝土条板基层	5	①1：3石灰砂浆抹底层、中层 ②待中层灰稍干用1：1石灰砂浆随抹随搓平压光			石灰砂浆的抹灰层,应待前一层7～8成干后,方可涂抹后一层
		6	①1：3石灰砂浆抹底层 ②1：3石灰砂浆抹中层 ③刮石灰膏		墙面浇水湿润、刷一道聚乙烯醇甲缩醛胶：水=1：(3～4)溶液,随即抹灰	
	砖墙基层	7	①1：1：6水泥白灰砂浆抹底层 ②1：1：6水泥白灰砂浆抹中层 ③刮白灰膏或大白腻子	7～9 7～9 1	刮石灰膏见第2项;刮大白腻子见第3项	
水泥混合砂浆抹灰	用作油漆墙面抹灰	8	1：1：3：5(水泥：石灰膏：砂子：木屑)打底,分两遍成活,木抹子搓平	15～18	①适用于有吸声要求的房间 ②木屑同第4项	水泥混合砂浆的抹灰层,应待前一层抹灰凝结后,方可涂抹后一层
		9	①1：0.3：3水泥石灰砂浆抹底层 ②1：0.3：3水泥石灰砂浆抹中层 ③1：0.3：3水泥石灰砂浆罩面	7 7 5	如为混凝土基层,要先刮水泥浆(水灰比0.37～0.40)或洒水泥砂浆处理,随即抹灰	

名称	适用范围	项次	分层做法	厚度/mm	施工要点	注意事项
水泥砂浆抹灰	砖墙抹墙裙、踢脚板	10	①1:3水泥砂浆抹底层 ②1:3水泥砂浆抹中层 ③1:2.5或1:2水泥砂浆罩面	5~7 5~7 5		①水泥砂浆抹灰层应待前一层抹灰层凝结后，方可涂抹后一层 ②水泥砂浆不得涂抹在石灰砂浆层上
	混凝土基层	11	①1:3水泥砂浆抹底层 ②1:3水泥砂浆抹中层 ③1:2.5水泥砂浆罩面	5~7 5~7 5	混凝土表面先刮水泥浆（水灰比0.37~0.40)或用洒水泥砂浆处理	
	水池子、窗台	12	①1:2.5水泥砂浆抹底层 ②1:2.5水泥砂浆抹中层 ③1:2水泥砂浆罩面	5~7 5~7 5	①水池子抹灰底要找出泛水 ②水池罩面时侧面、底面要同时抹完，阳角用阳角抹子捋光、阴角用阴角抹子捋光，形成一个整体	
聚合物水泥砂浆抹灰	加气混凝土基层	13	①1:1:4水泥石灰砂浆用含7%108胶水溶液拌制聚合物砂浆抹底层、中层 ②1:3水泥砂浆用含7%108胶水溶液拌制聚合物水泥砂浆抹面层	10 8	加气混凝土表面洁净，刷一遍108胶：水＝1:(3~4)溶液，随即抹灰	
纸筋石灰或麻刀石灰抹灰	砖墙基层	14	①1:2.5石灰砂浆抹底层 ②1:2.5石灰砂浆抹中层 ③纸筋石灰或麻刀石灰罩面	7~9 7~9 2或3	①纸筋石灰配合比是：100:1.2（质量比） ②麻刀石灰配合比是：白灰膏:麻刀=100:1.7(质量比)	
		15	①1:1:6水泥石灰砂浆抹底层 ②1:1:6水泥石灰砂浆抹中层 ③纸筋石灰或麻刀石灰罩面	7~9 7~9 2或3		
	混凝土基层	16	①1:0.3:6水泥石灰砂浆抹底层（或用1:3:9,1:0.5:4,1:1:6水泥石灰砂浆，视具体情况而定） ②用上述配合比抹中层 ③纸筋石灰或麻刀石灰罩面	7~9 7~9 2或3	基层处理及分层抹灰方法同第11项	
	混凝土大板或大模板内墙基层	17	①聚合物水泥砂浆或水泥混合砂浆喷毛打底 ②纸筋石灰或麻刀石灰罩面	1~3 2或3		
	加气混凝土砌块或条板基层	18	①1:3:9水泥石灰砂浆抹底层 ②1:3石灰砂浆抹中层 ③纸筋石灰或麻刀石灰罩面	3 7~9 2或3	基层处理与第10项相同	

名称	适用范围	项次	分层做法	厚度/mm	施工要点	注意事项
纸筋石灰或麻刀石灰抹灰	加气混凝土砌块或条板基层	19	①1:0.2:3水泥石灰砂浆喷涂成小拉毛。 ②1:0.5:4水泥石灰砂浆找平(或采用机械喷涂抹灰)。 ③纸筋石灰或麻刀石灰罩面	3~5 7~9 2或3	①基层处理与第10项相同 ②小拉毛完后,应喷水养护2~3d ③待中层六七成干时,喷水湿润后进行罩面	
	加气混凝土条板	20	①1:3石灰砂浆抹底层 ②1:3石灰砂浆抹中层 ③纸筋石灰或麻刀石灰罩面	4 4 2或3		
	板条、苇箔金属网墙	21	①麻刀石灰或纸筋石灰砂浆抹底层 ②同上配比抹中层 ③1:2.5石灰砂浆(略掺麻刀)找平 ④纸筋石灰或麻刀石灰抹面层	3~6 3~6 2~3 2或3		
石灰膏抹灰	高级装修的墙面	22	①1:2~1:3麻刀石灰抹底层 ②同上配比抹中层 ③13:6:4(石膏粉:水:石灰膏)罩面分两遍成活,在第一遍未收水时即进行第二遍抹灰,随即用铁抹子修补压光两遍,最后用铁抹子溜光至表面密实光滑为止	6 7 2~3	①底、中层灰用麻刀石灰,应在20 d前化好备用,其中麻刀为白麻丝,石灰宜用2:8块灰,配合比为麻刀:石灰=7.5:130(质量比) ②石膏一般宜用乙级建筑石膏,结硬时间为5 min左右,4 900孔筛余量不大于10% ③基层不宜用水泥砂浆或混合砂浆打底,亦不得掺氯盐,以防泛潮面层脱落	罩面石膏灰不得涂抹在水泥砂浆层上
水砂面层抹灰	高级建筑内墙面	23	①1:2~1:3麻刀石灰砂浆抹底、中层(要求表面平整垂直) ②水砂抹面分两遍抹成,应在第一遍砂浆略有收水时即进行抹第二遍,第一遍竖向抹,第二遍横向抹(抹水砂前,底子灰如有缺陷应修补完整,待墙干燥一致方能进行水砂抹面,否则将影响其表面颜色不均;墙面要均匀洒水,充分湿润,门窗玻璃必须装好、防止面层水分蒸发过快而发生龟裂) ③水砂抹完后,用钢皮尺子压两遍,最后用钢皮抹子先横向后竖向溜光到表面密实光滑为止	13 2~3	①使用材料。水砂:用沿海地区的细砂,其平均粒径0.15 mm,容量为1 050 kg,使用时用清水淘洗、去污泥杂质、含泥量小于2%为宜。石灰:必须是洁白块灰,不允许有灰沫子,氧化钙含量不小于75%的二级石灰。水:一般以饮用水为佳 ②水砂砂浆拌制:块灰随淋随拌浆(用3 mm孔径筛过滤),将淘洗净的砂和沥浆过的熟灰浆进行拌合,拌合后水砂呈淡灰色为宜,稠度为12.5 cm,熟灰浆:水砂=1:0.75(质量比)或1:0.815(体积比),每立方米水砂砂浆约用水砂750 kg,块灰300 kg ③使用熟灰浆拌合的目的在于使砂内盐分尽快蒸发,防止墙面产生龟裂,水砂抹合后置于池内进行消化3~7 d后方可使用。	

注:1. 本表所列配合比无注明者,均为体积比;
  2. 水泥强度等级32.5级以上,石灰为含水率50%的石灰膏。

1. 墙面一般抹灰

墙面抹灰由底层抹灰、中层抹灰和面层抹灰组成，如图4-58所示。墙面抹石灰砂浆、水泥砂浆、混合砂浆、聚合物水泥砂浆、麻刀石灰浆、石膏灰浆等按墙面一般抹灰列项。墙面一般抹灰按设计图示尺寸以面积计算，单位：m^2。扣除墙裙、门窗洞口及单个>0.3 m^2的孔洞面积，不扣除踢脚线、挂镜线和墙与构件交接处的面积，门窗洞口和孔洞的侧壁及顶面不增加面积。附墙柱、梁、垛、烟囱侧壁并入相应的墙面面积内。飘窗凸出外墙面增加的抹灰并入外墙工程量内；有吊顶天棚的内墙面抹灰，抹至吊顶以上部分在综合单价中考虑。

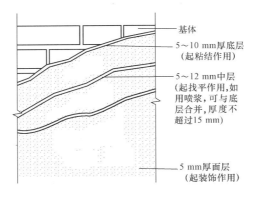

基体
5~10 mm厚底层（起粘结作用）
5~12 mm中层（起找平作用，如用喷浆，可与底层合并，厚度不超过15 mm）
5 mm厚面层（起装饰作用）

图4-58 抹灰的构造

（1）内墙抹灰工程量确定。

1）内墙抹灰高度计算规定：

①无墙裙的，其高度按室内地面或楼面至天棚底面之间距离计算，如图4-59（a）所示。

②有墙裙的，其高度按墙裙顶至天棚底面之间的距离计算，如图4-59（b）所示。

③钉板条天棚的内墙抹灰，其高度按室内地面或楼面至天棚底面另加100 mm计算，如图4-59（c）所示。

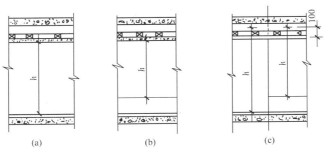

(a)　　　　(b)　　　　(c)

图4-59 内墙抹灰高度
(a)无墙裙；(b)有墙裙；(c)钉板条天棚

2）内墙裙抹灰面按内墙净长乘以高度计算。

（2）外墙抹灰工程量确定。

1）外墙面高度均由室外地坪起，其终点算至：

①平屋顶有挑檐（天沟）的，算至挑檐（天沟）底面，如图4-60（a）所示。

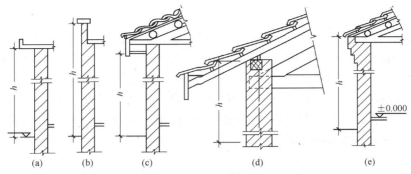

图 4-60　外墙抹灰高度

(a)平屋顶有挑檐(天沟)；(b)平屋顶无挑檐(天沟)，带女儿墙；

(c)坡屋顶带檐口天棚；(d)坡屋顶带挑檐无檐口天棚；(e)砖出檐

②平屋顶无挑檐(天沟)，带女儿墙，算至女儿墙压顶底面，如图 4-60(b)所示。

③坡屋顶带檐口天棚的，算至檐口天棚底面，如图 4-60(c)所示。

④坡屋顶带挑檐无檐口天棚的，算至屋面板底，如图 4-60(d)所示。

⑤砖出檐者，算至挑檐上表面，如图 4-60(e)所示。

2)外墙裙抹灰面积按其长度乘以高度计算。

【例 4-20】　某工程平面与剖面图如图 4-61 所示，室内墙面抹 1∶2 水泥砂浆底，1∶3 石灰砂浆找平层，麻刀石灰浆面层，共 20 mm 厚。室内墙裙采用 1∶3 水泥砂浆打底(19 mm 厚)，1∶2.5 水泥砂浆面层(6 mm 厚)，计算室内墙面一般抹灰和室内墙裙工程量。

M：1 000 mm×2 700 mm　共 3 个

C：1 500 mm×1 800 mm　共 4 个

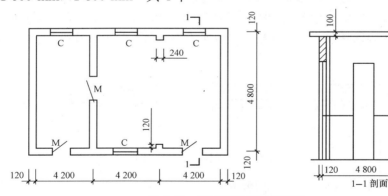

图 4-61　某工程平面与剖面图

【解】　(1)墙面一般抹灰工程量计算：

室内墙面抹灰工程量＝主墙间净长度×墙面高度－门窗等面积＋垛的侧面抹灰面积

＝[(4.20×3－0.24×2＋0.12×2)×2＋(4.80－0.24)×4]×(3.60－0.10－0.90)－1.00×(2.70－0.90)×4－1.50×1.80×4＝93.70(m²)

(2)室内墙裙工程量计算：

室内墙裙抹灰工程量＝主墙间净长度×墙裙高度－门窗所占面积＋垛的侧面抹灰面积

＝[(4.20×3－0.24×2＋0.12×2)×2＋(4.80－0.24)×4－1.00×4]×0.90＝35.06(m²)

2. 墙面装饰抹灰

墙面装饰抹灰包括水刷石抹灰、斩假石抹灰、干粘石抹灰、假面砖墙面抹灰等。

(1)水刷石是石粒类材料饰面的传统做法，其特点是采取适当的艺术处理，如分格分色、线条凹凸等，使饰面达到自然、明快和庄重的艺术效果。水刷石一般多用于建筑物墙面、檐口、腰线、窗楣、窗套、门套、柱子、阳台、雨篷、勒脚、花台等部位。

(2)斩假石又称剁斧石，是仿制天然石料的一种建筑饰面。用不同的集料或掺入不同的颜料，可以制成仿花岗石、玄武石、青条石等斩假石。斩假石在我国有悠久的历史，其特点是通过细致的加工使其表面石纹逼真、规整，形态丰富，给人一种类似天然岩石的美感效果。

(3)干粘石面层粉刷，也称干撒石或干喷石。它是在水泥纸筋灰或纯水泥浆或水泥白灰砂浆粘结层的表面，用人工或机械喷枪均匀地撒喷一层石子，用钢板拍平板实。此种面层，适用于建筑物外部装饰。这种做法与水刷石比较，既节约水泥、石粒等原材料，减少湿作业，又能明显提高工效。

(4)假面砖饰面是近年来通过反复实践比较成功的新工艺。这种饰面操作简单，美观大方，在经济效果上低于水刷石造价的 50%，提高工效达 40%。它适用于各种基层墙面。

墙面水刷石、斩假石、干粘石、假面砖等按墙面装饰抹灰列项。墙面装饰抹灰按设计图示尺寸以面积计算，单位：m^2。扣除墙裙、门窗洞口及单个 $>0.3\ m^2$ 的孔洞面积，不扣除踢脚线、挂镜线和墙与构件交接处的面积，门窗洞口和孔洞的侧壁及顶面不增加面积。附墙柱、梁、垛、烟囱侧壁并入相应的墙面面积内。由于飘窗凸出外墙面而增加的抹灰并入外墙工程量内；有吊顶天棚的内墙面抹灰，抹至吊顶以上部分在综合单价中考虑。

(1)外墙抹灰面积按外墙垂直投影面积计算。

(2)外墙裙抹灰面积按其长度乘以高度计算。

(3)内墙抹灰面积按主墙间的净长乘以高度计算。无墙裙的，高度按室内楼地面至天棚底面计算；有墙裙的，高度按墙裙顶至天棚底面计算；有吊顶天棚的，高度算至天棚底。

(4)内墙裙抹灰面按内墙净长乘以高度计算。

【例 4-21】 某工程外墙示意图如图 4-62 所示，外墙面抹水泥砂浆，底层为 1:3 水泥砂浆打底 14 mm 厚，面层为 1:2 水泥砂浆抹面 6 mm 厚；外墙裙水刷石，1:3 水泥砂浆打底 12 mm 厚，素水泥浆两遍，1:2.5 水泥白石子 10 mm 厚(分格)，挑檐水刷白石，计算外墙裙装饰抹灰工程量。

M：1 000 mm×2 500 mm

C：1 200 mm×1 500 mm

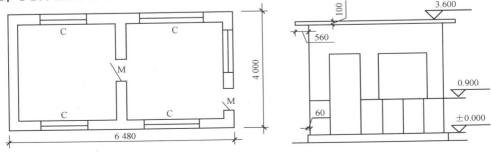

图 4-62 某工程外墙示意图

【解】 外墙装饰抹灰工程量＝外墙面长度×抹灰高度－门窗等面积＋垛梁柱的侧面抹
灰面积

$$=[(6.48+4.00)\times2-1.00]\times0.90$$
$$=17.96(\mathrm{m^2})$$

3. 墙面勾缝与立面砂浆找平层

墙面勾缝的形式有平缝、平凹缝、圆凹缝、凸缝、斜缝五种，如图4-63所示。

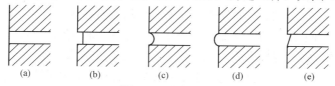

图 4-63 勾缝形式

(a)平缝；(b)平凹缝；(c)圆凹缝；(d)凸缝；(e)斜缝

(1)平缝。勾成的墙面平整，用于外墙及内墙勾缝。

(2)凹缝。照墙面退进2～3mm深。凹缝又分平凹缝和圆凹缝。圆凹缝是将灰缝压溜成
一个圆形的凹槽。

(3)凸缝。将灰缝做成圆形凸线，使线条清晰明显，墙面美观，多用于石墙。

(4)斜缝。将水平缝中的上部勾缝砂浆压进一些，使其成为一个斜面向上的缝，该缝排
水方便，多用于烟囱。

墙面勾缝、立面砂浆找平层按设计图示尺寸以面积计算，单位：m^2。扣除墙裙、门窗
洞口及单个＞0.3 m^2的孔洞面积，不扣除踢脚线、挂镜线和墙与构件交接处的面积，门窗
洞口和孔洞的侧壁及顶面不增加面积。附墙柱、梁、垛、烟囱侧壁并入相应的墙面面积内。
由于飘窗凸出外墙面而增加的抹灰并入外墙工程量内；有吊顶天棚的内墙面抹灰，抹至吊
顶以上部分在综合单价中考虑。

(1)外墙抹灰面积按外墙垂直投影面积计算。

(2)外墙裙抹灰面积按其长度乘以高度计算。

(3)内墙抹灰面积按主墙间的净长乘以高度计算。无墙裙的，高度按室内楼地面至天棚
底面计算；有墙裙的，高度按墙裙顶至天棚底面计算；有吊顶天棚的，高度算至天棚底。

(4)内墙裙抹灰面按内墙净长乘以高度计算。

立面砂浆找平层项目适用于仅做找平层的立面抹灰。

【例 4-22】 如图4-64所示，外墙采用水泥砂浆勾缝，层高3.6 m，墙裙高1.2 m，求外
墙勾缝工程量。

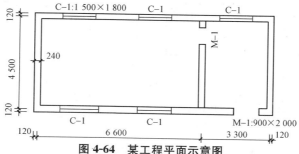

图 4-64 某工程平面示意图

【解】 外墙勾缝工程量＝$(9.9+0.24+4.5+0.24)\times2\times(3.6-1.2)-1.5\times1.8\times5-0.9\times2$

$$=56.12(m^2)$$

二、柱(梁)面抹灰

柱按材料一般分为砖柱、砖壁柱和钢筋混凝土柱；按形状又可分为方柱、圆柱、多角形柱等。根据柱的材料、形状、用途的不同，柱面抹灰方法也有所不同。

一般来说，室内柱一般用石灰砂浆或水泥混合砂浆抹底层、中层，麻刀石灰或纸筋石灰抹面层；室外常用水泥砂浆抹灰。

柱面装饰抹灰包括水刷石抹灰、斩假石抹灰、干粘石抹灰、假面砖柱面抹灰等，其构造做法参见墙面装饰抹灰的内容。

柱(梁)面抹灰包括柱、梁面一般抹灰，柱、梁面装饰抹灰，柱、梁面砂浆找平，柱面勾缝，按设计图示，用柱断(梁)面周长乘高度以面积计算，单位：m^2。砂浆找平项目适用于仅做找平层的柱(梁)面抹灰。

柱(梁)面抹石灰砂浆、水泥砂浆、混合砂浆、聚合物水泥砂浆、麻刀石灰浆、石膏灰浆等，按柱(梁)面一般抹灰编码列项；柱(梁)面水刷石、斩假石、干粘石、假面砖等按柱(梁)面装饰抹灰编码列项。

【例 4-23】 如图 4-65 所示，求柱面抹水泥砂浆工程量。

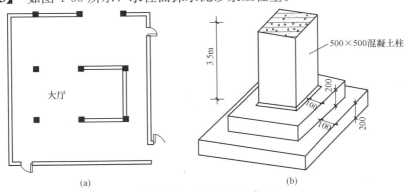

(a)　　　　　　　　(b)

图 4-65　大厅平面示意图

(a)大厅示意图；(b)混凝土柱示意图

【解】 水泥砂浆一般抹灰工程量＝$0.5\times4\times3.5\times6$

$$=42(m^2)$$

三、零星抹灰

1. 零星项目一般抹灰

零星项目一般抹灰按设计图示尺寸以面积计算，单位：m^2。零星项目抹石灰砂浆、水泥砂浆、混合砂浆、聚合物水泥砂浆、麻刀石灰浆、石膏灰浆等按，零星项目一般抹灰编码列项。

2. 零星项目装饰抹灰

零星项目装饰抹灰是指挑檐、天沟、腰线、窗台线、门窗套、压顶、栏杆、拦板、扶手、遮阳板、池槽、阳台、雨篷周边等的装饰抹灰。其中分为砂浆装饰抹灰和石碴类装饰抹灰两类，具体同墙面装饰抹灰。

零星项目装饰抹灰按设计图示尺寸以面积计算，单位：m^2。水刷石、斩假石、干粘石、假面砖等按零星项目装饰抹灰编码列项。

3. 零星项目砂浆找平

零星项目砂浆找平按设计图示尺寸以面积计算，单位：m^2。

四、墙面块料面层

墙面块料面层包括石材墙面、碎拼石材墙面、块料墙面、干挂石材钢骨架。

1. 石材墙面

石材墙面镶贴块料常用的材料有天然大理石、花岗石、人造石饰面材料等。

(1) 大理石饰面板。大理石是一种变质岩，是由石灰岩变质而成，颜色有纯黑、纯白、纯灰等色泽和各种混杂花纹色彩。天然大理石板材规格分为定型和非定型两类。

(2) 花岗石饰面板。花岗石主要由石英、长石和少量云母等矿物组成，因矿物成分的不同而形成不同的色泽和颗粒结晶效果，是各类岩浆岩的统称，如花岗岩、安山岩、辉绿岩、辉长岩等。花岗石其板材按形状分为正方形、长方形及异型；按加工程度分为细琢面板(代号 RB，表面平整光滑)、镜面板(代号 PL，有镜面光泽)、粗面板(代号 RU，依加工效果分为机刨板、剁斧板、锤击板和烧毛板等)。

(3) 人造石饰面板。人造石饰面材料是用天然大理石、花岗石的碎石、石屑、石粉为填充材料，以不饱和聚酯树脂为胶粘剂(也可用水泥为胶粘剂)，经搅拌成型、研磨、抛光而制成。其中常用的是人造石饰面板和预制水磨石饰面板。

石材墙面按镶贴表面积计算，单位：m^2。石材与胶结材料的结合面刷防渗材料的种类在防护层材料种类中描述；安装方式可描述为砂浆或胶粘剂粘贴、挂贴、干挂等，不论哪种安装方式，都要详细描述与组价相关的内容。

【例 4-24】 图 4-66 所示为某单位大厅墙面示意图，墙面长度为 4 m，高度为 3 m，试计算不同面层材料镶贴工程量。

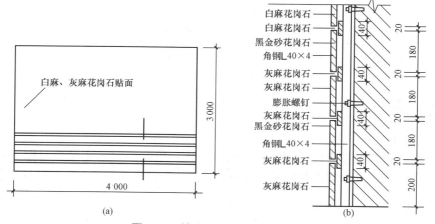

图 4-66 某单位大厅墙面示意图

(a)平面图；(b)剖面图

【解】 墙面镶贴块料面层工程量＝图示设计净长×图示设计净高

(1)白麻花岗石工程量＝(3－0.18×3－0.2－0.02×3)×4

$$＝8.8(m^2)$$

(2)灰麻花岗石工程量＝(0.2＋0.18＋0.04×3)×4

$$＝2(m^2)$$

(3)黑金砂石材墙面工程量＝0.18×2×4

$$＝1.44(m^2)$$

2. 拼碎石材墙面

拼碎石材墙面是指使用裁切石材剩下的边角余料经过分类加工作为填充材料，由不饱和酯树脂(或水泥)为胶粘剂，经搅拌成型、研磨、抛光等工序组合而成的墙面装饰项目。常见碎拼石材墙面一般为拼碎大理石墙面。

在生产大理石光面和镜面饰面板材时，裁剪的边角余料经过适当的分类加工后可用以制作拼碎大理石墙面、地面等，使建筑饰面丰富多彩。

拼碎石材墙面按镶贴表面积计算，单位：m²。在描述碎块项目的面层材料特征时，可不用规格、颜色描述；安装方式可描述为砂浆或胶粘剂粘贴、挂贴、干挂等，不论哪种安装方式，都要详细描述与组价相关的内容。

【例4-25】 某建筑物平面图如图4-67所示，墙厚240 mm，层高3.3 m，有120 mm高的木质踢脚板。试求图示墙面碎拼大理石的工程量。

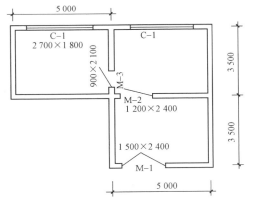

【解】 由图可看出，碎拼大理石墙面工程量为墙面的表面积减去门及窗所占的面积，根据其工程量计算规则，得

碎拼大理石墙面工程量＝[(5.0－0.24)＋(3.5－0.24)]×2×(3.3－0.12)×3－1.5×(2.4－0.12)－1.2×(2.4－0.12)×2－0.9×(2.1－0.12)×2－2.7×1.8×2＝130.85(m²)

图 4-67 某建筑物平面图

3. 块料墙面

块料墙面包括釉面砖墙面、陶瓷锦砖墙面等。

(1)釉面砖又可称为瓷砖、瓷片，是一种薄型精陶制品，多用于建筑内墙面装饰。

(2)陶瓷马赛克又称"陶瓷锦砖"，它是用于装饰与保护建筑物地面及墙面的由多块小砖拼贴成联的陶瓷砖。其按表面性质分为有釉和无釉两种；按砖联可分为单色、混色和拼花。

块料墙面按镶贴表面积计算，单位：m²。块料与胶粘材料的结合面刷防渗材料的种类在防护层材料种类中描述；安装方式可描述为砂浆或胶粘剂粘贴、挂贴、干挂等，不论哪种安装方式，都要详细描述与组价相关的内容。

【例4-26】 某卫生间的一侧墙面如图4-68所示，墙面贴2.5 m高的白色瓷砖，窗侧壁贴瓷砖宽100 mm，试计算贴瓷砖的工程量。

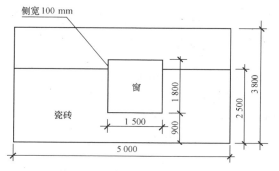

图 4-68　某卫生间墙面示意图

【解】　墙面贴瓷砖的工程量$=5.0\times2.5-1.5\times(2.5-0.9)+[(2.5-0.9)\times2+1.5]\times$
$0.10=10.57(\mathrm{m}^2)$

4. 干挂石材钢骨架

干挂石材是采用金属挂件将石材饰面直接悬挂在主体结构上，形成一种完整的围护结构体系。钢骨架常采用型钢龙骨、轻钢龙骨、铝合金龙骨等材料。常用干挂石材钢骨架的连接方式有两种，第一种是角钢在槽钢的外侧，这种连接方式成本较高，占用空间较大，适合室外使用；第二种是角钢在槽钢的内侧，这种连接方式成本较低，占用空间小，适合室内使用。

干挂石材钢骨架按设计图示以质量计算，单位：t。安装方式可描述为砂浆或胶粘剂粘贴、挂贴、干挂等，不论哪种安装方式，都要详细描述与组价相关的内容。

【例 4-27】　图 4-69 所示为某单位大厅墙面示意图，墙面长度为 4 m，高度为 3 m，其中，角钢为∟40×4，高度方向布置 8 根，试计算干挂石材钢骨架工程量。

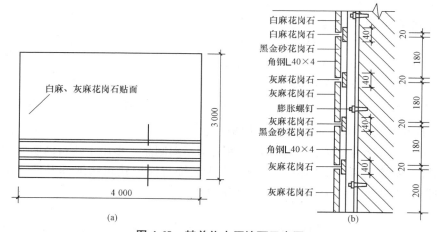

图 4-69　某单位大厅墙面示意图

(a)平面图；(b)剖面图

【解】　查角钢重量为 2.422×10^{-3} t/m，根据公式：

干挂石材钢骨架工程量＝图示设计规格的型材×相应型材线重量
$$=(4\times8+3\times8)\times2.422\times10^{-3}$$
$$=0.136(\mathrm{t})$$

五、柱(梁)面镶贴块料

柱(梁)面镶贴块料包括石材柱面、块料柱面、拼碎块柱面、石材梁面、块料梁面。

1. 石材柱面

石材柱面的构造做法与石材墙面基本相同，常用的石材柱面的镶贴块料有天然大理石、花岗石、人造石等。

石材柱面按镶贴表面积计算，单位：m²。石材与胶结材料的结合面刷防渗材料的种类在防护层材料种类中描述。

【例 4-28】 某建筑物钢筋混凝土柱 8 根，构造如图 4-70 所示，柱面挂贴花岗石面层，求其工程量。

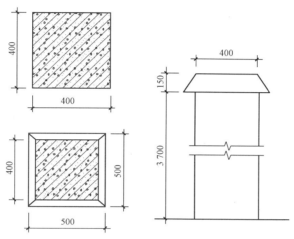

图 4-70 钢筋混凝土柱示意图

【解】 柱面挂贴花岗石工程量＝柱身挂贴花岗石工程量＋柱帽挂贴花岗石工程量

柱身挂贴花岗石工程量＝ $0.40 \times 4 \times 3.7 \times 8 = 47.36(m^2)$

花岗石柱帽工程量按图示尺寸展开面积计算，本例柱帽为四棱台，即应计算四棱台的斜表面积，公式为

四棱台全斜表面积＝斜高×(上面的周边长＋下面的周边长)÷2

已知斜高为 0.158 m，按图示数据代入，柱帽展开面积为

$0.158 \times (0.5 \times 4 + 0.4 \times 4) \div 2 \times 8 = 2.28(m^2)$

柱面、柱帽工程量合并工程量＝47.36＋2.28

$$= 49.64(m^2)$$

2. 块料柱面

块料柱面的构造要求及施工方法与块料墙面基本相同，常见的块料柱面有釉面砖柱面、陶瓷马赛克柱面等。

块料柱面按镶贴表面积计算，单位：m²。块料与胶结材料的结合面刷防渗材料的种类在防护层材料种类中描述。

【例 4-29】 某单位大门砖柱 4 根，砖柱块料面层设计尺寸如图 4-71 所示，面层水泥砂浆贴玻璃马赛克，计算柱面镶贴块料工程量。

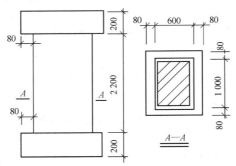

图 4-71　某大门砖柱块料面层尺寸

【解】　块料柱面镶贴工程量＝镶贴表面积

$$=(0.6+1.0)×2×2.2×4$$

$$=28.16(m^2)$$

3. 拼碎块柱面

拼碎块柱面按镶贴表面积计算，单位：m^2。在描述碎块项目的面层材料特征时，可不用描述规格、颜色。

【例 4-30】　如图 4-72 所示，6 根混凝土柱四面挂贴大理板，求花岗石柱工程量。

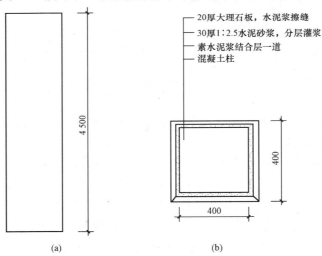

图 4-72　大理石柱示意图

(a)大理石柱立面图；(b)大理石柱平面图

【解】　拼碎石材柱面工程量＝0.4×4×4.5×6

$$=43.2(m^2)$$

4. 石材梁面、块料梁面

石材梁面的构造要求和做法与石材墙面基本相同，石材梁面的灌缝应饱满，嵌缝应严密，且应选用平整、方正，未出现碰损、污染现象的石材。

石材梁面、块料梁面按镶贴表面积计算，单位：m²。柱梁面干挂石材的钢骨架按相应项目编码列项。

【例 4-31】 图 4-73 为某建筑结构示意图，表面镶贴石材，试计算石材梁面工程量。

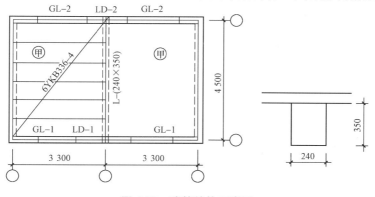

图 4-73　建筑结构示意图
(a)平面图；(b)截面图

【解】　石材梁面工程量＝(0.24×4.5)×2＋(0.35×4.5)×2＋(0.24×0.35)×2
　　　　　　　＝5.48(m²)

六、镶贴零星块料

镶贴零星块料项目包括石材零星项目、块料零星项目、拼碎块零星项目。

石材零星项目是指小面积(0.5 m²)以内少量分散的石材零星面层项目；块料零星项目是指小面积(0.5 m²)以内少量分散的釉面砖面层、陶瓷马赛克面层等项目；拼碎石材零星项目是指小面积(0.5 m²)以内的少量分散拼碎石材面层项目。

镶贴零星块料按镶贴表面积计算，单位：m²。在描述碎块项目的面层材料特征时，可不用描述规格、颜色；石材、块料与胶结材料的结合面刷防渗材料的种类在防护材料种类中描述；零星项目干挂石材的钢骨架按相应项目编码列项；墙柱面≤0.5 m²的少量分散的镶贴块料面层按零星项目执行。

【例 4-32】 图 4-74 所示为某橱窗大板玻璃下面墙垛装饰，试根据计算规则，计算其工程量。

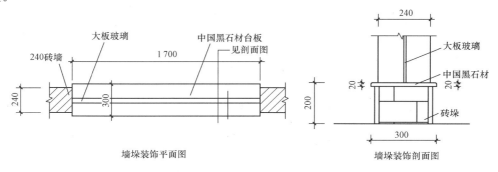

图 4-74　墙垛装饰大样图

【解】 墙垛中国黑石材饰面工程量＝[(0.2－0.02)×2(两侧)＋0.3](台面)×1.7
$$＝1.12(m^2)$$

【例 4-33】 某单位大门砖柱 4 根，砖柱块料面层设计尺寸如图 4-71 所示，面层水泥砂浆贴玻璃马赛克，计算压顶及柱脚工程量。

【解】 块料零星项目工程量＝按设计图示尺寸展开面积计算
压顶及柱脚工程量＝[(0.76＋1.16)×2×0.2＋(0.68＋1.08)×2×0.08]×2×4
$$＝8.40(m^2)$$

七、墙饰面

1. 墙面装饰板

常用的墙面装饰板有金属饰面板、塑料饰面板、镜面玻璃装饰板等。

(1)金属饰面板。常用金属饰面板的产品、规格可参见表 4-17。

表 4-17　金属饰面板

名　称	说　　明
彩色涂层钢板	多以热轧钢板和镀锌钢板为原板，表面层压聚氯乙烯或聚丙烯酸酯、环氧树脂、醇酸树脂等薄膜，亦可涂覆有机、无机或复合涂料。可用于墙面、屋面板等。 厚度有 0.35 mm、0.4 mm、0.5 mm、0.6 mm、0.7 mm、0.8 mm、0.9 mm、1.0 mm、1.5 mm 和 2.0 mm，长度有 1 800 mm、2 000 mm，宽度有 450 mm、500 mm 和 1 000 mm
彩色不锈钢板	在不锈钢板上进行技术和艺术加工，使其具有多种色彩。其特点：能耐 200 ℃的温度；耐盐雾腐蚀性优于一般不锈钢板；弯曲 90°时彩色层不损坏；彩色层经久不退色。适用于高级建筑墙面装饰。 厚度有 0.2 mm、0.3 mm、0.4 mm、0.5 mm、0.6 mm、0.7 mm 和 0.8 mm；长度有 1 000~2 000 mm；宽度有 500~1 000 mm
镜面不锈钢板	用不锈钢板经特殊抛光处理而成。用于高级公用建筑墙面、柱面及门厅装饰。其规格尺寸(mm×mm)：400×400、500×500、600×600、600×1 200，厚度为 0.3×0.6(mm)
铝合金板	产品有：铝合金花纹板、铝质浅花纹板、铝及铝合金波纹板、铝及铝合金压型板、铝合金装饰板等
塑铝板	塑铝板是以铝合金片与聚乙烯复合材复合加工而成。可分为镜面塑铝板、镜纹塑铝板和非镜面塑铝板三种

(2)塑料饰面板。常用塑料饰面板的产品、规格可参见表 4-18。

表 4-18　塑料装饰面板的产品品种及规格、特性

产品名称	说　　明	特　　性	规格/(mm×mm×mm)
塑料镜面板	塑料镜面板是由聚丙烯树脂，以大型塑料注射机、真空成型设备等加工而成。表面经特殊工艺，喷镀成金、银镜面效果	该板无毒无味，可弯曲，质轻，耐化学腐蚀，有金、银等色。表面光亮如镜激滟明快，富丽堂皇	(1~2)×1 000×1 830
塑料岗纹板	塑料镜面板是由聚丙烯树脂，以大型塑料注射机、真空成型设备等加工而成。表面经特殊工艺，喷镀成金、银镜面效果。但表面是以特殊工艺，印刷成高级花岗石花纹效果	该板无毒、无味，可弯曲，质轻，耐化学腐蚀，表面呈花岗石纹，可以假乱真	(1~3)×980×1 830

产品名称	说　明	特　性	规格/(mm×mm×mm)
塑料彩绘板	塑料彩绘板是以 PS(聚苯乙烯)或 SAN(苯乙烯-丙烯腈)经加工压制而成。表面经特殊工艺，印刷成各种彩绘图案	该板无毒无味，图案美观，颜色鲜艳，强度高，韧性好，耐化学腐蚀，有镭射效果	3×1 000×1 830
塑料晶晶板	塑料晶晶板是以 PS 或 SAN 树脂通过设备压制加工而成	该板无毒、无味，强度高，硬度高，韧性好，透光不透影，有镭射效果，耐化学腐蚀	(3~8)×1 200×1 830
塑料晶晶彩绘板	以 PS 或 SAN 树脂通过高级设备压制加工而成，表面经特殊工艺，印有各种彩绘图案	图案美观，色彩鲜艳，无毒无味，强度高，硬度高，韧性好，透光不透影，有镭射效果，耐化学腐蚀	3×1 000×1 830

(3)镜面玻璃装饰板。建筑内墙装修所用的镜面玻璃，在构造上、材质上，与一般玻璃镜均有所不同，它是以高级浮法平板玻璃，经镀银、镀铜、镀漆等特殊工艺加工而成，与一般镀银玻璃镜、真空镀铝玻璃镜相比，具有镜面尺寸大、成像清晰逼真、抗盐雾及抗热性能好、使用寿命长等特点。有白色、茶色两种。

墙面装饰板按设计图示墙净长乘以净高以面积计算。扣除门窗洞口及单个>0.3 m² 的孔洞所占面积，单位：m²。

【例 4-34】　试计算图 4-75 所示墙面装饰的工程量。

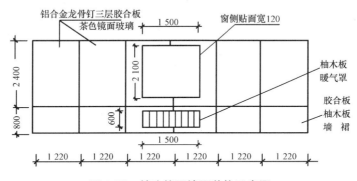

图 4-75　某建筑面墙面装饰示意图

【解】　墙面装饰工程量＝墙面工程量＋墙裙工程量

(1)墙面工程量＝2.4×1.22×6＋1.5×2.1×0.12－1.5×2.1＝14.80(m²)

(2)墙裙工程量＝0.8×1.22×6－0.6×1.5＝4.96(m²)

(3)墙面装饰工程量＝14.80＋4.96＝19.76(m²)

2. 墙面装饰浮雕

浮雕是雕塑与绘画结合的产物，用压缩的办法来处理对象，靠透视等因素来表现三维空间，并只供一面或两面观看。目前的室内浮雕、壁画及有关艺术手段的应用效果，从功能方面看可分为大型厅堂、小型厅堂（又分餐厅、会议厅、会客厅）、居家厅室等，从空间造型应用范围看，可分墙壁、顶棚、柱体等。

浮雕壁画从材质上划分，主要有铜、不锈钢、石材、木质、砂岩、玻璃钢、水泥等。

墙面装饰浮雕按设计图示尺寸以面积计算，单位：m²。

【例4-35】 如图4-76所示，采用砂岩浮雕，以现代抽象型浮雕样式定制，浮雕尺寸为1 500 mm×3 500 mm，试计算其工程量。

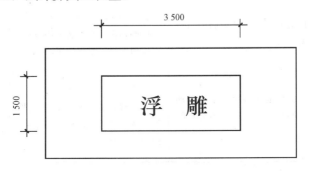

图4-76 某办公楼会议厅墙面

【解】 墙面装饰浮雕工程量＝1.5×3.5＝5.25(m²)

八、柱(梁)饰面

柱(梁)饰面项目包括柱(梁)面装饰、成品装饰柱。柱(梁)面装饰按设计图示饰面外围尺寸以面积计算。柱帽、柱墩并入相应柱饰面工程量内，单位：m²；成品装饰柱按设计数量以"根"计算；或按设计长度以"m"计算。成品装饰柱项目特征描述时应注明柱截面、高度尺寸以及柱的材质。

【例4-36】 木龙骨、五合板基层、不锈钢柱面尺寸如图4-77所示，共4根，龙骨断面30 mm×40 mm，间距250 mm，试计算工程量。

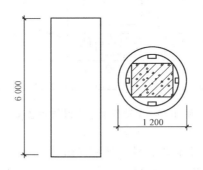

图4-77 不锈钢柱面尺寸

【解】 柱面装饰板工程量＝柱饰面外围周长×装饰高度＋柱帽、柱墩面积
柱面装饰工程量＝1.20×3.14×6.00×4＝90.43(m²)

九、幕墙工程

1. 带骨架幕墙

带骨架幕墙包括玻璃幕墙、金属板幕墙和石材幕墙等。

玻璃幕墙包括全隐框玻璃幕墙、半隐框玻璃幕墙和挂架式玻璃幕墙。其中全隐框玻璃幕墙的构造是在铝合金构件组成的框格上固定玻璃框，玻璃框的上框挂在铝合金整个框格体系的横梁上，其余三边分别用不同方法固定在立柱及横梁上。

金属板幕墙一般悬挂在承重骨架的外墙面上。它具有典雅庄重，质感丰富以及坚固、耐久、易拆卸等优点，适用于各种工业与民用建筑。

石材幕墙干挂法构造分类基本上可分为以下几类：直接干挂式、骨架干挂式、单元干挂式和预制复合板干挂式，前三类多用于混凝土结构基体，后者多用于钢结构工程。

带骨架幕墙按设计图示框外围尺寸以面积计算，单位：m²。与幕墙同种材质的窗所占面积不扣除。

【例 4-37】 如图 4-78 所示，某大厅外立面为铝板幕墙，高 12 m，计算幕墙工程量。

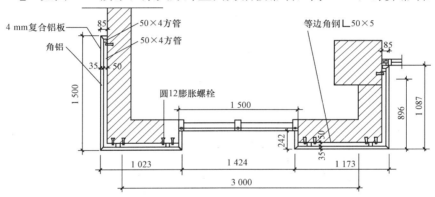

图 4-78 大厅外立面铝板幕墙剖面图

【解】 幕墙工程量＝(1.5＋1.023＋0.242×2＋1.173＋1.087＋0.085×2)×12
＝65.24(m²)

2. 全玻璃(无框玻璃)幕墙

全玻璃幕墙是指面板和肋板均为玻璃的幕墙。面板和肋板之间用透明硅酮胶粘结，幕墙完全透明，能创造出一种独特的通透视觉装饰效果。当玻璃高度小于 4 m 时，可以不加玻璃肋；当玻璃高度大于 4 m 时，就应用玻璃肋来加强，玻璃肋的厚度应不小于 19 mm。

全玻璃幕墙可分为坐地式和悬挂式两种。坐地式玻璃幕墙的构造简单、造价较低，主要靠底座承重，缺点是玻璃在自重作用下容易产生弯曲变形，造成视觉上的图像失真。在玻璃高度大于 6 m 时，就必须采用悬挂式，即用特殊的金属夹具将大块玻璃悬挂吊起(包括玻璃肋)，构成没有变形的大面积连续玻璃幕墙。用这种方法可以消除由自重引起的玻璃挠曲，创造出既美观通透又安全可靠的空间效果。

全玻璃(无框玻璃)幕墙按设计图示尺寸以面积计算，单位：m²。带肋全玻幕墙按展开面积计算。

【例 4-38】 图 4-79 所示为某办公楼外立面玻璃幕墙，计算玻璃幕墙工程量。

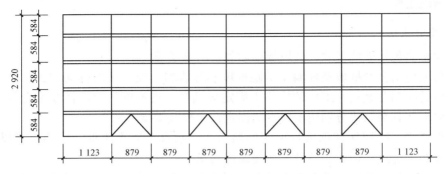

图 4-79 某办公楼外立面玻璃幕墙

【解】 玻璃幕墙工程量＝2.92×(1.123×2+0.879×7)
                                ＝24.53(m²)

十、隔断

隔断是指专门作为分隔室内空间的立面，应用更加灵活，主要起遮挡作用，一般不做到板下，有的甚至可以移动。按外部形式和构造方式，隔断可以划分为花格式、屏风式、移动式、帷幕式和家具式等。其中花格式隔断有木制、金属、混凝土等制品，其形式多种多样，如图 4-80 所示。

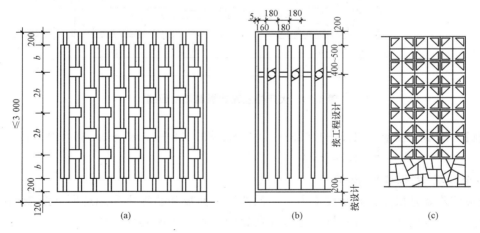

图 4-80 花格式隔断示意图
(a)木花格隔断；(b)金属花格隔断；(c)混凝土制品隔断

隔断包括木隔断、金属隔断、玻璃隔断、塑料隔断、成品隔断、其他隔断。

1. 木隔断、金属隔断

(1)花式木隔断。花式木隔断分为直栅漏空型和井格式两种。其中，直栅漏空型是将木板直立成等距离空隙的栅栏，板与板之间可加设带几何形状的木块作连接件，用铁钉固定即可；井格式是用木板做成方格或博古架形式的透空隔断。

(2)铝合金条板隔断。铝合金条板隔断是采用铝合金型材作骨架，用铝合金槽作边轨，将宽 100 mm 的铝合金板插入槽内，用螺钉加固而成。

木隔断、金属隔断按设计图示框外围尺寸以面积计算，单位：m²。不扣除单个≤0.3 m² 的孔洞所占面积；浴厕门的材质与隔断相同时，门的面积并入隔断面积内。

【例 4-39】 根据图 4-81 计算厕所木隔断工程量。

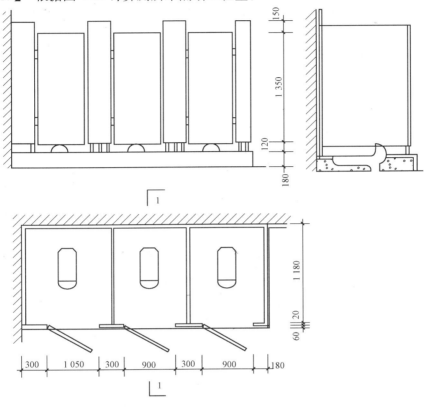

图 4-81 厕所木隔断图

【解】 厕所木隔断工程量＝(1.35＋0.15)×(0.30×3＋0.18＋1.18×3)＋1.35×0.90×

$$2+1.35×1.05$$

$$=10.78(\text{m}^2)$$

2. 玻璃隔断、塑料隔断

(1)木骨架玻璃隔断。木骨架玻璃隔断分为全玻和半玻。其中，全玻是采用断面规格为 45 mm×60 mm、间距 800 mm×500 mm 的双向木龙骨；半玻是采用断面规格为 45 mm× 32 mm，相同间距的双向木龙骨，并在其上单面镶嵌 5 mm 平板玻璃。

(2)全玻璃隔断。全玻璃隔断是用角钢作骨架，然后嵌贴普通玻璃或钢化玻璃而成。

(3)铝合金玻璃隔断。铝合金玻璃隔断是用铝合金型材作框架，然后镶嵌 5 mm 厚平板玻璃制成。

(4)玻璃砖隔断。玻璃砖隔断分为分格嵌缝式和全砖式。其中，分格嵌缝式采用槽钢(65 mm×40 mm×4.8 mm)作立柱，按每间隔 800 mm 布置。用扁钢(65 mm×5 mm)作横撑和边框,将玻璃砖(190 mm×190 mm×80 mm)用1:2白水泥石子浆夹砌在槽钢的槽口内,在砖缝中用直径3 mm的冷拔钢丝进行拉结,最后用白水泥擦缝即可。

玻璃隔断、塑料隔断按设计图示框外围尺寸以面积计算,单位:m²。不扣除单个0.3 m²以上的孔洞所占面积。

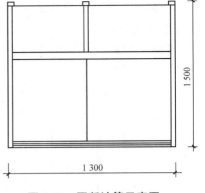

【例4-40】 求图4-82所示卫生间塑料轻质隔断工程量。

【解】 塑料轻质隔断工程量=1.3×1.5
　　　　　　　　　　　=1.95(m²)

图4-82　隔断计算示意图

3. 成品隔断

成品隔断是一种特殊的隔断产品,其主要材料和附件是在工厂预加工,现场可以便捷组装、即装即用的安全隔断产品。

成品办公隔断通常应用于室内分隔,主框架一般需要和吊顶、地面,以及固有墙体做牢固连接,以达到抗侧撞击要求、长期使用要求、抗震级要求、高雅美观要求、可重新拆装要求、室内环保要求等,加上各种墙面材料相映衬,起到艺术、隔声、防火、隐蔽等效果,彰显个性。

成品隔断主要是由高强度铝合金做框架和艺术板体做墙面相结合,附属高分子密封材料和五金连接件组成,整个墙体结合更紧密、牢固。隔断铝合金材料是一种组合材料,结点结构成H型,由1.2～2.0 mm厚的镁铝合金,按H型挤压组合成型,经阳极氧化或表面电镀处理,制成高精级铝合金隔断型材。处理后的隔断型材表面具有很强的漆膜硬度、抗冲击力,也具有很高的漆膜附着力,不易脱落老化,具有极强的光泽效果,其耐久性远超一般的铝材喷涂。成品隔断墙框架和面板连接处,根据需要均配装半圆形密封胶条,可有效阻隔声音和灰尘,也使两者的结合更严密,缓冲侧面撞击。同样,由高分子材料制造的门用密封条预装,使办公隔断墙的整体隔声系数达到相应高的标准。

成品隔断按设计图示框外围尺寸以面积计算,或按设计间的数量计算。

【例4-41】 某餐厅设有12个木质雕花成品隔断,每间隔断都是以长方形的样式安放,规格尺寸为3 000 mm×2 400 mm×1 800 mm,试计算其工程量。

【解】 (1)以平方米计量,得
　　　　　成品隔断工程量=(3+2.4)×2×1.8×12=233.28(m²)

(2)以间计量,得
　　　　　　　　成品隔断工程量=12间

4. 其他隔断

其他隔断按设计图示框外围尺寸以面积计算,单位:m²。不扣除单个0.3 m²以上的孔洞所占面积。

第五节　天棚工程工程量计算

天棚的造型是多种多样的,除平面型外,还有多种起伏型。起伏型吊顶即上凸或下凹的形式，它可有两个或更多的高低层次，其剖面有梯形、圆拱形、折线形等。水平面上有方、圆、菱、三角、多边形等几何形状。

一、天棚抹灰

天棚抹灰即顶棚抹灰，从抹灰级别上可分普、中、高三个等级；按抹灰材料不同可分为石灰麻刀灰浆、水泥麻刀砂浆、涂刷涂料等；按顶棚基层不同可分为混凝土基层、板条基层和钢丝网基层抹灰。常见天棚抹灰分层做法见表4-19。

表4-19 常见天棚抹灰分层做法

名称	分层做法	厚度/mm	施工要点	注意事项
现浇混凝土楼板天棚抹灰	①1∶0.5∶1水泥石灰砂浆抹底层 ②1∶3∶9水泥石灰砂浆抹中层 ③纸筋石灰或麻刀灰抹面层	2 6 2或3	纸筋石灰配合比是，白灰膏∶纸筋＝100∶1.2（质量比）；麻刀灰配合比是，白灰膏∶细麻刀＝100∶1.7（质量比）	①现浇混凝土楼板天棚抹头道灰时，必须与模板木纹的方向垂直，并用钢皮抹子用力抹实，越薄越好，底子灰抹完后紧跟抹第二遍找平，待六七成干时，即应罩面 ②无论现浇或预制楼板天棚，如用人工抹灰，都应进行基体处理，即混凝土表面先刮水泥浆或洒水泥砂浆
	①1∶0.2∶4水泥纸筋砂浆抹底层 ②1∶0.2∶4水泥纸筋砂浆抹中层找平 ③纸筋灰罩面	2~3 10 2		
预制混凝土楼板天棚抹灰	①1∶0.5∶1水泥石灰混合砂浆抹底层 ②1∶3∶9水泥石灰砂浆抹中层 ③纸筋石灰或麻刀灰抹面层	2 6 2或3	抹前，要先将预制板缝勾实勾平	
	①1∶0.5∶4水泥石灰砂浆抹底层 ②1∶0.5∶4水泥石灰砂浆抹中层 ③纸筋灰罩面	4 4 2	①基体板缝处理 ②底层与中层抹灰要连续操作	
	①1∶0.3∶6水泥纸筋灰砂浆抹底层、中层 ②1∶0.2∶6水泥细纸筋灰罩面压光	7 5	适用机械喷涂抹灰	
	①1∶1水泥砂浆（加水泥重量2%的聚醋酸乙烯乳液）抹底层 ②1∶3∶9水泥石灰砂浆抹中层 ③纸筋灰罩面	2 6 2	①适用于高级装修工程 ②底层抹灰需养护2~3 d后，再做找平层	
板条、苇箔金属网天棚抹灰	①纸筋石灰或麻刀石灰砂浆抹底层 ②纸筋石灰或麻刀石灰砂浆抹中层 ③1∶2.5石灰砂浆（略掺麻刀）找平 ④纸筋石灰或麻刀石灰砂浆罩面	3~6 3~6 2~3 2或3	底层砂浆应压入板条缝或网眼内，形成转脚结合牢固	天棚的高级抹灰，应加钉长350~450 mm的麻束，间距为400mm并交错布置；分遍按放射状梳理抹进中层砂浆内

名称	分层做法	厚度/mm	施工要点	注意事项
钢板网天棚抹灰	①1：0.2：2 石灰水泥砂浆（略掺麻刀)抹底层，灰浆要挤入网眼中 ②挂麻丁，将小束麻丝每隔 30 cm 左右挂在钢板网网眼上，两端纤维垂下，长 25 cm ③1：2 石灰砂浆抹中层，分两遍成活，每遍将悬挂的麻丁向四周散开1/2，抹入灰浆中 ④纸筋灰罩面。	3 3 2	①钢板网吊顶龙骨以 40 cm×40 cm 方格为宜 ②为避免木龙骨收缩变形使抹灰层开裂，可使用 $\phi6$ 钢筋，拉直钉在木龙骨上，然后用铅丝把钢板网撑紧，绑扎在钢筋上 ③适用于大面积厅室等高级装修工程	

注：1. 本表所列配合比无注明者均为体积比。
2. 水泥强度等级 32.5 级以上，石灰为含水率50%的石灰膏。

天棚抹灰按设计图示尺寸以水平投影面积计算，单位：m²。不扣除间壁墙、垛、柱、附墙烟囱、检查口和管道所占的面积，带梁天棚的梁两侧抹灰面积并入天棚面积内，板式楼梯底面抹灰按斜面积计算，锯齿形楼梯底板抹灰按展开面积计算。

【例 4-42】 某工程现浇井字梁天棚如图 4-83 所示，麻刀石灰浆面层，计算工程量。

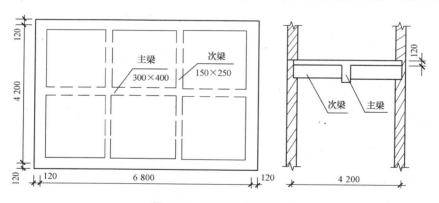

图 4-83 现浇井字梁天棚

【解】 天棚抹灰工程量＝主墙间的净长度×主墙间的净宽度＋梁侧面面积
天棚抹灰工程量＝$(6.80-0.24)\times(4.20-0.24)+(0.40-0.12)\times(6.80-0.24)\times2+$
$(0.25-0.12)\times(4.20-0.24-0.3)\times2\times2-(0.25-0.12)\times0.15\times4$
$=31.48(m^2)$

二、天棚吊顶

吊顶又名顶棚、平顶、天花板，是室内装饰工程的一个重要组成部分。吊顶从它的形式来分有直接式和悬、吊式两种，目前悬吊式吊顶的应用最为广泛。悬吊式吊顶的构造主要由基层、悬吊件、龙骨和面层组成，如图 4-84 所示。

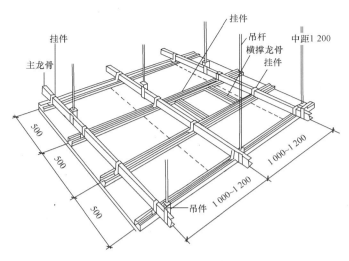

图 4-84 吊顶构造

常见天棚吊顶做法见表4-20。

表 4-20 常见天棚吊顶做法

编号	名 称	图 示	做 法 说 明	厚度/mm	附 注
1	板底喷涂		钢筋混凝土楼板(预制) 板底勾缝 板底刮腻子 喷涂料		
2	板底抹灰 喷涂(一)		钢筋混凝土楼板(现浇) 板底刷素水泥浆一道 1∶0.5∶1水泥石灰膏砂浆 1∶3∶9水泥石灰膏砂浆 纸筋灰罩面 喷涂料	 2 6 2	
3	板底抹灰 喷涂(二)		钢筋混凝土楼板 板底刷水泥浆一道 1∶3水泥砂浆打底 1∶2.5水泥砂浆罩面 喷涂料	 5 5	
4	板底油漆		钢筋混凝土板 板底刷水泥浆一道 1∶0.3∶3水泥石灰膏砂浆 1∶0.3∶2.5水泥石灰膏砂浆 刷无光油漆	 5 5	

编号	名 称	图 示	做 法 说 明	厚度/mm	附 注
5	纸面石膏板吊顶喷涂		钢筋混凝土板 φ8 钢筋吊杆、双向吊点、中距900～1 200 轻钢主龙骨 轻钢次龙骨 纸面石膏板或埃特板 刷防潮涂料(氯偏乳液或乳化光油一道) 刮腻子找平 顶棚喷涂	9～12	轻钢龙骨分上人和不上人两种,上人龙骨壁厚为1.5 mm,不上人龙骨壁厚为0.63 mm
6	纸面石膏板吊顶贴壁纸		钢筋混凝土板 φ8 钢筋吊杆、双向吊点、中距900～1 200 轻钢主龙骨 轻钢次龙骨 纸面石膏板或埃特板 棚面刷一道108胶水溶液 配合比:108胶:水=3:7	9～12	轻钢龙骨分上人和不上人两种,上人龙骨壁厚为1.5 mm,不上人龙骨壁厚为0.63 mm
			贴壁纸、纸背面和棚顶面均刷胶,配比:108胶:纤维素=1:0.3(纤维素水溶液浓度为4%)并稍加水		也可用壁纸胶粘贴
7	纸面石膏板吊顶粘贴铝塑板或矿棉板		钢筋混凝土板 φ8 钢筋吊杆、双向吊点、中距900～1 200 轻钢主龙骨 轻钢次龙骨 纸面石膏板或埃特板 铝塑板、用XY401胶粘剂直接粘贴	9～12 6	
8	穿孔石膏吸声板吊顶		钢筋混凝土板 φ8 钢筋吊杆、双向吊点、中距900～1 200 轻钢主龙骨 轻钢次龙骨 穿孔石膏吸声板 刷无光油漆	9	在穿孔石膏吸声板上放50厚超细玻璃棉,用玻璃布包好
9	水泥石棉板吊顶		钢筋混凝土板 50×70 大木龙骨,中距900～1 200 50×50 小木龙骨,中距450～600 水泥石棉板 刷无光油漆	5	穿孔水泥石棉板吸声吊顶,做法相同,在龙骨内填50厚超细玻璃棉用玻璃布包好

编号	名　称	图　示	做　法　说　明	厚度/mm	附　注
10	矿棉板吊顶		钢筋混凝土板 φ8 钢筋吊杆、双向吊点、中距 900～1 200 轻钢主龙骨 铝合金中龙骨⊥32×22×1.3，中距等于板材宽度（边龙骨⌐35×11×0.75） 铝合金横撑⊥25×22×1.3，中距等于板材宽度 矿棉板	 18	矿棉板规格： 600×600×18， 500×500×18
11	胶合板吊顶		钢筋混凝土板 50×70 大木龙骨、中距 900～1 200（用 8号镀锌铁丝吊牢） 50×50 小木龙骨、中距 450～600 胶合板 油漆	 5	混凝土板与吊杆铁丝连接用膨胀螺栓或射钉
12	穿孔胶合板吸声吊顶		钢筋混凝土板 50×70 大木龙骨、中距 900～1 200（用 8号镀锌铁丝吊牢） 50×50 小木龙骨、中距 450～600 胶合板穿孔（在胶合板上面放 50 厚超细玻璃丝棉，用玻璃布包好） 油漆	 5	混凝土板与吊杆铁丝连接用膨胀螺栓或射钉
13	穿孔铝板吸声顶棚		钢筋混凝土板 φ8 钢筋吊杆、双向吊点，中距 900～1 200 轻钢主龙骨 轻钢次龙骨 穿孔铝板（在穿孔铝板上面和龙骨中间填50 厚超细玻璃棉，用玻璃布包好） 喷漆或本色		混凝土板与吊杆铁丝连接用膨胀螺栓或射钉
14	铝合金条板吊顶（又称铝合金扣板）		钢筋混凝土板 φ8 钢筋吊杆、双向吊点，中距 900～1 200 轻钢主龙骨（60×30×1.5） 中龙骨 铝合金条板	 0.8～1	铝合金条板有本色，古铜色、金色、烤漆
15	铝合金条板挂板吊顶		钢筋混凝土板 φ8 钢筋吊杆、双向吊点，中距 900～1 200 轻钢主龙骨（60×30×1.5） 中龙骨 铝合金条板挂板		铝合金条板烤漆各种颜色（白、蓝、红为多）

编号	名称	图示	做法说明	厚度/mm	附注
16	木格栅吊顶		钢筋混凝土板 $\phi8$ 钢筋吊杆、双向吊点、中距 900～1 200 龙骨 木格栅 200×200，150×150 等见方	80～150	木格栅用九层夹板制作成型
17	铝合金格栅吊顶		钢筋混凝土板 $\phi6$ 钢筋吊杆、双向吊点、中距 900～1 200 龙骨 铝格栅（80×80×40、100×100×45、125×125×45、150×150×5 等）		M6 膨胀螺栓，∟25×25×3，角钢 $l=30$，吊杆 $\phi6.5$ 钢筋
18	不锈钢镜面吊顶		钢筋混凝土板 $\phi8$ 钢筋吊杆、双向吊点、中距 900～1 200 轻钢主龙骨 轻钢次龙骨 不锈钢镜面		
19	玻璃镜面吊顶		钢筋混凝土板 $\phi8$ 钢筋吊杆、双向吊点、中距 900～1 200 轻钢主龙骨 轻钢次龙骨 胶合板 双面弹力胶带粘贴 玻璃镜面	5 3 5～6	胶合板与玻璃镜面先用双面胶黏结，再用不锈钢螺丝钉固牢

天棚吊顶包括吊顶天棚、格栅吊顶、吊筒吊顶、藤条造型悬挂吊顶、织物软雕吊顶、装饰网架吊顶。吊顶天棚按设计图示尺寸以水平投影面积计算，单位：m²。天棚面中的灯槽及跌级、锯齿形、吊挂式、藻井式天棚面积不展开计算。不扣除间壁墙、检查口、附墙烟囱、柱垛和管道所占面积，扣除单个＞0.3 m² 的孔洞、独立柱及与天棚相连的窗帘盒所占的面积；格栅吊顶、吊筒吊顶、藤条造型悬挂吊顶、织物软雕吊顶、装饰网架吊顶按设计图示尺寸以水平投影面积计算，单位：m²。

【例 4-43】 某三级天棚尺寸如图 4-85 所示，钢筋混凝土板下吊双层楞木，面层为塑料板，计算吊顶天棚工程量。

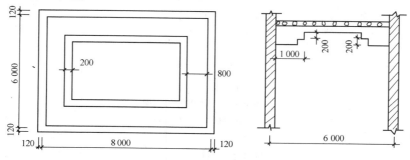

图 4-85 三级天棚尺寸

【解】 吊顶天棚工程量＝主墙间净长度×主墙间净宽度—独立柱及相连窗帘盒等所占面积

吊顶天棚工程量＝(8.0−0.24)×(6.0−0.24)
　　　　　　　　＝44.70(m²)

【例 4-44】 某建筑客房天棚图如图 4-86 所示，与天棚相连的窗帘盒断面如图 4-87 所示，试计算铝合金天棚工程量。

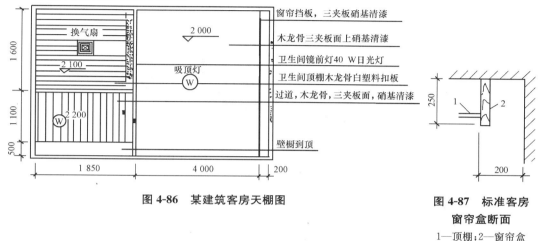

图 4-86　某建筑客房天棚图

图 4-87　标准客房
窗帘盒断面

1—顶棚；2—窗帘盒

【解】 由于客房各部位天棚做法不同，吊顶工程量应为房间天棚工程量与走道顶棚工程量及卫生间天棚工程量之和。

吊顶工程量＝(4−0.2−0.12)×3.2＋(1.85−0.24)×(1.1−0.12)＋(1.6−0.24)×(1.85−0.12)＝15.71(m²)

三、采光天棚

采光天棚选用的玻璃应符合现行的国家标准及合同要求，并必须选用安全玻璃（钢化夹胶玻璃）。各类紧固件、固定连接件及其他附件应与设计相符，定型产品应有出厂合格证，如钢质件其表面应热镀锌。

采光天棚按框外围展开面积计算，单位：m²。

【例 4-45】 如图 4-88 所示，某商场吊顶时，运用采光天棚达到所需光效应，玻璃镜面采用不锈钢螺钉固牢，试计算其工程量。

【解】 根据采光天棚工程量计算规则，得：

采光天棚工程量＝3.14×(1.8/2)²＝2.54(m²)

图 4-88　某商场采光天棚

四、天棚其他装饰工程

灯带是指把 LED 灯用特殊的加工工艺焊接在铜线或者带状柔性线路板上面，再连接上电源发光，因其发光时形状如一条光带而得名。

送风口的布置应根据室内温湿度精度、允许风速并结合建筑物的特点、内部装修、工艺布置及设备散热等因素综合考虑。具体来说：对于一般的空调房间，就是要均匀布置，保证不留死角。一般一个柱网布置四个风口。

回风口是将室内污浊空气抽回，一部分通过空调过滤送回室内，一部分通过排风口排出室外。

天棚其他装饰包括灯带(槽)、送风口、回风口。灯带(槽)按设计图示尺寸以框外围面积计算，单位：m^2；送风口、回风口按设计图示数量计算，单位：个。

【例 4-46】 图 4-89 所示为室内天棚安装灯带，计算其工程量。

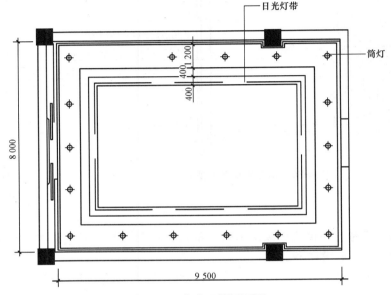

图 4-89　室内天棚平面图

【解】 根据顶棚工程量计算规则，计算如下：

$L_中$：$[8.0-2×(1.2+0.4+0.2)]×2+[9.5-2×(1.2+0.4+0.2)]×2=20.6(m)$

灯带工程量 $S_1=L_中×b=20.6×0.4=8.24(m^2)$

第六节　门窗工程工程量计算

一、木门

木门包括木质门、木质门带套、木质连窗门、木质防火门、木门框、门锁安装。

(1)木质门、木质门带套、木质连窗门、木质防火门可以按设计图示数量计算，单位：樘；或按设计图示洞口尺寸以面积计算，单位：m^2。木质门应区分镶板木门、企口木板门、实木装饰门、胶合板门、夹板装饰门、木纱门、全玻门(带木质扇框)、木质半玻门(带木质扇框)等项目，分别编码列项。

木门五金应包括：折页、插销、门碰珠、弓背拉手、搭机、木螺丝、弹簧折页(自动门)、管子拉手(自由门、地弹门)、地弹簧(地弹门)、角铁、门轧头(地弹门、自由门)等。木门五金配件可参考表 4-21。

表 4-21 木门五金配件表　　　　　　　　　　　榫

项目		单位	镶板、胶合板、半截玻璃门不带纱门			
			单扇有亮	双扇有亮	单扇无亮	双扇无亮
人工	综合工日	工日	—	—	—	—
材料	折页 100 mm	个	2.00	4.00	2.00	4.00
	折页 63 mm	个	4.00	4.00	—	—
	插销 100 mm	个	2.00	2.00	1.00	1.00
	插销 150 mm	个	—	1.00	—	1.00
	插销 300 mm	个	—	1.00	—	1.00
	风钩 200 mm	个	2.00	2.00	—	—
	拉手 150 mm	个	1.00	2.00	1.00	2.00
	铁搭扣 100 mm	个	1.00	1.00	1.00	1.00
	木螺丝 38 mm	个	16.00	32.00	16.00	32.00
	木螺丝 32 mm	个	24.00	24.00	—	—
	木螺丝 25 mm	个	4.00	8.00	4.00	8.00
	木螺丝 19 mm	个	19.00	37.00	13.00	31.00
	折页 100 mm	个	2.00	4.00	2.00	4.00
	折页 63 mm	个	8.00	8.00	—	—
	蝶式折页 100 mm	个	2.00	4.00	2.00	4.00
	插销 100 mm	个	4.00	3.00	2.00	1.00
	插销 150 mm	个	—	1.00	—	1.00
	插销 300 mm	个	—	1.00	—	1.00
	风钩 200 mm	个	2.00	2.00	—	—
	拉手 150 mm	个	2.00	4.00	2.00	4.00
	铁搭扣 100 mm	个	1.00	1.00	1.00	1.00
	木螺丝 38 mm	个	16.00	32.00	16.00	32.00
	木螺丝 32 mm	个	60.00	72.00	12.00	24.00
	木螺丝 25 mm	个	8.00	16.00	8.00	16.00
	木螺丝 19 mm	个	31.00	43.00	19.00	31.00

项目		单位	自由门带固定亮子、无亮子		镶板门带一块百叶	
			半坡门	全坡门	单扇有亮	单扇无亮
人工	综合工日	工日	—	—	—	—
材料	折页 100 mm	个	—	—	2.00	2.00
	折页 75 mm	个	—	—	2.00	—
	弹簧折页 200 mm	个	4.00	—	—	—
	插销 100 mm	个	—	—	2.00	1.00
	风钩 200 mm	个	—	—	1.00	—
	拉手 150 mm	个	—	—	1.00	1.00
	管子拉手 400 mm	个	4.00	—	—	—
	管子拉手 600 mm	个	—	4.00	—	—
	铁搭扣 100 mm	个	—	—	1.00	1.00
	门轧头 mm	个	—	2.00	—	—
	铁角 150 mm	个	12.00	12.00	—	—
	地弹簧 mm	套	—	2.00	—	—
	木螺丝 38 mm	个	132.00	132.00	16.00	16.00
	木螺丝 32 mm	个	—	—	12.00	—
	木螺丝 25 mm	个	—	—	4.00	4.00
	木螺丝 19 mm	个	—	—	19.00	13.00

155

项 目		单位	平开木板大门		推拉木板大门	
			无小门	有小门	无小门	有小门
人工	综合工日	工日	—	—	—	—
材料	五金铁件	kg	67.72	67.62	143.96	143.96
	折页 100 mm	个	—	2.00	—	2.00
	弓背拉手 125 mm	个	—	2.00	—	2.00
	插销 125 mm	个	—	1.00	—	1.00
	木螺丝 38 mm	个	32.00	58.00	—	26.00
	大滑轮 $d=100$ mm	个	—	—	4.00	4.00
	小滑轮 $d=56$ mm	个	—	—	4.00	4.00
	轴承 203	个	—	—	8.00	8.00

项 目		单位	平开钢木大门		
			无小门一般型	有小门防风型	有小门防严寒
人工	综合工日	工日	—	—	—
材料	五金铁件	kg	52.97	57.90	57.90
	钢丝弹簧 $L=96$	个	1.00	1.00	1.00
	钢珠 32.5	个	4.00	4.00	4.00

　　木质门带套计量按洞口尺寸以面积计算，不包括门套的面积，但门套应计算在综合单价中。

　　木门项目特征描述时，当工程量按图示数量以樘计量时，项目特征必须描述洞口尺寸；以平方米计量时，项目特征可不描述洞口尺寸。

　　(2)木门框以樘计量，按设计图示数量计算；以米计量，按设计图示框的中心线以延长米计算。木门框项目特征除了描述门代号及洞口尺寸、防护材料的种类，还需描述框截面尺寸。单独制作安装木门框按木门框项目编码列项。

　　(3)门锁安装按设计图示数量计算，单位：个或套。

　　【例 4-47】 求图 4-90 所示镶板门工程量。

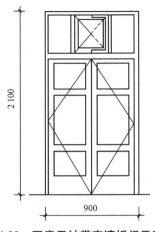

图 4-90 双扇无纱带亮镶板门示意图

【解】 (1)以平方米计量,镶板门工程量＝设计图示洞口尺寸计算所得面积

$$=0.9×2.1=1.89(m^2)$$

(2)以樘计量,镶板门工程量＝1樘

二、金属门

金属(塑钢)门、彩板门、钢质防火门、防盗门,按设计图示数量计算,单位:樘;或按设计图示洞口尺寸以面积计算,单位:m²。金属门应区分金属平开门、金属推拉门、金属地弹门、金属全玻门(带金属扇框)、金属半玻门(带扇框)等项目,分别编码列项。

铝合金门五金包括:地弹簧、门锁、拉手、门插、门铰、螺丝等。铝合金门五金配件见表4-22。金属门五金包括L形执手插锁(双舌)、执手锁(单舌)、门轨头、地锁、防盗门机、门眼(猫眼)、门碰珠、电子锁(磁卡锁)、闭门器、装饰拉手等。

表4-22　铝合金门五金配件表　　　　　　　　　　　　　套(樘)

项　　目	单　位	单　　价/元	单扇地弹门	双扇地弹门	四扇地弹门	单扇平开门
国产地弹簧	个	128.73	1	2	4	—
门　　锁	把	11.03	1	1	3	—
铝合金拉手	对	36.00	1	2	4	—
门　　插	套	6.00	—	2	2	—
门　　铰	个	6.96	—	—	—	2
螺　　钉	元	—	—	—	—	1.04
门　　锁	把	9.88	—	—	—	1
合　　计	元	—	175.76	352.76	704.01	24.84

描述金属门项目特征时,当以樘计量,项目特征必须描述洞口尺寸,没有洞口尺寸必须描述门框或扇外围尺寸,当以平方米计量,项目特征可不描述洞口尺寸及框、扇的外围尺寸,无设计图示洞口尺寸,按门框、扇外围以面积计算。

【例4-48】 求图4-91所示库房金属平开门工程量。

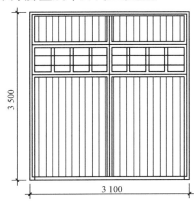

图4-91　某厂库房金属平开门示意图

【解】 (1)以平方米计量,金属平开门工程量

$$=图示洞口尺寸以面积计算=3.1×3.5$$
$$=10.85(m^2)$$

（2）以樘计量，金属平开门工程量＝1樘

三、金属卷帘(闸)门

卷闸门由铝合金材料组成，门顶以水平线为轴线进行转动，可以将全部门扇转包到门顶上。卷闸门由帘板、卷筒体、导轨、电气传动等部分组成。

防火卷帘门系由帘板、导轨、卷筒、驱动机构和电气设备等部件组成。帘板以 1.5 mm 厚钢板轧成 C 形板串联而成，卷筒安在门上方左端或右端，启闭方式可分为手动和自动两种。

金属卷帘(闸)门包括金属卷帘(闸)门和防火卷帘(闸)门。按设计图示数量计算，单位：樘；或按设计图示洞口尺寸以面积计算，单位：m^2。

金属卷帘(闸)门，以樘计量，项目特征必须描述洞口尺寸；以平方米计量，项目特征可不描述洞口尺寸。

【例 4-49】　某工程防火卷帘门为 1 樘，其设计尺寸为 1 500 mm×1 800 mm，图 4-92 所示为防火金属格栅门示意图，试计算金属格栅门工程量。

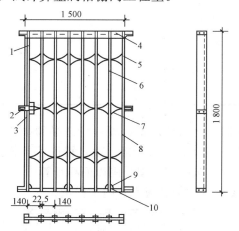

图 4-92　异型材拉闸门构造图
1—锁钩槽；2—锁；3—拉手柄；4—C槽；5—侧槽；
6—短方管；7—S方管；8—平锥头铆钉；9—滑轮；10—轨道

【解】　（1）以平方米计量，金属卷帘门工程量
$$=设计图示洞口尺寸计算所得面积$$
$$=1.5×1.8=2.7(m^2)$$

（2）以樘计量，金属格栅门工程量＝1樘

四、厂库房大门、特种门

厂库房大门、特种门包括木板大门、钢木大门、全钢板大门、防护铁丝门、金属格栅门、钢制花饰大门、特种门。工程量可以数量或面积进行计算，当按数量以樘为单位计算

时，项目特征必须描述洞口尺寸，没有洞口尺寸时，必须描述门框或扇外围尺寸；以平方米计量时，项目特征可不描述洞口尺寸及框、扇的外围尺寸。工程量以平方米计量，无设计图示洞口尺寸时，按门框、扇外围以面积计算。

（1）木板大门、钢木大门、全钢板大门按设计图示数量计算，单位：樘；或按设计图示洞口尺寸以面积计算，单位：m²。

（2）防护铁丝门按设计图示数量计算，单位：樘；或按设计图示门框或扇以面积计算，单位：m²。

（3）金属格栅门按设计图示数量计算，单位：樘；或按设计图示洞口尺寸以面积计算，单位：m²。

（4）钢制花饰大门按设计图示数量计算，单位：樘；或按设计图示门框或扇以面积计算，单位：m²。

（5）特种门按设计图示数量计算，单位：樘；或按设计图示洞口尺寸以面积计算，单位：m²。特种门应区分冷藏门、冷冻间门、保温门、变电室门、隔声门、防射线门、人防门、金库门等项目，分别编码列项。

厂房大门、特种门五金铁件的用量可参照表 4-23 确定。

表 4-23　厂房大门、特种门五金铁件用量参考表

项　　目	单位	木板大门		平开钢木大门	推拉钢木大门	变电室门	防火门	折叠门	保温隔声门
		平开	推拉						
		100 m² 门扇面积							100 m² 框外围面积
铁件	kg	600	1 080	590	1 087	1 595	1 002	400	—
滑轮	个	—	48	—	48	—	—	—	—
单列圆锥子轴承 7360 号	套	—	—	2	—	—	—	—	—
单列向心球轴承（230 号）	套	—	48	—	40	—	—	—	—
单列向心球轴承（205 号）	套	—	—	—	9	—	—	—	—
折页（150 mm）	个	—	—	—	—	—	—	—	110
折页（100 mm）	个	24	24	—	22	58	—	—	—
拉手（125 mm）	个	24	24	—	11	58	—	—	—
暗插销（300 mm）	个	—	—	—	—	—	—	—	8
暗插销（150 mm）	个	—	—	—	—	—	—	—	8
木螺栓	百个	3.60	3.60	—	0.22	2.70	6.99	—	7.58
注：厂库房平开大门五金数量内不包括地轨及滑轮。									

【例 4-50】　如图 4-93 所示，某厂房有平开全钢板大门（带探望孔），共 5 樘，刷防锈漆。试计算其工程量。

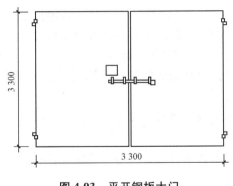

图 4-93　平开钢板大门

【解】　(1)以平方米计量，全钢板大门工程量＝图示洞口尺寸以面积计算

$$＝3.30×3.30×5$$
$$＝54.45(m^2)$$

(2)以樘计量，全钢板大门工程量＝5 樘

五、其他门

其他门包括电子感应门、旋转门、电子对讲门、电动伸缩门、全玻自由门、镜面不锈钢饰面门、复合材料门等。电子感应门多以铝合金型材制作而成，其感应系统采用电磁感应的方式，具有外观新颖、结构精巧、运行噪声小、功耗低、启动灵活、可靠、节能等特点，适用于高级宾馆、饭店、医院、候机楼、车站、贸易楼、办公大楼的自动门安装设备。金属旋转门主要用于宾馆、机场、商店、银行等中高级公共建筑中。旋转门能达到节省能源、防尘、防风、隔声的效果，对控制人流量也有一定作用。电子对讲门多安装于住宅、楼宇及要求安全防卫场所的入口，具有传呼、对讲、控制等功能，一般由门框、门扇、门铰链、闭门器、电控锁等部分组成。电动伸缩门多用在小区、公园、学校、建筑工地等大门，一般分为有轨和无轨两种，通常采用铝型材或不锈钢。全玻自由门是指门窗冒头之间全部镶嵌玻璃的门，有带亮子和不带亮子之分。

其他门工程量可以数量或面积进行计算，当按数量以樘为单位计算时，项目特征必须描述洞口尺寸，没有洞口尺寸时，必须描述门框或扇外围尺寸；以平方米计量时，项目特征可不描述洞口尺寸及框、扇的外围尺寸。工程量以平方米计量，无设计图示洞口尺寸时，按门框、扇外围以面积计算。

其他门工程量按设计图示数量计算，单位：樘；或按设计图示洞口尺寸以面积计算，单位：m^2。

【例 4-51】　试计算银行电子感应门的工程量，门洞尺寸为 3 200 mm×2 400 mm。

【解】　(1)以平方米计量，电子感应门工程量＝设计洞口尺寸以面积计算

$$＝3.2×2.4$$
$$＝7.68(m^2)$$

(2)以樘计量，电子感应门工程量＝1 樘

六、木窗

木窗包括木质窗、木飘(凸)窗、木橱窗、木纱窗。木窗工程量可以数量或面积进行计算，当按数量以樘为单位计算时，项目特征必须描述洞口尺寸，没有洞口尺寸时，必须描述窗框外围尺寸；以平方米计量时，项目特征可不描述洞口尺寸及框的外围尺寸。工程量以平方米计量，无设计图示洞口尺寸时，按窗框外围以面积计算。

(1)木质窗、木飘(凸)窗按设计图示数量计算，单位：樘；或按设计图示洞口尺寸以面积计算，单位：m²。木质窗应区分木百叶窗、木组合窗、木天窗、木固定窗、木装饰空花窗等项目，分别编码列项。木橱窗、木飘(凸)窗以樘计量，项目特征必须描述框截面及外围展开面积。

(2)木橱窗按设计图示数量计算，单位：樘；或按设计图示尺寸以框外围展开面积计算，单位：m²。

(3)木纱窗按设计图示数量计算，单位：樘；或按框的外围尺寸以面积计算，单位：m²。

木窗五金包括：折页、插销、风钩、木螺丝、滑轮滑轨(推拉窗)等。木窗五金配件可参考表4-24。

表 4-24　木窗五金配件表(樘)

项　目		单位	普通木窗不带纱窗			
			单扇无亮	双扇带亮	三扇带亮	四扇带亮
人工	综合工日	工日	—	—	—	—
材料	折页 75 mm	个	2.00	4.00	6.00	8.00
	折页 50 mm	个	—	4.00	6.00	8.00
	插销 150 mm	个	1.00	1.00	2.00	2.00
	插销 100 mm	个	—	1.00	2.00	2.00
	风钩 200 mm	个	1.00	4.00	6.00	8.00
	木螺丝 32 mm	个	12.00	48.00	72.00	96.00
	木螺丝 19 mm	个	6.00	12.00	24.00	24.00
项　目		单位	普通木窗带纱窗			
			单扇无亮	双扇带亮	三扇带亮	四扇带亮
人工	综合工日	工日	—	—	—	—
材料	折页 75 mm	个	4.00	8.00	12.00	16.00
	折页 63 mm	个	—	8.00	12.00	16.00
	插销 150 mm	个	2.00	2.00	4.00	4.00
	插销 100 mm	个	—	2.00	4.00	4.00
	风钩 200 mm	个	1.00	4.00	6.00	8.00
	木螺丝 32 mm	个	24.00	96.00	144.00	192.00
	木螺丝 19 mm	个	12.00	24.00	48.00	48.00

项　　目		单位	普通双层木窗带纱窗			
			单扇无亮	双扇带亮	三扇带亮	四扇带亮
人工	综 合 工 日	工日	—	—	—	—
材料	折页 75 mm	个	6.00	12.00	18.00	24.00
	折页 50 mm	个	—	12.00	18.00	24.00
	插销 150 mm	个	3.00	3.00	6.00	6.00
	插销 100 mm	个	—	3.00	6.00	6.00
	风钩 200 mm	个	2.00	8.00	12.00	16.00
	木螺丝 32 mm	个	36.00	144.00	216.00	288.00
	木螺丝 19 mm	个	18.00	36.00	72.00	72.00
注：双层玻璃窗小五金按普通木窗不带纱窗乘 2 计算。						

【例 4-52】　求图 4-94 所示木制推拉窗工程量。

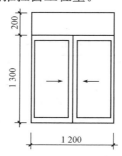

图 4-94　木制推拉窗示意图

【解】　(1)以平方米计量，木制推拉窗工程量＝图示洞口尺寸以面积计算

$$＝1.2×(1.3+0.2)$$
$$＝1.8(m^2)$$

(2)以樘计量，木制推拉窗工程量＝1 樘

七、金属窗

金属窗包括金属(塑钢、断桥)窗、金属防火窗、金属百叶窗、金属纱窗、金属格栅窗、金属(塑钢、断桥)橱窗、金属(塑钢、断桥)飘(凸)窗、彩板窗、复合材料窗。金属窗应区分金属组合窗、防盗窗等项目，分别编码列项。在项目特征描述中，当金属窗工程量以樘计量，项目特征必须描述洞口尺寸，没有洞口尺寸时，必须描述窗框外围尺寸；以平方米计量，项目特征可不描述洞口尺寸及框的外围尺寸。在工程量计算时，当以平方米计量，无设计图示洞口尺寸时，按窗框外围以面积计算。

(1)金属(塑钢、断桥)窗、金属防火窗、金属百叶窗按设计图示数量计算，单位：樘；或按设计图示洞口尺寸以面积计算，单位：m²。

（2）金属纱窗按设计图示数量计算，单位：樘；或按框的外围尺寸以面积计算，单位：m^2。

（3）金属格栅窗按设计图示数量计算，单位：樘；或按设计图示洞口尺寸以面积计算，单位：m^2。

（4）金属（塑钢、断桥）橱窗、金属（塑钢、断桥）飘（凸）窗按设计图示数量计算，单位：樘；或按设计图示尺寸以框外围展开面积计算，单位：m^2。金属橱窗、飘（凸）窗以樘计量，项目特征必须描述框外围展开面积。

（5）彩板窗、复合材料窗按设计图示数量计算，单位：樘；或按设计图示洞口尺寸或以框外围以面积计算，单位：m^2。

金属窗五金包括：折页、螺丝、执手、卡锁、铰拉、风撑、滑轮、滑轨、拉把、拉手、角码、牛角制等。铝合金窗五金配件见表4-25。

表4-25　铝合金窗五金配件表

项　　目	单位	单价/元	推　拉　窗			单扇平开窗		双扇平开窗	
			双扇	三扇	四扇	不带顶窗	带顶窗	不带顶窗	带顶窗
锁	把	3.55	2	2	4	—	—	—	—
滑轮	套	3.11	4	6	8	—	—	—	—
铰拉	套	1.20	1	1	1	—	—	—	—
执手	套	3.60	—	—	—	1	1	2	2
拉手	个	0.30	—	—	—	1	1	2	2
风撑90°	支	5.08	—	—	—	2	2	4	4
风撑60°	支	4.74	—	—	—		2		2
拉巴	支	1.80	—	—	—	1	1	2	2
白钢钩	元	—	—	—	—	0.16	0.16	0.32	0.32
白码	个	0.50	—	—	—	4	8	8	12
牛角制	套	4.65	—	—	—		1		1
合计	元	—	20.76	26.98	40.32	18.02	34.15	36.04	52.17

【例4-53】　某办公用房底层需安装图4-95所示的铁窗栅，共22樘，刷防锈漆，计算铁窗栅工程量。

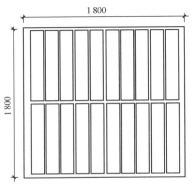

图4-95　某办公用房铁窗栅尺寸示意图

【解】 (1)以平方米计量,铁窗栅工程量=图示洞口尺寸以面积计算
= 1.8×1.8×22=71.28(m²)
(2)以樘计量,铁窗栅工程量=22 樘

八、门窗套

在门窗洞的两个立边垂直面,可突出外墙形成边框,也可与外墙平齐,既要立边垂直平整,又要满足与墙面平整,故此质量要求很高。门窗套可起保护墙体边线的功能,门套还起着固定门扇的作用,而窗套则可在装饰过程中修补窗框密封不实、通风漏气的毛病。门窗套常见的材料有木门窗套、金属门窗套、石材门窗套等。

门窗贴脸也称门(窗)的头线,指镶在门(窗)框与墙间缝隙上的木板。木贴脸板形式如图 4-96 所示。

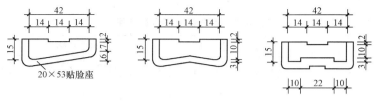

图 4-96 木贴脸板形式

门窗套包括木门窗套、木筒子板、饰面夹板筒子板、金属门窗套、石材门窗套、门窗木贴脸、成品木门窗套。木门窗套适用于单独门窗套的制作、安装。在项目特征描述时,当以樘为单位计量时,项目特征必须描述洞口尺寸、门窗套展开宽度;以平方米计量,项目特征可不描述洞口尺寸、门窗套展开宽度;以米计量,项目特征必须描述门窗套展开宽度、筒子板及贴脸宽度。

(1)木门窗套、木筒子板、饰面夹板筒子板、金属门窗套、石材门窗套、成品木门窗套按设计图示数量计算,单位:樘;按设计图示尺寸以展开面积计算,单位:m²;按设计图示中心以延长米计算,单位:m。

(2)门窗木贴脸按设计图示数量计算,单位:樘;按设计图示中心以延长米计算,单位:m。

【例 4-54】 某宾馆有 800 mm×2 400 mm 的门洞 60 樘,内外钉贴细木工板门套、贴脸(不带龙骨),榉木夹板贴面,尺寸如图 4-97 所示,计算榉木筒子板工程量。

【解】 (1)以平方米计量,榉木筒子板工程量=图示尺寸以展开面积计算

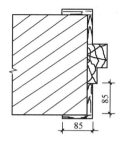

图 4-97 榉木夹板贴面尺寸

= (0.80+2.40×2)×0.085×2×60
= 57.12(m²)

(2)以米计量,榉木筒子板工程量=图示尺寸以展开面积计算

= (0.80+2.40×2)×2×60
= 672(m)

(3)以樘计量,榉木筒子板工程量=图示数量=60 樘

九、窗台板

窗台板一般设置在窗内侧沿处，用于临时摆设台历、杂志、报纸、钟表等物件，以增加室内装饰效果。窗台板宽度一般为 $100\sim200$ mm，厚度为 $20\sim50$ mm。窗台板常用木材、水泥、水磨石、大理石、塑钢、铝合金等制作，图 4-98 所示为窗台板构造示意图。

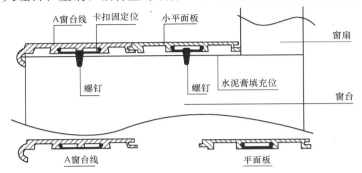

图 4-98 窗台板构造示意图

窗台板包括木窗台板、铝塑窗台板、金属窗台板、石材窗台板，按设计图示尺寸以展开面积计算，单位：m²。

【例 4-55】 求图 4-99 所示为某工程木窗台板工程量，窗台板宽为 200 mm。

【解】 窗台板工程量＝图示尺寸以展开面积计算，则

窗台板工程量＝$1.5\times0.2=0.3(\text{m}^2)$

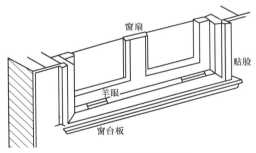

图 4-99 窗台板示意图

十、窗帘、窗帘盒、轨

窗帘、窗帘盒、轨包括窗帘、木窗帘盒、饰面夹板、塑料窗帘盒、铝合金窗帘盒、窗帘轨。将窗帘盒与轨分开单列项目，因工程实际是分开计量、计价的。

窗帘是用布、竹、苇、麻、纱、塑料、金属材料等制作的遮蔽或调节室内光照的挂在窗上的帘子。随着窗帘的发展，它已成为居室不可缺少的、功能性和装饰性完美结合的室内装饰品。窗帘种类繁多，常用的品种有：布窗帘、纱窗帘、无缝纱帘、遮光窗帘、隔声窗帘、直立帘、罗马帘、木竹帘、铝百叶、卷帘、窗纱、立式移帘。窗帘种类繁多，但大体可归为成品帘和布艺帘两大类。

窗帘盒是用木材或塑料等材料制成安装于窗子上方，用以遮挡、支撑窗帘杆（轨）、滑轮和拉线等的盒形体。所用材料有：木板、金属板、PVC 塑料板等。窗帘盒包括木窗帘盒、

饰面夹板窗帘盒、塑料窗帘盒、铝合金窗帘盒等，如图 4-100 所示。

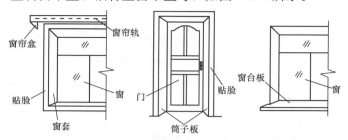

图 4-100 门窗套、窗帘轨示意图

窗帘轨的滑轨通常采用铝镁合金辊压制品及轧制型材，或着色镀锌钢板及钢带、不锈钢钢板及钢带、聚氯乙烯金属层积板等材料制成，是各类高级建筑和民用住宅的铝合金窗、塑料窗、钢窗、木窗等理想的配套设备。滑轨是商品化成品，有单向、双向拉开等，在建筑工程中往往只安装窗帘滑轨。

(1)窗帘按设计图示尺寸以成活后长度计算，单位：m；或按图示尺寸以成活后展开面积计算，单位：m²。在项目特征描述中，窗帘若是双层，项目特征必须描述每层材质。当窗帘以米计量时，项目特征必须描述窗帘高度和宽。

(2)窗帘盒、轨按设计图示尺寸以长度计算，单位：m。

【例 4-56】 求图 4-101 所示木窗帘盒的工程量。

1 500

图 4-101 窗帘盒示意图

【解】 窗帘盒工程量按设计尺寸以长度计算，如设计图纸没有注明尺寸时，可按窗洞口尺寸加 300 mm，钢筋窗帘杆加 600 mm 以延长米计算，则

窗帘盒工程量＝1.5＋0.3＝1.8(m)

第七节 油漆、涂料、裱糊工程量计算

一、门油漆

门油漆包括木门油漆和金属门油漆。按设计图示数量计算，单位：樘；或按设计图示洞口尺寸以面积计算，单位：m²。以平方米计量，项目特征可不必描述洞口尺寸。木门油

漆应区分木大门、单层木门、双层(一玻一纱)木门、双层(单裁口)木门、全玻自由门、半玻自由门、装饰门及有框门或无框门等项目，分别编码列项；金属门油漆应区分平开门、推拉门、钢制防火门等项目，分别编码列项。

普通木门窗油漆饰面参考用量见表 4-26。

表 4-26　普通木门窗油漆饰面用量参考表

序号	饰面项目	材 料 用 量/(kg·m⁻²)						
		深色调和漆	浅色调和漆	防锈漆	深色厚漆	浅色厚漆	熟桐油	松节油
1	深色普通窗	0.15			0.12		0.08	
2	深色普通门	0.21			0.16			0.05
3	深色木板壁	0.07			0.07			0.04
4	浅色普通窗		0.175			0.25		0.05
5	浅色普通门		0.24			0.33		0.08
6	浅色木板壁		0.08			0.12		0.04
7	旧门重油漆	0.21						0.04
8	旧窗重油漆	0.15						0.04
9	新钢门窗油漆	0.12		0.05				0.04
10	旧钢门窗油漆	0.14		0.1				
11	一般铁窗栅油漆	0.06		0.1				

【例 4-57】　求图 4-102 所示房屋木门润滑粉、刮腻子、聚氨酯漆三遍的工程量。

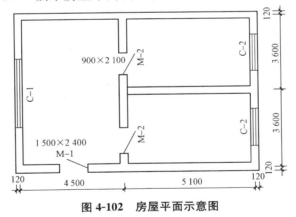

图 4-102　房屋平面示意图

【解】　(1)以平方米计量，木门油漆工程量
=1.5×2.4+0.9×2.1×2
=7.38(m²)
(2)以樘计量，木门油漆工程量=3 樘

二、窗油漆

窗油漆包括木窗油漆和金属窗油漆。按设计图示数量计算，单位：樘；或按设计图示洞口尺寸以面积计算，单位：m²。以平方米计量，项目特征可不必描述洞口尺寸。木窗油漆应区分单层木门、双层(一玻一纱)木窗、双层框扇(单裁口)木窗、双层框三层(二玻一纱)木窗、单层组合窗、双层组合窗、木百叶窗、木推拉窗等项目，分别编码列项。金属窗

油漆应区分平开窗、推拉窗、固定窗、组合窗、金属隔栅窗等项目，分别编码列项。

【例 4-58】 如图 4-103 所示为双层(一玻一纱)木窗，洞口尺寸为 1 500 mm×2 100 mm，共 11 樘，设计为刷润油粉一遍，刮腻子，刷调和漆一遍，磁漆两遍，计算木窗油漆工程量。

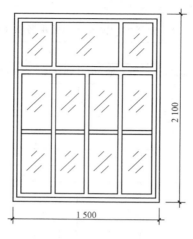

图 4-103　一玻一纱双层木窗

【解】 (1)以平方米计量，木窗油漆工程量＝1.5×2.1×11＝34.65(m²)

(2)以樘计量，木门油漆工程量＝1 樘

三、木扶手及其他板条、线条油漆

木扶手及其他板条、线条油漆包括木扶手油漆、窗帘盒油漆、封檐板、顺水板油漆、挂衣板、黑板框油漆、挂镜线、窗帘棍、单独木线油漆。按设计图示尺寸以长度计算，单位：m。木扶手应区分带托板与不带托板，分别编码列项，若是木栏杆带扶手，木扶手不应单独列项，应包含在木栏杆油漆中。

【例 4-59】 某工程如图 4-104 所示，内墙抹灰面满刮腻子两遍，贴对花墙纸；挂镜线刷底油一遍，调和漆两遍；挂镜线以上及顶棚刷仿瓷涂料两遍，计算挂镜线油漆工程量。

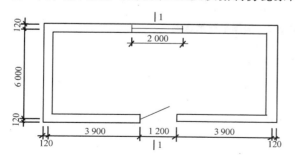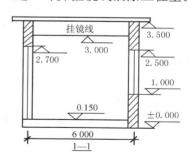

图 4-104　某工程剖面图

【解】 挂镜线油漆工程量＝设计图示长度
$$=(9.00-0.24+6.00-0.24)×2$$
$$=29.04(m)$$

四、木材面油漆

木材面油漆包括木护墙、木墙裙油漆，窗台板、筒子板、盖板、门窗套、踢脚线油漆，清水板条天棚、檐口油漆，木方格吊顶天棚油漆，吸声板墙面、天棚面油漆，暖气罩油漆，其他木材面、木间壁、木隔断油漆，玻璃间壁露明墙筋油漆，木栅栏、木栏杆（带扶手）油漆，衣柜、壁柜油漆，梁柱饰面油漆，零星木装修油漆，木地板油漆，木地板烫硬蜡面。

（1）木护墙、木墙裙油漆，窗台板、筒子板、盖板、门窗套、踢脚线油漆、清水板条天棚、檐口油漆，木方格吊顶天棚油漆，吸声板墙面、天棚面油漆，暖气罩油漆，其他木材面按设计图示尺寸以面积计算，单位：m²。

（2）木间壁、木隔断油漆，玻璃间壁露明墙筋油漆，木栅栏、木栏杆（带扶手）油漆按设计图示尺寸以单面外围面积计算，单位：m²。

（3）衣柜、壁柜油漆，梁柱饰面油漆，零星木装修油漆按设计图示尺寸以油漆部分展开面积计算，单位：m²。

（4）木地板油漆，木地板烫硬蜡面按设计图示尺寸以面积计算。空洞、空圈、暖气包槽、壁龛的开口部分并入相应的工程量内，单位：m²。

木材面油漆参考用量见表4-27。

表 4-27　木材面油漆用量参考表

序号	油漆名称	应用范围	施工方法	油漆面积/(m²·kg⁻¹)	序号	油漆名称	应用范围	施工方法	油漆面积/(m²·kg⁻¹)
1	Y02—1(各色厚漆)	底	刷	6～8	7	F80—1(酚醛地板漆)	面	刷	6～8
2	Y02—2(锌白厚漆)	底	刷	6～8	8	白色醇酸无光磁漆	面	刷或喷	8
3	Y02—13(白厚漆)	底	刷	6～8	9	C04—44 各色醇酸平光磁漆	面	刷或喷	8
4	抄白漆	底	刷	6～8	10	Q01—1 硝基清漆	罩面	喷	8
5	虫胶漆	底	刷	6～8	11	Q22—1 硝基木器漆	面	喷和刷	8
6	F01—1(酚醛清漆)	罩光	刷	8	12	B22—2 丙烯酸木器漆	面	刷或喷	8

【例 4-60】 试计算图 4-105 所示房间内墙裙油漆的工程量。已知墙裙高 1.5 m，窗台高 1.0 m，窗洞侧油漆宽 100 mm。

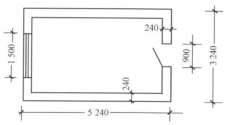

图 4-105　某房间内墙裙油漆面积示意图

【解】   墙裙油漆的工程量＝长×高－∑应扣除面积＋∑应增加面积

$$\begin{aligned}&=[(5.24-0.24\times2)\times2+(3.24-0.24\times2)\times2]\times1.5-\\&\quad[1.5\times(1.5-1.0)+0.9\times1.5]+(1.5-1.0)\times0.10\times2\\&=20.56(\mathrm{m}^2)\end{aligned}$$

五、金属面油漆

金属面油漆涂饰的目的之一是美观，更重要的是防锈。防锈的最主要工序为除锈和涂刷防锈漆或是底漆。对于中间层漆和面漆的选择，也要根据不同基层，尤其是不同使用条件的情况选择适宜的油漆，才能达到防止锈蚀和保持美观的要求。

金属面油漆可按设计图示尺寸以质量计算，单位：t；或按设计展开面积计算，单位：m^2。

金属面油漆参考用量见表 4-28。

表 4-28   金属面油漆用量参考表

油 漆 名 称	应用范围	施工方法	油漆面积/($\mathrm{m}^2\cdot\mathrm{kg}^{-1}$)	油 漆 名 称	应用范围	施工方法	油漆面积/($\mathrm{m}^2\cdot\mathrm{kg}^{-1}$)
Y53－2 铁红(防锈漆)	底	刷	6～8	C04－48 各色醇酸磁漆	面	刷、喷	8
F03－1 各色酚醛调和漆	面	刷、喷	8	C06－1 铁红醇酸底漆	底	刷	6～8
F04－1 铝粉、金色酚醛磁漆	面	刷、喷	8	Q04－1 各色硝基磁漆	面	刷	8
F06－1 红灰酚醛底漆	底	刷、喷	6～8	H06－2 铁红	底	刷、喷	6～8
F06－9 锌黄，纯酚醛底漆	用于铝合金	刷	6～8	脱漆剂	除旧漆	刷、刮涂	4～6
C01－7 醇酸清漆	罩面	刷	8				

【例 4-61】 某钢直梯如图 4-106 所示，$\phi28\ \mathrm{mm}$ 光圆钢筋线密度为 $4.834\ \mathrm{kg/m}$，计算钢直梯油漆工程量。

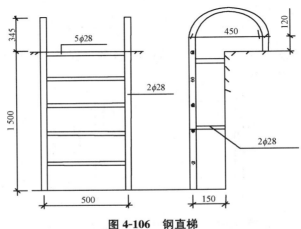

图 4-106   钢直梯

【解】　钢直梯油漆工程量＝[(1.50＋0.12×2＋0.45×π/2)×2＋(0.50＋0.028)×5＋

　　　　　　(0.15－0.014)×4]×4.834＝39.04(kg)

　　　　　　＝0.039 t

六、抹灰面油漆

抹灰面油漆是指在内外墙及室内顶棚抹灰面层或混凝土表面进行的油漆刷涂工作。抹灰面油漆施工前应清理干净基层并列腻子。抹灰面油漆一般采用机械喷涂作业。

抹灰面油漆包括抹灰面油漆、抹灰线条油漆、满刮腻子。抹灰面油漆按设计图示尺寸以面积计算，单位：m²；抹灰线条油漆按设计图示尺寸以长度计算，单位：m；满刮腻子按设计图示尺寸以面积计算，单位：m²。

【例 4-62】　求如图 4-107 所示卧室内墙裙油漆的工程量。已知墙裙高 1.5 m，窗台高 1.0 m，窗洞侧油漆宽 100 mm。

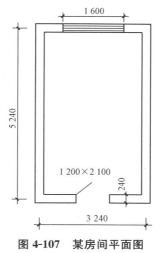

图 4-107　某房间平面图

【解】　抹灰面油漆工程量＝(5.24－0.24＋3.24－0.24)×2×1.5－1.5×(1.6－1.0)－

　　　　　　1.2×1.5＋(1.6－1.0)×0.1×2

　　　　　　＝21.42(m²)

七、喷刷涂料工程

刷喷涂料是利用压缩空气，将涂料从喷枪中喷出并雾化，在气流的带动下涂到被涂件表面上形成涂膜的一种涂装方法。喷刷涂料包括墙面喷刷涂料，天棚喷刷涂料，空花格、栏杆刷涂料，线条刷涂料，金属构件刷防火涂料，木材构件喷刷防火涂料。

(1)墙面喷刷涂料、天棚喷刷涂料按设计图示尺寸以面积计算，单位：m²。

(2)空花格、栏杆刷涂料按设计图示尺寸以单面外围面积计算，单位：m²。

(3)线条刷涂料按设计图示尺寸以长度计算，单位：m。

(4)金属构件刷防火涂料按设计图示尺寸以质量计算，单位：t；或按设计展开面积计算，单位：m²。

(5)木材构件喷刷防火涂料按设计图示尺寸以面积计算，单位：m²。

常用装饰涂料品种及用量参考表 4-29。

表 4-29　常用装饰涂料品种及用量参考表

产　品　名　称	适　用　范　围	用量/($m^2 \cdot kg^{-1}$)
多彩花纹装饰涂料	用于混凝土、砂浆、木材、岩石板、钢、铝等各种基层材料及室内墙、顶面	3～4
乙丙各色乳胶漆（外用）	用于室外墙面装饰涂料	5.7
乙丙各色乳胶漆（内用）	用于室内装饰涂料	5.7
乙丙乳液厚涂料	用于外墙装饰涂料	2.3～3.3
苯丙彩砂涂料	用于内、外墙装饰涂料	2～3.3
浮雕涂料	用于内、外墙装饰涂料	0.6～1.25
封底漆	用于内、外墙基体面	10～13
封固底漆	用于内、外墙，增加结合力	10～13
各色乙酸乙烯无光乳胶漆	用于室内水泥墙面、天花	5
ST 内墙涂料	水泥砂浆、石灰砂浆等内墙面，贮存期为 6 个月	3～6
106 内墙涂料	水泥砂浆、新旧石灰墙面，贮存期为 2 个月	2.5～3.0
JQ—83 耐洗擦内墙涂料	混凝土，水泥砂浆，石棉水泥板，纸面石膏板，贮存期 3 个月	3～4
KFT—831 建筑内墙涂料	室内装饰，贮存期 6 个月	3
LT—31 型 Ⅱ 型内墙涂料	混凝土、水泥砂浆、石灰砂浆等墙面	6～7
各种苯丙建筑涂料	内外墙、顶	1.5～3.0
高耐磨内墙涂料	内墙面，贮存期 1 年	5～6
各色丙烯酸有光、无光乳胶漆	混凝土、水泥砂浆等基面，贮存期 8 个月	4～5
各色丙烯酸凹凸乳胶底漆	水泥砂浆、混凝土基层（尤其适用于未干透者）贮存期 1 年	1.0
8201—4 苯丙内墙乳胶漆	水泥砂浆、石灰砂浆等内墙面，贮存期 6 个月	5～7
B840 水溶性丙烯醇封底漆	内外墙面，贮存期 6 个月	6～10
高级喷磁型外墙涂料	混凝土、水泥砂浆、石棉瓦楞板等基层	2～3

【例 4-63】　某大厅内设有 6 根圆柱，柱高与直径如图 4-108 所示，一塑三油喷射点，试计算柱喷塑的工程量。

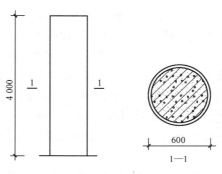

图 4-108　圆柱

【解】 圆柱喷塑工程量＝3.14×0.6×4×6

$$=45.22(m^2)$$

【例 4-64】 某工程阳台栏杆如图 4-109 所示，欲刷防护涂料两遍，试计算其工程量。

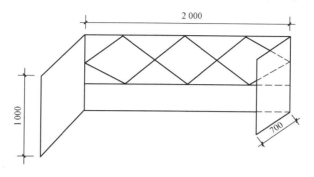

图 4-109 某工程阳台示意图

【解】 栏杆刷涂料工程量＝(1×0.7)×2＋2.0×1

$$=3.4(m^2)$$

八、裱糊

裱糊类饰面是指用墙纸墙布、丝绒锦缎、微薄木等材料，通过裱糊方式覆盖在外表面作为饰面层的墙面。裱糊类装饰一般只用于室内，可以是室内墙面、顶棚或其他构配件表面。

墙纸裱糊是广泛用于室内墙面、柱面及顶棚的一种装饰，具有色彩丰富、质感性强、耐用、易清洗等优点。

锦缎柔软光滑，极易变形，难以直接裱糊在木质基层面上。裱糊时，应先在锦缎背后上浆，并裱糊一层宣纸，使锦缎挺括，以便于裁剪和裱贴上墙。

裱糊包括墙纸裱糊和织锦缎裱糊。按设计图示尺寸以面积计算，单位：m²。

【例 4-65】 图 4-110 所示为墙面贴壁纸示意图，墙高 2.9 m，踢脚板高 0.15 m，试计算其工程量。

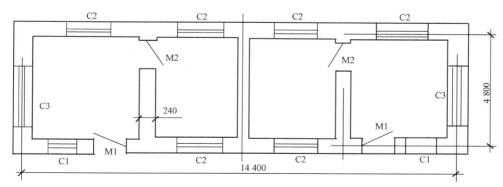

图 4-110 墙面贴壁纸示意图

M1:1.0×2.0 m² M2:0.9×2.2 m² C1:1.1×1.5 m² C2:1.6×1.5 m² C3:1.8×1.5 m²

【解】 根据计算规则，墙面贴壁纸按设计图示尺寸以面积计算。

(1)墙净长＝(14.4－0.24×4)×2＋(4.8－0.24)×8＝63.36(m)。

(2)扣门窗洞口、踢脚板面积：

踢脚板工程量＝0.15×63.36＝9.5(m²)

M1：1.0×(2－0.15)×2＝3.7(m²)

M2：0.9×(2.2－0.15)×4＝7.38(m²)

C：(1.8×2＋1.1×2＋1.6×6)×1.5＝23.1(m²)

合计扣减面积＝9.5＋3.7＋7.38＋23.1＝43.68(m²)

(3)增加门窗侧壁面积(门窗均居中安装，厚度按90 mm计算)：

M1：$\dfrac{0.24-0.09}{2}×(2-0.15)×4+\dfrac{0.24-0.09}{2}×1.0×2=0.705$(m²)

M2：$(0.24-0.09)×(2.2-0.15)×4+(0.24-0.09)×0.9=1.365$(m²)

C：$\dfrac{0.24-0.09}{2}×[(1.8+1.5)×2×2+(1.1+1.5)×2×2+(1.6+1.5)×2×6]=4.56$(m²)

合计增加面积＝0.705＋1.365＋4.56＝6.63(m²)

(4)贴墙纸工程量＝63.36×2.9－43.68＋6.63＝146.7(m²)

【例4-66】 图4-111所示为居室平面图，内墙面设计为贴织锦缎，贴织锦缎高3.3 m，室内木墙裙高0.9 m，窗台高1.2 m，试求贴织锦缎的工程量。

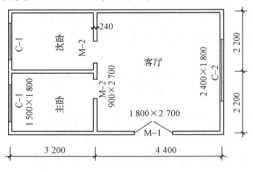

图4-111 某居室平面图

【解】 贴织锦缎工作量按设计图示尺寸以面积计算，扣除相应孔洞面积，则贴织锦缎的工程量：

贴织锦缎工程量＝客厅工程量＋主卧工程量＋次卧工程量

＝[(4.4－0.24)＋(4.4－0.24)]×2×(3.3－0.9)－1.8×(2.7－0.9)－0.9×(2.7－

0.9)×2－2.4×1.8＋{[(3.2－0.24)＋(2.2－0.24)]×2×(3.3－0.9)－

0.9×(2.7－0.9)－1.5×1.8}×2

＝67.73(m²)

第八节　其他装饰工程量计算

一、柜类、货架

柜类、货架包括柜台、酒柜、衣柜、存包柜、鞋柜、书柜、厨房壁柜、木壁柜、厨房低柜、厨房吊柜、矮柜、吧台背柜、酒吧吊柜、酒吧台、展台、收银台、试衣间、货架、书架、服务台。

柜类工程按高度分为：高柜(高度1 600 mm以上)、中柜(高度900～1 600 mm)、低柜(高度900 mm以内)；按用途分为：衣柜、书柜、资料柜、厨房壁柜、厨房吊柜、电视柜、床头柜、收银台等。图4-112为普通百货柜台。

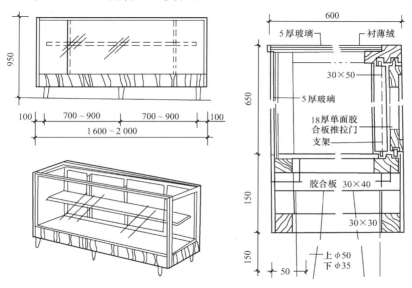

图4-112　普通百货柜台

货架是指存放各种货物的架子。

(1)货架的分类从规模上可分为以下几种：

1)重型托盘货架：采用优质冷轧钢板经辊压成型，立柱可高达6 m而中间无接缝，横梁选用优质方钢，承重力大，不易变形，横梁与立柱之间挂件为圆柱凸起插入，连接可靠、拆装容易。

2)中量型货架：中量型货架造型别致，结构合理，装拆方便，且坚固结实，承载力大，广泛应用于商场、超市、企业仓库及事业单位。

3)轻量型货架：可广泛应用于组装轻型料架、工作台、工具车、悬挂系统、安全护网及支撑骨架。

4)阁楼式货架：全组合式结构，可采用木板、花纹板、钢板等材料做楼板，可灵活设计成两层或多层，适用于五金工具。

5)特殊货架：包括模具架、油桶架、流动货架、网架、登高车、网隔间六大类。

(2)货架从适用性及外形特点上可以分为如下几类：

1)高位货架：具有装配性好、承载能力大及稳固性强等特点。货架用材使用冷热钢板。

2)通廊式货架：用于取货率较低的仓库。

3)横梁式货架：最流行、最经济的一种货架形式，安全方便，适合各种仓库，直接存取货物，是最简单也是最广泛使用的货架。

柜类、货架工程量计算有三种方式：以个计量，按设计图示数量计量，单位：个；或按设计图示尺寸以延长米计算，单位：m；或按设计图示尺寸以体积计算，单位：m³。

【例4-67】 某货柜如图4-113所示，试计算其工程量。

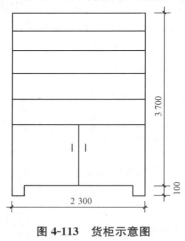

图4-113 货柜示意图

【解】 货柜工程量按图示数量计算，则货柜工程量为1个。

二、压条、装饰线

金属装饰线(压条、嵌条)是一种新型装饰材料，也是高级装饰工程中不可缺少的配套材料。它具有高强度、耐腐蚀的特点。另外，凡经阳极氧化着色、表面处理后，外表美观，色泽雅致，耐光和耐气候性能良好。金属装饰线有白色、金色、青铜色等多种，适用于现代室内装饰、壁板色边压条，效果极佳，精美高贵。

木装饰线特别是阴角线，改变了传统的石膏粉刷线脚湿作业法，将木材加工成线脚条，便于安装。在室内装饰工程中，木装饰线的用途十分广泛。

石材装饰线是在石材板材的表面或沿着边缘开的一个连续凹槽，用来达到装饰目的或突出连接位置。

镜面玻璃线是指镜面玻璃装配完毕，玻璃的透光部分与被玻璃安装材料覆盖的不透光部分的分界线。

铝塑装饰线具有防腐、防火等特点，广泛用于装饰工程各平接面、相交面、对接面、层次面的衔接口和交接条的收边封口。

塑料装饰线早期是选用硬聚氯乙烯树脂为主要原料，加入适量的稳定剂、增塑剂、填料、着色剂等辅助材料，经捏合、选粒、挤出成型而制得。塑料装饰线有压角线、压边线、封边线等几种，其外形和规格与木装饰线相同。除了用于天棚与墙体的界面处外，也常用于塑料墙裙、踢脚板的收口处，多与塑料扣板配用。另外，也广泛用于门窗压条。

压条、装饰线金属装饰线、木质装饰线、石材装饰线、石膏装饰线、镜面玻璃线、铝塑装饰线、塑料装饰线、GRC装饰线条按设计图示尺寸以长度计算，单位：m。

【**例4-68**】 如图4-114所示，某办公楼走廊内安装一块带框镜面玻璃，采用铝合金条槽线形镶饰，长为1 500 mm，宽为1 000 mm，计算工程量。

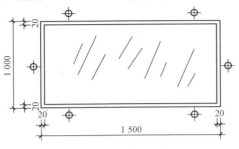

图4-114 带框镜面玻璃

【**解**】 装饰线工程量＝[(1.5－0.02)＋(1.0－0.02)]×2
　　　　　　　＝4.92(m)

三、扶手、栏杆、栏板装饰

(1)金属扶手、栏杆、栏板。目前应用较多的金属栏杆、扶手为不锈钢栏杆、扶手。不锈钢扶手的构造如图4-115所示。

(2)硬木扶手、栏杆、栏板。木栏杆和木扶手是楼梯的主要部件，除考虑外形设计的实用和美观外，根据我国有关建筑结构设计规范要求，应能承受规定的水平荷载，以保证楼梯的通行安全。所以，通常木栏杆和木扶手都要用材质密实的硬木制作。常用的木材树种有水曲柳、红松、红桦、白桦、泰柚木等。常用木扶手断面如图4-116所示。

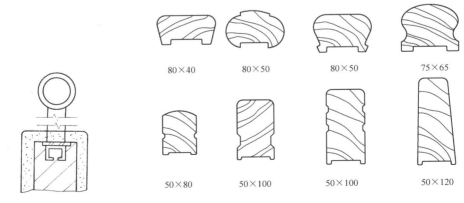

图4-115 不锈钢(或铜)
扶手构造示意图

图4-116 常用木扶手断面

(3)塑料扶手、栏杆、栏板。塑料扶手(聚氯乙烯扶手料)是化工塑料产品，其断面形式、规格尺寸及色彩应按设计要求选用。

(4)靠墙扶手一般采用硬木、塑料和金属材料制作，其中硬木和金属靠墙扶手应用较为普通。靠墙扶手通过连接件固定于墙上，连接件通常直接埋入墙上的预留孔内，也可用预埋螺栓连接。连接件与靠墙扶手的连接构造如图4-117所示。

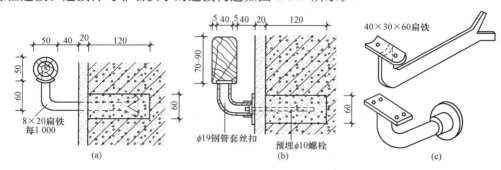

图 4-117 靠墙扶手
(a)圆木扶手；(b)条木扶条；(c)扶手铁脚

扶手、栏杆、栏板装饰包括金属扶手、栏杆、栏板，硬木扶手、栏杆、栏板，塑料扶手、栏杆、栏板，GRC栏杆、扶手，金属靠墙扶手，硬木靠墙扶手，塑料靠墙扶手，玻璃栏板。按设计图示尺寸以扶手中心线长度(包括弯头长度)计算，单位：m。

楼梯扶手安装常用材料数量见表4-30。

表 4-30　楼梯扶手安装常用材料数量表

材料名称	单位	每1 m需用数量			材料名称	单位	每1 m需用数量		
		不锈钢扶手	黄铜扶手	铝合金扶手			不锈钢扶手	黄铜扶手	铝合金扶手
角钢 50 mm×50 mm×3 mm	kg	4.80	4.80	—	铝拉铆钉 $\phi 5$	只	—	—	10
方钢 20 mm×20 mm	kg	—	—	1.60	膨胀螺栓 M8	只	4	4	4
钢板 2 mm	kg	0.50	0.50	0.50	钢钉 32 mm	只	2	2	2
玻璃胶	支	1.80	1.80	1.80	自攻螺钉 M5	只	—	—	5
不锈钢焊条	kg	0.05	—	—	不锈钢法兰盘座	只	0.50	—	—
铜焊条	kg	—	0.05	—	抛光蜡	盒	0.10	0.10	0.10
电焊条	kg	—	—	0.05					

【例4-69】 如图4-118所示，某学校图书馆一层平面图，楼梯为不锈钢钢管栏杆，试计算其工程量(梯段踏步宽＝300 mm，踏步高＝150 mm)。

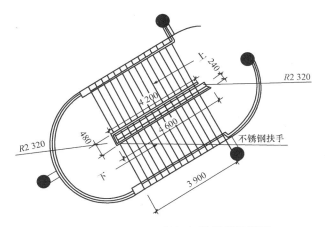

图 4-118 楼梯为不锈钢钢管栏杆示意图

【解】 不锈钢栏杆工程量 $=(4.2+4.6)\times\dfrac{\sqrt{0.15^2+0.3^2}}{0.3}+0.48+0.24$

$$=10.56(\text{m})$$

四、暖气罩

饰面暖气罩是室内的重要组成部分,其可起防护暖气片过热烫伤人员,使冷热空气对流均匀和散热合理的作用,并可美化、装饰室内环境。

暖气罩的布置通常有窗下式、沿墙式、嵌入式、独立式等形式。饰面板暖气罩主要是指木制、胶合板暖气罩。饰面板暖气罩采用硬木条、胶合板等作成格片状,也可以采用上下留空的形式。木制暖气罩舒适感较好,其构造示意如图 4-119 所示。

塑料板暖气罩的作用、布置方式同饰面板暖气罩,只是材质为 PVC 材料。

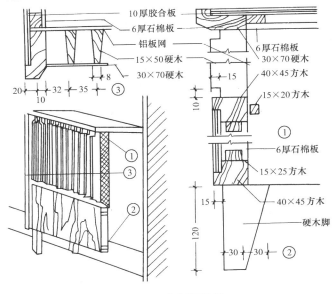

图 4-119 木制暖气罩

金属暖气罩采用钢或铝合金等金属板冲压打孔，或采用格片等方式制成暖气罩。它具有性能良好、坚固耐久等特点，如图 4-120 所示。

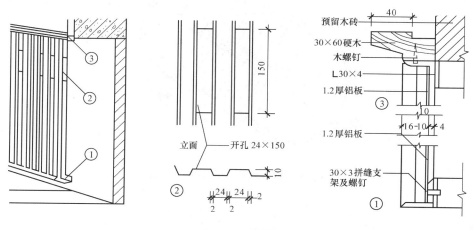

图 4-120　金属暖气罩

暖气罩包括饰面板暖气罩、塑料板暖气罩、金属暖气罩。按设计图示尺寸以垂直投影面积（不展开）计算，单位：m²。

【例 4-70】　平墙式暖气罩，尺寸如图 4-121 所示，五合板基层，榉木板面层，机制木花格散热口共 18 个，计算工程量。

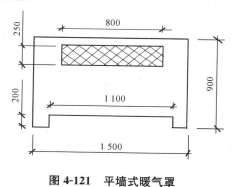

图 4-121　平墙式暖气罩

【解】　饰面板暖气罩工程量＝(1.5×0.9－1.10×0.20－0.80×0.25)×18
　　　　　　＝16.74(m²)

五、浴厕配件

浴厕配件包括洗漱台、晒衣架、帘子杆、浴缸拉手、卫生间扶手、毛巾杆(架)、毛巾环、卫生纸盒、肥皂盒、镜面玻璃、镜箱。

1. 洗漱台

洗漱台是卫生间中用于支承台式洗脸盆，搁放洗漱、卫生用品，同时装饰卫生间，使之显示豪华气派风格的台面。宾馆住宅卫生间内的洗漱台台面下常做成柜子，一方面遮挡上下水管，另一方面存放部分清洁用品。洗漱台一般用纹理颜色具有较强装饰性的云石和花岗石光面板材经磨边、开孔制作而成。台面一般厚 20 cm，宽约 570 mm，长度视卫生间大小和台上洗脸盆数量而定。一般单个面盆台面长 1 m、1.2 m、1.5 m；双面盆台面长则在 1.5 m 以上。为了加强台面的抗弯能力，台面下需用角钢焊接架子加以支承。台面两端若与墙相接，则可将角钢架直接固定在墙面上，否则需砌半砖墙支承。

洗漱台工程量按设计图示尺寸以台面外接矩形面积计算，单位：m²。不扣除孔洞、挖弯、削角所占面积，挡板、吊沿板面积并入台面面积内；或按设计图示数量计算，单位：个。

2. 镜面玻璃

镜面玻璃选用的材料规格、品种、颜色或图案等均应符合设计要求，不得随意改动。在同一墙面安装相同玻璃镜时，应选用同一批产品，以防止镜面色泽不一而影响装饰效果。对于重要部位的镜面安装，要求做防潮层及木筋和木砖采取防腐措施时，必须照设计要求处理。

镜面玻璃工程量按设计图示尺寸以边框外围面积计算，单位：m²。

3. 浴厕其他配件

(1)晒衣架指的是晾晒衣物时使用的架子，一般安装在晒台或窗户外，形状一般为 V 形或一字形，还有收缩活动形。

(2)帘子杆为市场采购成品，仅需在墙上埋入胀管，用木螺钉固定即可。

(3)浴缸拉手为市场采购成品，仅需在墙上埋入胀管，用木螺钉固定即可。

(4)毛巾杆(架)为市场采购成品，仅需在墙上埋入胀管，用木螺钉固定即可。

(5)毛巾环为一种浴室配件。

(6)卫生纸盒为市场采购成品，仅需在墙上埋入胀管，用木螺钉固定即可。

(7)肥皂盒为市场采购成品，仅需在墙上埋入胀管，用木螺钉固定即可。

(8)镜箱是指用于盛装浴室用具的箱子。

浴厕其他配件工程量按设计图示数量计算，晒衣架、帘子杆、浴缸拉手、卫生间扶手、卫生纸盒、肥皂盒、镜箱以个为单位；毛巾杆(架)以套为单位；毛巾环以副为单位。

【例 4-71】 如图 4-122 所示的云石洗漱台，试计算其工程量。

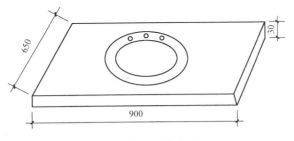

图 4-122 云石洗漱台示意图

【解】 (1)以平方米计量，洗漱台工程量按设计图示尺寸以台面外接矩形面积计算。不扣除孔洞、挖弯、削角所占面积，挡板、吊沿板面积并入台面面积内，即

洗漱台工程量＝0.65×0.9

$$=0.59(m^2)$$

(2)以个计量，按设计图示数量计算，洗漱台工程量＝1个

【例4-72】 图4-123所示为某浴室镜箱示意图，计算其工程量。

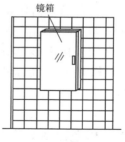

镜箱

图4-123 镜箱示意图

【解】 镜箱工程量＝1个

六、雨篷、旗杆

传统的店面雨篷，一般都承担雨篷兼招牌的双重作用。现代店面往往以丰富入口及立面造型为主要目的，制作凸出和悬挑于入口上部建筑立面的雨篷式构造。

常见雨篷的结构构造如图4-124、图4-125所示。

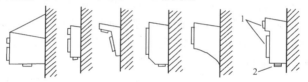

图4-124 传统的雨篷式招牌形式

1—店面招牌文字；2—灯具

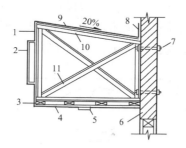

图4-125 雨篷式招牌构造示意图

1—饰面材料；2—店面招牌文字；3—40×50吊顶木筋；4—天棚饰面；

5—吸顶灯；6—建筑墙体；7—ϕ10×12螺杆；8—26号镀锌铁皮泛水；

9—玻璃钢屋面瓦；10—∟30×3角钢；11—角钢剪刀撑

旗杆是一种用于企事业单位、生活小区、车站、海关码头、学校、高级酒店等作为标志而树立的不易生锈的铁质空心杆。其与旗帜配合使用，通过传达给人的视觉效果来达到标识、宣传等目的。

雨篷、旗杆包括雨篷吊挂饰面、金属旗杆、玻璃雨篷。雨篷吊挂饰面、玻璃雨篷按设计图示尺寸以水平投影面积计算，单位：m^2；金属旗杆按设计图示数量计算，单位：根。

【例 4-73】 如图 4-126 所示，某商店的店门前的雨篷吊挂饰面采用金属压型板，高 400 mm，长 3 000 mm，宽 600 mm，计算其工程量。

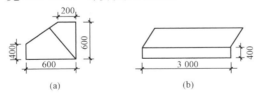

图 4-126 某商店雨篷
(a)侧立面图；(b)平面图

【解】 雨篷吊挂饰面工程量 $= 3 \times 0.6 = 1.8(m^2)$

七、招牌、灯箱

招牌分平面箱式招牌和竖式标箱。平面箱式招牌是一种广告招牌形式，主要强调平面感，描绘精致，多用于墙面。竖式标箱是指六面体悬挑在墙体外的一种招牌基层形式，计算工程量时均按外围体积计算。

灯箱主要用于户外广告，分布于道路、街道两旁，以及影院、车站、商业区、机场、公园等公共场所。灯箱与墙体的连接方法较多，常用的方法有悬吊、悬挑和附贴等。常见灯箱构造如图 4-127 所示。

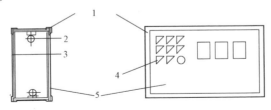

图 4-127 店面灯箱构造示意图
1—金属边框；2—日光灯管；3—框架(木质或型钢)；
4—图案或字体；5—有机玻璃面板

信报箱是用户接收邮件和各类账单的重要载体，广泛安置于新建小区及写字楼，有木质信报箱、铁皮信报箱、不锈钢信报箱、智能信报箱等。

招牌、灯箱包括平面、箱式招牌、竖式标箱、灯箱、信报箱。平面、箱式招牌按设计图示尺寸以正立面边框外围面积计算。复杂形的凸凹造型部分不增加面积，单位：m^2；竖式标箱、灯箱、信报箱按设计图示数量计算，单位：个。

【例 4-74】 某店面檐口上方设招牌，长 28 m，高 1.5 m，钢结构龙骨，九夹板基层，塑铝板面层，试计算招牌工程量。

【解】 本例为招牌、灯箱工程中平面、箱式招牌，其计算公式如下：
平面、箱式招牌工程量＝设计图示框外高度×长度计算
招牌工程量＝设计净长度×设计净宽度 $= 28 \times 1.5 = 42(m^2)$

八、美术字

美术字是指制作广告牌时所用的一种装饰字。根据使用材料的不同，美术字可分为泡沫塑料字、有机玻璃字、木质字和金属字。

（1）木质字。木质字牌因为其材料的普遍性，所以历史悠久。以前由于森林资源丰富，优质木材价格低廉且容易得到，所以一般的木质字牌都以较好的如红木、檀木、柞木等优质木材雕刻而成。而现在，由于森林资源匮乏，优质木材更是奇缺，价格高昂，所以一般字牌都不可能找到优质木材进行雕刻。

（2）金属字。现有的金属字具体包括以下几种：铜字、合金铜字、不锈钢字、铁皮字。

1）铜字和合金铜字是目前立体广告招牌字的主导产品，其特点是因为有类似金色的金属光泽而外观显得高贵豪华。

2）不锈钢字虽然不存在生锈的问题，但由于属于冷的金属色调，色泽单一，给人以冷峻的感觉，加上其成本及市场售价均略高于合金铜字，所以目前采用的单位还是不太普及。

3）铁皮字成本相对于铜字、合金铜字、不锈钢字而言是比较低的，但是普通铁皮需要喷漆做色彩，因为铁皮在阳光照射下及夜间降温时热胀冷缩现象比较容易出现，加上铁皮也内部容易锈蚀，结果容易导致油漆脱离铁皮。所以目前市场上铁皮喷漆字也处于淘汰的趋势。

美术字工程量按设计图示数量计算，单位：个。

【例 4-75】 图 4-128 所示为某商店红色金属招牌，根据其计算规则计算金属字工程量。

图 4-128 某商店招牌示意图

【解】 本例为美术字工程中金属字，计算公式如下：

美术字工程量＝设计图示个数

红色金属招牌字工程＝4 个

第九节 拆除工程工程量计算

一、砖砌体拆除

砌体指墙、柱、水池等；砌体表面的附着物种类指抹灰层、块料层、龙骨及装饰面层等。

砖砌体拆除工程量可按拆除的体积计算，单位：m^3；或按拆除的延长米计算，单位：m。进行工程项目描述时，以米计量，如砖地沟、砖明沟等必须描述拆除部位的截面尺寸；以立方米计量，截面尺寸则不必描述。

二、混凝土及钢筋混凝土构件拆除

混凝土及钢筋混凝土构件拆除工程量可按拆除构件的混凝土体积计算，单位：m³；或按拆除部位的面积计算，单位：m²；或按拆除部位的延长米计算，单位：m。进行工程项目描述时，以立方米作为计量单位时，可不描述构件的规格尺寸；以平方米作为计量单位时，则应描述构件的厚度；以米作为计量单位时，则必须描述构件的规格尺寸。

构件表面的附着物种类指抹灰层、块料层、龙骨及装饰面层等。

三、木构件拆除

木构件拆除工程量可按拆除构件的体积计算，单位：m³；或按拆除面积计算，单位：m²；或按拆除延长米计算，单位：m。拆除木构件应按木梁、木柱、木楼梯、木屋架、承重木楼板等分别在构件名称中描述。进行工程项目描述时，以立方米作为计量单位的，可不描述构件的规格尺寸，以平方米作为计量单位的，则应描述构件的厚度，以米作为计量单位的，则必须描述构件的规格尺寸。

构件表面的附着物种类指抹灰层、块料层、龙骨及装饰面层等。

四、抹灰层拆除

抹灰层拆除工程量按拆除部位的面积计算，单位：m²。抹灰层种类可描述为一般抹灰或装饰抹灰。

五、块料面层拆除

块料面层拆除工程量按拆除面积计算，单位：m²。

如仅拆除块料层，拆除的基层类型不用描述。拆除的基层类型的描述指砂浆层、防水层、干挂或挂贴所采用的钢骨架层等。

六、龙骨及饰面拆除

龙骨及饰面拆除工程量按拆除面积计算，单位：m²。

基层类型的描述指砂浆层、防水层等。如仅拆除龙骨及饰面，拆除的基层类型不用描述；如只拆除饰面，不用描述龙骨材料种类。

七、屋面拆除

屋面拆除工程量按拆除部位的面积计算，单位：m²。

八、铲除油漆涂料裱糊面

铲除油漆涂料裱糊面工程量可按铲除部位（指墙面、柱面、天棚、门窗等）的面积计算，单位：m²；或按铲除部位的延长米计算，单位：m。

进行工程项目描述时，按米计量，必须描述铲除部位的截面尺寸；以平方米计量时，则不用描述铲除部位的截面尺寸。

九、栏杆栏板、轻质隔断隔墙拆除

栏杆、栏板拆除工程量可按拆除部位的面积计算，单位：m²；或按拆除的延长米计算，单位：m。

轻质隔断隔墙拆除工程量按拆除部位的面积计算，单位：m²。

进行工程项目描述时，以平方米计量，不用描述栏杆(板)的高度。

十、门窗拆除

门窗拆除工程量可按拆除面积计算，单位：m²；或按拆除樘数计算，单位：樘。门窗拆除以平方米计量，不用描述门窗的洞口尺寸。室内高度指室内楼地面至门窗的上边框。

十一、金属构件拆除

金属构件拆除包括钢梁拆除、钢柱拆除、钢支撑、钢墙架拆除、其他金属构件拆除。

钢梁拆除、钢柱拆除、钢网架拆除、钢支撑、钢墙架拆除、其他金属构件拆除可按拆除构件的质量计算，单位：t；或按拆除延长米计算，单位：m。

钢网架拆除按拆除构件的质量计算，单位：t。

十二、管道及卫生洁具拆除

管道拆除按拆除管道的延长米计算，单位：m；卫生洁具拆除按拆除的数量计算，单位：个或套。

十三、灯具、玻璃拆除

灯具拆除按拆除的数量计算，单位：套；玻璃拆除按拆除的面积计算，单位：m²。

拆除部位的描述指门窗玻璃、隔断玻璃、墙玻璃、家具玻璃等。

十四、其他构件拆除

其他构件拆除包括暖气罩拆除、柜体拆除、窗台板拆除、筒子板拆除、窗帘盒拆除、窗帘轨拆除。

暖气罩拆除、柜体拆除按拆除个数计算，单位：个；或按拆除延长米计算，单位：m。

窗台板拆除、筒子板拆除按拆除数量计算，单位：块；或按拆除的延长米计算，单位：m。

窗帘盒拆除、窗帘轨拆除按拆除的延长米计算，单位：m。

双轨窗帘轨拆除按双轨长度分别计算工程量。

十五、开孔(打洞)

开孔(打洞)按数量计算，单位：个。

进行工程项目描述时，部位可描述为墙面或楼板；打洞部位材质可描述为页岩砖或空心砖或钢筋混凝土等。

第十节 措施项目

一、脚手架工程

脚手架是指为装修需要所搭设的架子。随着脚手架品种和多功能用途的发展，现已扩展为使用脚手架材料(杆件、配件和构件)所搭设的、用于施工要求的各种临时性构架。脚手架工程包括综合脚手架、外脚手架、里脚手架、悬空脚手架、挑脚手架、满堂脚手架、整体提升架、外装饰吊篮。

(1)综合脚手架按建筑面积计算，单位：m²。使用综合脚手架时，不再使用外脚手架、里脚手架等单项脚手架；综合脚手架适用于能够按"建筑面积计算规则"计算建筑面积的建筑工程脚手架，不适用于房屋加层、构筑物及附属工程脚手架。综合脚手架项目特征包括建设结构形式、檐口高度，同一建筑物有不同檐高时，按建筑物竖向切面分别按不同檐高编列项目。脚手架材质可以不描述，但应注明由投标人根据工程实际情况按照国家现行标准《建筑施工扣件式钢管脚手架安全技术规范》(JGJ 130—2011)、《建筑施工附着升降脚手架管理暂行规定》(建建〔2000〕230号)等规范自行确定。

在编制项目时，当列出了综合脚手架项目时，不得再列出单项脚手架项目。综合脚手架是针对整个房屋建筑的土建和装饰装修部分。

【例4-76】 图4-129所示单层建筑物高度为4.2 m，试计算其脚手架工程量。

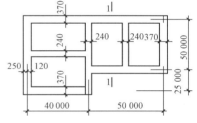

【解】 该单层建筑物脚手架按综合脚手架考虑，其工程量为

综合脚手架工程量$=(40+0.25\times2)\times(25+50+0.25\times2)+50\times(50+0.25\times2)$

$=5\,582.75(\text{m}^2)$

图4-129 某单层建筑平面图

(2)外脚手架、里脚手架按所服务对象的垂直投影面积计算，单位：m²。

【例4-77】 某工程外墙平面尺寸如图4-130所示，已知该工程设计室外地坪标高为-0.500 m，女儿墙顶面标高$+15.200$ m，外封面贴面砖及墙面勾缝时搭设钢管扣件式脚手架，试计算该钢管外脚手架工程量。

图4-130 某工程外墙平面图

【解】 外脚手架工程量按所服务对象的垂直投影面积计算。

周长$=(60+20)\times2=160(\text{m})$

高度$=15.2+0.5=15.7(\text{m})$

外脚手架工程量$=160\times15.7=2\,512(\text{m}^2)$

(3)悬空脚手架按搭设的水平投影面积计算,单位:m。

(4)挑脚手架按搭设长度乘以搭设层数以延长米计算,单位:m。

(5)满堂脚手架按搭设的水平投影面积计算,单位:m²。

【例4-78】 某厂房构造如图4-131所示,求其室内采用满堂脚手架的工程量。

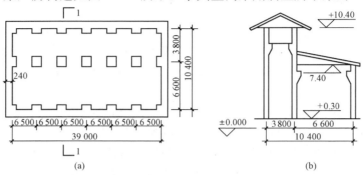

图4-131 某厂房示意图

(a)平面图;(b)1—1剖面图

【解】 满堂脚手架工程量按搭设的水平投影面积计算。

满堂脚手架工程量=39×(6.6+3.8)=405.6(m²)

(6)整体提升架、外装饰吊篮按所服务对象的垂直投影面积计算,单位:m²。整体提升架已包括2 m高的防护架体设施。

二、混凝土模板及支撑(架)

混凝土模板及支撑(架)项目,只适用于以平方米计量,按模板与混凝土构件的接触面积计算。以立方米计量的模板及支撑(支架),按混凝土及钢筋混凝土实体项目执行,其综合单价中应包含模板及支撑(支架)。采用清水模板时,应在特征中注明。若现浇混凝土梁、板支撑高度超过3.6 m时,项目特征应描述支撑高度。混凝土模板及支架(撑)包括基础、矩形柱、构造柱、异形柱、基础梁、矩形梁、异形梁、圈梁、过梁、弧形、拱形梁、直形墙、弧形墙、短肢剪力墙、电梯井壁、有梁板、无梁板、平板、拱板、薄壳板、空心板、其他板、栏板、天沟、檐沟、雨篷、悬挑板、阳台板、楼梯、其他现浇构件、电缆沟、地沟、台阶、扶手、散水、后浇带、化粪池、检查井。原槽浇灌的混凝土基础,不计算模板。

1.基础、矩形柱、构造柱、异形柱、基础梁、矩形梁、异形梁、圈梁、过梁、弧形、拱形梁、直形墙、弧形墙、短肢剪力墙、电梯井壁、有梁板、无梁板、平板、拱板、薄壳板、空心板、其他板、栏板

基础、矩形柱、构造柱、异形柱、基础梁、矩形梁、异形梁、圈梁、过梁、弧形、拱形梁、直形墙、弧形墙、短肢剪力墙、电梯井壁、有梁板、无梁板、平板、拱板、薄壳板、空心板、其他板、栏板按模板与现浇混凝土构件的接触面积计算,单位:m²。

(1)现浇钢筋混凝土墙、板单孔面积≤0.3 m²的孔洞不予扣除,洞侧壁模板亦不增加;单孔面积>0.3 m²时,应予扣除,洞侧壁模板面积并入墙、板工程量内计算。

(2)现浇框架分别按梁、板、柱有关规定计算;附墙柱、暗梁、暗柱并入墙内工程量内计算。

（3）柱、梁、墙、板相互连接的重叠部分，均不计算模板面积。

（4）构造柱按图示外露部分计算模板面积。

2. 天沟、檐沟

天沟、檐沟按模板与现浇混凝土构件的接触面积计算，单位：m²。

3. 雨篷、悬挑板、阳台板

雨篷、悬挑板、阳台板按图示外挑部分尺寸的水平投影面积计算，挑出墙外的悬臂梁及板边不另计算，单位：m²。

4. 楼梯

楼梯按楼梯（包括休息平台、平台梁、斜梁和楼层板的连接梁）的水平投影面积计算，不扣除宽度≤500 mm 的楼梯井所占面积，楼梯踏步、踏步板、平台梁等侧面模板不另计算，伸入墙内部分亦不增加，单位：m²。

5. 其他现浇构件

其他现浇构件按模板与现浇混凝土构件的接触面积计算，单位：m²。

6. 电缆沟、地沟

电缆沟、地沟按模板与电缆沟、地沟接触的面积计算，单位：m²。

7. 台阶

台阶按图示台阶水平投影面积计算，台阶端头两侧不另计算模板面积。架空式混凝土台阶，按现浇楼梯计算，单位：m²。

8. 扶手

扶手按模板与扶手的接触面积计算，单位：m²。

9. 散水

散水按模板与散水的接触面积计算，单位：m²。

10. 后浇带

后浇带按模板与后浇带的接触面积计算，单位：m²。

11. 化粪池、检查井

化粪池、检查井按模板与混凝土接触面积计算，单位：m²。

三、垂直运输

垂直运输指施工工程在合理工期内所需垂直运输机械。建筑物垂直运输包括 20 m（六层）以内卷扬机施工、20 m（六层）以内塔式起重机施工和 20 m（六层）以上塔式起重机施工三个部分。垂直运输按建筑面积计算，单位：m²；或按施工工期日历天数计算，单位：天。

建筑物的檐口高度是指设计室外地坪至檐口滴水的高度（平屋顶是指屋面板底高度），突出主体建筑物屋顶的电梯机房、楼梯出口间、水箱间、瞭望塔、排烟机房等不计入檐口高度。同一建筑物有不同檐高时，按建筑物的不同檐高做纵向分割，分别计算建筑面积，以不同檐高分别编码列项。

【例 4-79】 某五层建筑物底层为框架结构，二层及二层以上为砖混结构，每层建筑面积 1 200 m²，合理施工工期为 165 天，试计算其垂直运输工程量。

【解】 建筑物垂直运输工程量应按建筑物的建筑面积或施工工期的日历天数计算。

（1）以建筑面积计算，垂直运输工程量＝1 200×5＝6 000（m²）

（2）以日历天数计算，垂直运输工程量＝165 天

四、超高施工增加

建筑物超高施工增加综合了由于超高引起的人工降效、机械降效、由人工降效引起的机械降效以及由超高施工水压不足所增加的水泵等因素。

（1）人工降效和机械降效：是指当建筑物超过六层或檐高超过 20 m 时，由于操作工人的工效降低、垂直运输距离加长影响的时间，以及因操作工人降效而影响机械台班的降效等。建筑物超高人工、机械降效率见表 4-31。

表 4-31　建筑物超高人工、机械降效率

定额编号		14—1	14—2	14—3	14—4	14—5
项　目	降效率	檐高（层数）				
		30 m (7~10) 以内	40 m (11~13) 以内	50 m (14~16) 以内	60 m (17~19) 以内	70 m (20~22) 以内
人工降效	%	3.33	6.00	9.00	13.33	17.86
吊装机械降效	%	7.67	15.00	22.20	34.00	46.43
其他机械降效	%	3.33	6.00	9.00	13.33	17.86
定额编号		14—6	14—7	14—8	14—9	14—10
项　目	降效率	檐高（层数）				
		30 m (7~10) 以内	40 m (11~13) 以内	50 m (14~16) 以内	60 m (17~19) 以内	70 m (20~22) 以内
人工降效	%	22.50	27.22	35.20	40.91	45.83
吊装机械降效	%	59.25	72.33	85.60	99.00	112.50
其他机械降效	%	22.50	27.22	35.20	40.91	45.83

（2）加压用水泵：是指因高度增加考虑到自来水的水压不足，而需增压所用的加压水泵台班。加压水泵选用电动多级离心清水泵，规格见表 4-32。

表 4-32　电动多级离心清水泵规格

建筑物檐高	水泵规格	建筑物檐高	水泵规格
20~40 m	50 m 以内	80~120 m	150 m 以内
40~80 m	100 m 以内		

单层建筑物檐口高度超过 20 m，多层建筑物超过 6 层时，可按超高部分的建筑面积计算超高施工增加。计算层数时，地下室不计入层数。超高施工增加按建筑物超高部分的建筑面积计算，单位：m²。同一建筑物有不同檐高时，可按不同高度的建筑面积分别计算建筑面积，以不同檐高分别编码列项。

【例 4-80】 某高层建筑如图 4-132 所示，框剪结构，共 11 层，采用自升式塔式起重机及单笼施工电梯，试计算超高施工增加。

【解】 根据超高施工增加工程量计算规则，超高施工增加工程量＝多层建筑物超过 6 层部分的建筑面积，即

超高施工增加工程量＝$36.8 \times 22.8 \times (11-6) =$ 4 195.2（m^2）

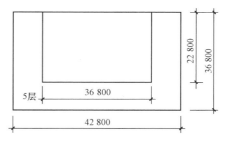

图 4-132 某高层建筑示意图

五、大型机械设备进出场及安拆

安拆费包括施工机械、设备在现场进行安装、拆卸所需人工、材料、机械和试运转费用以及机械辅助设施的折旧、搭设、拆除等费用；进出场费包括施工机械、设备整体或分体自停放地点运至施工现场或由一施工地点运至另一施工地点所发生的运输、装卸、辅助材料等费用。大型机械设备进出场及安拆工程量按使用机械设备的数量计算，单位：台次。

六、施工排水、降水

施工排水、降水包括成井、排水、降水。相应专项设计不具备时，可按暂估量计算。

1. 成井

成井按设计图示尺寸以钻孔深度计算，单位：m。

2. 排水、降水

排水、降水按排、降水日历天数计算，单位：昼夜。

七、安全文明施工及其他措施项目

安全文明施工费是指工程施工期间按照国家现行的环境保护、建筑施工安全、施工现场环境与卫生标准和有关规定，购置和更新施工安全防护用具及设施、改善安全生产条件和作业环境所需的费用。其他措施项目包括夜间施工费，夜间施工照明，二次搬运，冬、雨期施工，地上、地下设施，建筑物的临时保护设施，已完工程及设备保护等。这些项目应根据工程实际情况计算措施项目费用，需分摊的应合理计算摊销费用。

安全文明施工及其他措施项目与其他项目的表现形式不同，没有项目特征，也没有计量单位和工程量计算规则，只有工作内容及包含范围，在使用时，应充分分析其工作内容和包含范围，根据工程的实际情况进行科学、合理、完整的计量。未给出固定的计量单位，以便于根据工程特点灵活使用。

1. 安全文明施工

安全文明施工（含环境保护、文明施工、安全施工、临时设施），其包含的具体范围如下：

（1）环境保护：现场施工机械设备降低噪声、防扰民措施；水泥和其他易飞扬细颗粒建筑材料密闭存放或采取覆盖措施等；工程防扬尘洒水；土石方、建渣外运车辆防护措施等；现场污染源的控制、生活垃圾清理外运、场地排水排污措施；其他环境保护措施。

（2）文明施工："五牌一图"；现场围挡的墙面美化（包括内外粉刷、刷白、标语等）、压

顶装饰；现场厕所便槽刷白、贴面砖，水泥砂浆地面或地砖，建筑物内临时便溺设施；其他施工现场临时设施的装饰装修、美化措施；现场生活卫生设施；符合卫生要求的饮水设备、淋浴、消毒等设施；生活用洁净燃料；防煤气中毒、防蚊虫叮咬等措施；施工现场操作场地的硬化；现场绿化、治安综合治理；现场配备医药保健器材、物品和急救人员培训；现场工人的防暑降温、电风扇、空调等设备及用电；其他文明施工措施。

（3）安全施工：安全资料、特殊作业专项方案的编制，安全施工标志的购置及安全宣传；"三宝"（安全帽、安全带、安全网）、"四口"（楼梯口，电梯井口、通道口、预留洞口）、"五临边"（阳台围边、楼板围边、屋面围边、槽坑围边、卸料平台两侧），水平防护架、垂直防护架、外架封闭等防护；施工安全用电，包括配电箱三级配电、两级保护装置要求、外电防护措施；起重机、塔吊等起重设备（含井架、门架）及外用电梯的安全防护措施（含警示标志）及卸料平台的临边防护、层间安全门、防护棚等设施；建筑工地起重机械的检验检测；施工机具防护棚及其围栏的安全保护设施；施工安全防护通道；工人的安全防护用品、用具购置；消防设施与消防器材的配置；电气保护、安全照明设施；其他安全防护措施。

（4）临时设施：施工现场采用彩色、定型钢板，砖、混凝土砌块等围挡的安砌、维修、拆除；施工现场临时建筑物、构筑物的搭设、维修、拆除，如临时宿舍、办公室、食堂、厨房、厕所、诊疗所、临时文化福利用房、临时仓库、加工场、搅拌台、临时简易水塔、水池等；施工现场临时设施的搭设、维修、拆除，如临时供水管道、临时供电管线、小型临时设施等；施工现场规定范围内临时简易道路铺设，临时排水沟、排水设施安砌、维修、拆除；其他临时设施搭设、维修、拆除。

2. 夜间施工

夜间施工包含的工作内容及范围有：夜间固定照明灯具和临时可移动照明灯具的设置、拆除；夜间施工时，施工现场交通标志、安全标牌、警示灯等的设置、移动、拆除。

3. 非夜间施工照明

非夜间施工照明包含的工作内容及范围有：为保证工程施工正常进行，在地下室等特殊施工部位施工时所采用的照明设备的安拆、维护及照明用电等。

4. 二次搬运

二次搬运包含的工作内容及范围有：由于施工场地条件限制而发生的材料、成品、半成品等一次运输不能到达堆放地点，必须进行的二次或多次搬运。

5. 冬雨期施工

冬雨期施工包含的工作内容及范围有：冬雨（风）期施工时增加的临时设施（防寒保温、防雨、防风设施）的搭设、拆除；冬雨（风）期施工时，对砌体、混凝土等采用的特殊加温、保温和养护措施；冬雨（风）期施工时，施工现场的防滑处理、对影响施工的雨雪的清除；包括冬雨（风）期施工时增加的临时设施、施工人员的劳动保护用品、冬雨（风）期施工劳动效率降低等。

6. 地上、地下设施、建筑物的临时保护设施

地上、地下设施、建筑物的临时保护设施包含的工作内容及范围有：在工程施工过程中，对已建成的地上、地下设施和建筑物进行的遮盖、封闭、隔离等必要保护措施。

7. 已完工程及设备保护

已完工程及设备保护包含的工作内容及范围有：对已完工程及设备采取的覆盖、包裹、封闭、隔离等必要保护措施。

本 章 小 结

工程量计算不仅是编制工程量清单的重要内容，而且是进行工程估价的重要依据。工程量计算是计算工程造价最核心的部分，应花大力气去理解掌握，以做到熟能生巧。本章依次对工程计算顺序、建筑面积的计算规则进行详细的解析，并对楼地面装饰工程，墙、柱面装饰与隔断工程，幕墙工程，天棚工程，门窗工程，油漆、涂料、裱糊工程，其他装饰工程，拆除工程的工程量计算规则、计算方法做了详细的解读，这一部分的内容应熟练掌握。

思 考 与 练 习

1. 正确计算工程量有何意义？
2. 工程量计算的方法有哪些？
3. 建筑面积计算应注意哪些事项？
4. 装饰工程中哪些项目应计算建筑面积？哪些不应计算面积？该如何计算？
5. 对有关橡塑面层的项目特征进行描述时应注意哪些事项？
6. 楼梯块料面层工程量计算时，楼梯井的水平投影宽度对其有何影响？
7. 内墙抹灰工程量计算时，其抹灰高度应如何确定？
8. 内墙抹灰时哪些面积应扣除？哪些面积为不扣除及不增加面积？
9. 如何计算天棚抹灰工程量？
10. 不同材质的吊顶，其工程量计算规则有何不同？
11. 木门工程量计算时，门与门框的计算规则有何不同？
12. 以哪种工程量计算规则进行计算时，项目特征必须描述洞口尺寸？
13. 门窗套、窗台板工程量计算规则有何异同点？
14. 窗帘若是双层，其项目特征应如何描述？
15. 门窗油漆时，以何为计量单位时，项目特征可不描述洞口尺寸？
16. 若木栏杆带扶手，木扶手是否应单独列项？
17. 喷刷涂料工程量应如何计算？
18. 栏杆、栏板含扶手的项目，可否单独将扶手进行编码列项？
19. 对有关扶手、栏杆装饰工程量计算时，是否包括弯头长度？
20. 招牌、灯箱工程量计算时，复杂形的凸凹造型部分是否计入？
21. 综合脚手架是否适用于房屋加层、构筑物及附属工程脚手架？
22. 同一建筑物有不同檐高时，垂直运输工程量如何计算？
23. 超高施工增加工程量计算时，地下室层数是否计入？
24. 安全文明施工及其他措施项目与其他项目的表现形式有何不同？

第五章　建筑装饰工程材料用量计算

1. 能进行砂浆配合比材料用量计算。
2. 能进行建筑装饰用块料用量计算。
3. 能进行建筑装饰用壁纸、地毯用量计算。
4. 能进行建筑装饰用油漆、涂料用量计算。
5. 能进行屋面瓦及其他材料用量计算。

1. 掌握砂浆配合比材料用量计算的方法。
2. 掌握建筑装饰用块料用量计算的方法。
3. 掌握建筑装饰用壁纸、地毯用量计算的方法。
4. 掌握建筑装饰用油漆、涂料用量计算的方法。
5. 掌握屋面瓦及其他材料用量计算的方法。

第一节　砂浆配合比计算

抹灰工程按照材料和装饰效果分为一般抹灰和装饰抹灰两大类。一般抹灰所使用的材料为石灰砂浆、水泥砂浆、混合砂浆、聚合物水泥砂浆、膨胀珍珠岩水泥砂浆、麻刀灰、纸筋灰、石膏灰等。装饰抹灰种类很多，其底层多为1：3水泥砂浆打底，面层可为水磨石、水刷石、干粘石、斩假石、拉毛与拉条抹灰、装饰线条抹灰以及弹涂、滚涂、彩色抹灰等。

一、抹灰砂浆配合比计算

抹灰砂浆配合比体积比计算，其材料用量计算公式为：

砂子用量
$$q_c = \frac{c}{\sum f - cC_p}$$

水泥用量
$$q_a = \frac{ar_a}{c}q_c$$

式中　a、c——分别为水泥、砂之比，即 $a：c$＝水泥：砂；

　　　$\sum f$——配合比之和；

　　　C_p——砂空隙率（%），$C_p = \left(1 - \dfrac{r_0}{r_c}\right) \times 100\%$；

　　　r_0——砂相比密度按 2 650 kg/m³ 计；

r_c——砂密度按 1 550 kg/m³ 计；

r_a——水泥密度(kg/m³)，可按 1 200 kg/m³ 计。

则
$$C_p = \left(1 - \frac{1\,550}{2\,650}\right) \times 100\% = 42\%$$

当砂用量超过 1 m³ 时，因其空隙容积已大于灰浆数量，均按 1 m³ 计算。

1. 水泥砂浆材料用量计算

【例 5-1】 水泥砂浆配合比为 1∶3(水泥比砂)，求每立方米的材料用量。

【解】 砂子用量
$$q_c = \frac{c}{\sum f - cC_p}$$

$$= \frac{3}{1 + 3 - 3 \times 0.42}$$

$$= 1.095(m^3) > 1\ m^3，取\ 1\ m^3$$

水泥用量
$$q_a = \frac{a r_a}{c} q_c$$

$$= \frac{1 \times 1\,200}{3} \times 1$$

$$= 400.00(kg)$$

2. 石灰砂浆材料用量计算

每 1 m³ 生石灰(块占 70%，末占 30%)的质量为 1 050～1 100 kg，生石灰粉为 1 200 kg，石灰膏为 1 350 kg，淋制每 1 m³ 石灰膏所需生石灰 600 kg，场内外运输损耗及淋化后的残渣已考虑在内。各地区生石灰质量不同时可以进行调整。粉化石灰或淋制石灰膏用量见表 5-1。

表 5-1　粉化石灰或淋制石灰膏的石灰用量表

生石灰块末比例		每 1 m³	
		粉化石灰	淋制石灰膏
块	末	生石灰需用量/kg	
10	0	392.70	
9	1	399.84	
8	2	406.98	571.00
7	3	414.12	600.00
6	4	421.26	636.00
5	5	428.40	674.00
4	6	460.50	716.00
3	7	493.17	736.00
2	8	525.30	820.00
1	9	557.94	
0	10	590.38	

3. 素水泥浆材料用量计算

$$水灰比 = \frac{加水量占水泥用量百分数 \times 水泥堆积密度}{1\ 000}$$

$$虚体积系数 = \frac{1}{1 + 水灰比}$$

$$收缩后体积 = \left(\frac{水泥容重}{水泥密度} + 水灰比 \right) \times 虚体积系数$$

$$实体积系数 = \frac{1}{(1 + 水灰比) \times 收缩后体积}$$

$$水泥净用量 = 实体积系数 \times 水泥容重$$

$$水净用量 = 实体积系数 \times 水灰比$$

其中，水泥净用量以 kg 为单位，水净用量以 m³ 为单位。

二、装饰砂浆配合比计算

外墙面装饰砂浆分为水刷石、水磨石、干粘石和剁假石等。

1. 水泥白石子浆材料用量计算

水泥白石子浆材料用量计算，可采用一般抹灰砂浆的计算公式。设：白石子的堆积密度为 1 500 kg/m³，密度为 2 700 kg/m³。所以其孔隙率为：

$$孔隙率 = 1 - \frac{白石子堆积密度}{白石子密度} \times 100\% = 44\%$$

当白石子用量超过 1 m³ 时，按 1 m³ 计算。

2. 美术水磨石浆材料用量计算

美术水磨石，采用白水泥或青水泥，加色石子和颜料，磨光打蜡，其种类及用料配合比见表 5-2。

表 5-2　美术水磨石的种类及用料配合比

编号	磨石名称	石子				水泥			颜料		
		种类	规格/mm	占石子总量/%	用量/(kg·m⁻³)	种类	占水泥总量/%	用量/(kg·m⁻³)	种类	占水泥总量/%	用量/(kg·m⁻²)
1	黑墨玉	墨玉	2～3	100	26	青水泥	100	9	炭黑	2	0.18
2	沉香玉	沉香玉	2～12	60	15.6	白水泥	100	9	铬黄	1	0.09
		汉白玉	2～13	30	7.8						
		墨玉	3～4	10	2.6						
3	晚霞	晚霞	2～12	65	16.9	白水泥	90	8.1	铬黄	0.1	0.009
		汉白玉	2～13	25	6.5	青水泥	10	0.9	地板黄	0.2	0.018
		铁岭红	3～4	10	2.6				朱红	0.08	0.007 2
4	白底墨玉	墨玉（圆石）	2～12 2～15	100	26	白水泥	100	9	铬绿	0.08	0.007 2
5	小桃红	桃红	2～12	90	23.4	白水泥	100	10	铬黄	0.50	0.045
		墨玉	3～4	10	2.6				朱红	0.42	0.036

编号	磨石名称	石子				水泥			颜料		
		种类	规格/mm	占石子总量/%	用量/(kg·m⁻³)	种类	占水泥总量/%	用量/(kg·m⁻³)	种类	占水泥总量/%	用量/(kg·m⁻²)
6	海玉	海玉 彩霞 海玉	15~30 2~4 2~4	80 10 10	20.8 2.6 2.6	白水泥	100	10	铬黄	0.80	0.072
7	彩霞	彩霞	15~30	80	20.8	白水泥	100	8.1	氧化铁红	0.06	0.005 4
8	铁岭红	铁岭红	2~12 2~16	100	26	白水泥 青水泥	20 80	1.8 7.2	氧化铁红	1.5	0.135

美术水磨石浆材料中色石子和水泥用量计算，也可采用一般抹灰砂浆的计算公式，颜料用量按占水泥总量的百分比计算。

3. 菱苦土面层材料的材料用量计算

菱苦地面是由菱苦土、锯屑、砂、$MgCl_2$（或卤水）和颜料粉等原料组成，并分底层和面层。

(1)各材料用量计算公式如下：

$$每\ 1\ m^3\ 实体积化为虚体积＝\frac{1}{甲材料实体积＋乙材料实体积＋材料实体积}$$

$$料实体积＝材料占配合比例(\%)×(1-材料孔隙率)$$

$$每\ 1\ m^3\ 材料用量＝每\ 1\ m^3\ 的虚体积×材料配合比比例(\%)$$

(2)孔隙率的计算：锯末堆积密度 250 kg/m³，密度 600 kg/m³，孔隙率为58%；砂的堆积密度 1 550 kg/m³，密度 2 600 kg/m³，孔隙率为40%；菱苦土若为粉状，则不计孔隙率。

(3)$MgCl_2$ 溶液不计体积，其用量按 0.3 m³ 计算，密度按规范规定，一般为 1 180~1 200 kg/m³，取定 1 200 kg/m³。因此，每 1 m³ 菱苦土浆用 $MgCl_2＝0.30×1\ 200＝360$ (kg)。

(4)以卤水代替 $MgCl_2$ 时，卤水浓度按 95% 计算。每 1 m³ 菱苦土浆用卤水＝$(1/0.95)×360＝379$(kg)

(5)颜料是外加剂材料，不计算体积，规范规定为总体积的 3%~5%，一般底层不用颜料，按面层总体积的 3% 计算。

4. 水泥白石子(石屑)浆参考计算方法及其他参考数据

(1)水泥白石子(石屑)浆参考计算方法。设水泥白石子(石屑)浆配合比(体积比)，即水泥：白石子＝$a:b$，水泥密度为 $A＝3\ 100$ kg/m³，堆积密度为 $A'＝1\ 200$ kg/m³；白石子密度为 $B＝2\ 700$ kg/m³，容重为 $B'＝1\ 500$ kg/m³，水的体积为 $V_水＝0.3$ m³。

水泥用量占百分比 $\qquad D＝\dfrac{a}{a+b}$,

白石子用量占百分比 $\qquad D'＝\dfrac{b}{a+b}$，则

每 1 m³ 水泥白石子混合物的虚体积 $$V=\frac{1000}{D\times\frac{A'}{A}+D'\times\frac{B'}{B}}$$

$$水泥用量=(1-V_{水})VDA'$$
$$白石子用量=(1-V_{水})VDB'$$

有关数据参考表 5-3、表 5-4。

表 5-3 每 1 m³ 白石子浆配合比用料表

项目	单位	1:1.25	1:1.5	1:2	1:2.5	1:3
水泥(32.5 级)	kg	1 099	915	686	550	458
白石子	kg	1 072	1 189	1 376	1 459	1 459
水	m³	0.30	0.30	0.30	0.30	0.30

表 5-4 每 1m³ 石屑浆配合比用料表

项　目	单　位	水泥石屑浆	水泥豆石浆
		1:2	1:1.25
水泥(32.5 级)	kg	686	1 099
豆粒砂	m³	—	0.73
石屑	kg	1 376	—

(2)装饰砂浆参考数据(表 5-5、表 5-6)。

表 5-5 外墙装饰砂浆的配合比及抹灰厚度表

项　目	分 层 做 法	厚度/mm
水刷石	水泥砂浆 1:3 底层	15
	水泥白石子浆 1:5 面层	10
剁假石	水泥砂浆 1:3 底层	16
	水泥石屑 1:2 面层	10
水磨石	水泥砂浆 1:3 底层	16
	水泥白石子浆 1:2.5 面层	12
干粘石	水泥砂浆 1:3 底层	15
	水泥砂浆 1:2 面层	
	撒粘石面	7
石灰拉毛	水泥砂浆 1:3 底层	14
	纸筋灰浆面层	6
水泥拉毛	混合砂浆 1:3:9 底层	14
	混合砂浆 1:1:2 面层	6

项　目	分　层　做　法		厚度/mm
喷涂	混凝土 外墙	水泥砂浆1∶3底层	1
		混合砂浆1∶1∶2面层	4
	砖外墙	水泥砂浆1∶3底层混合	15
		砂浆1∶1面层	4
滚涂	混凝土 墙	水泥砂浆1∶3底层	1
		混合砂浆1∶1∶2面层	4
	砖墙	水泥砂浆1∶3底层混合	15
		砂浆1∶1面层	4

表5-6　装饰抹灰砂浆损耗率

序　号	材料、成品、半成品名称	损耗率/%	说　明
	水泥及水泥石灰砂浆抹面		
1	顶棚水泥石灰砂浆	3	
2	墙面、墙裙水泥砂浆	2	
3	墙面、墙裙水泥石灰砂浆	2	
4	梁、柱面水泥石灰砂浆	3	
5	外墙面、墙裙水泥石灰砂浆	2	
6	腰线水泥砂浆(普通)	2.5	
7	腰线水泥砂浆(复杂)	3	
	石灰砂浆抹面		
8	顶棚水泥石灰砂浆(普通)	3	
9	顶棚石灰砂浆(普通)	1.5	
10	大棚纸筋石灰砂浆(普通)	1.5	
11	大棚纸筋石灰砂浆(中级)	1.5	
12	顶棚石灰麻刀砂浆(中、高级)	1.5	
13	顶棚石灰砂浆(中级)	1.5	
14	顶棚纸筋石灰砂浆(中级)	1.5	
15	顶棚水泥石灰砂浆(高级)	1.5	
16	顶棚石灰砂浆(高级)	1.5	
17	顶棚纸筋石灰砂浆(高级)	1.5	
	墙　面		
18	纸筋灰砂浆(普通)	1	
19	水泥石灰砂浆(普通)	1	
20	石灰砂浆(中级)	1	
21	石灰麻刀浆(中级)	1	
22	纸筋灰浆(中级)	1	

序　号	材料、成品、半成品名称	损耗率/%	说　明
23	石灰麻刀浆（高级）	1	
24	石灰砂浆（高级）	1	
25	纸筋灰浆（高级）	1	
	柱面、梁面		
26	水泥石灰砂浆	1	
27	石灰砂浆	1	
28	纸筋灰浆	1	
	装饰抹面（水刷面）		
29	墙面、墙裙水泥砂浆	2	
30	墙面、墙裙水泥石灰砂浆	3.5	
31	柱面、梁面水泥砂浆	3	
32	柱面、梁面水泥白石子浆	4	
33	腰线水泥砂浆	3	
34	腰线水泥白石子浆子磨石	4.5	
35	墙面、墙裙水泥砂浆	2	
36	墙面、墙裙水泥白石子浆柱面及其他	1	
37	水泥砂浆	2	
38	水泥白石子浆剁假石	1	
39	墙面、墙裙水泥砂浆	2	
40	墙面、墙裙水泥石屑浆	5	
41	柱面、梁面水泥砂浆	3	
42	柱面、梁面、水泥石屑浆	4	
43	腰线水泥砂浆	3	
44	腰线水泥石屑浆	4.5	
45	顶棚水泥石灰砂浆	3	
46	顶棚纸筋灰砂浆	1.5	
47	墙面石灰浆	2	
48	墙面水泥石灰浆	2	
	装饰抹面（镶贴砖面）		
50	墙面、墙裙水泥砂浆	2	
51	墙面及其他水泥砂浆	3	
	装饰工程材料		
52	水　泥	1.5	
53	砂	3	
54	石灰膏	1	
55	麻　刀	1	

序　号	材料、成品、半成品名称	损耗率/%	说　明
56	纸　筋	2	
57	白石子	8	
58	石　膏	5	
59	银　粉	2	
60	铅　粉	2	
61	大　白	8	
62	汽　油	10	
63	可赛银	3	
64	生石灰	10	
65	水　胶	2	
66	石性颜料	4	
67	清　油	2	
68	铅　油	2.5	
69	调和漆	2	
70	地板漆	2	
71	万能漆	3	
72	清　漆	3	
73	防锈漆	5	
74	煤　油	3	
75	漆　片	1	
76	酒　精	7	
77	松节油	3	
78	松香水	4	
79	硬白蜡	2.5	
80	木　炭	8	

注：材料、成品、半成品的损耗率包括从施工工地仓库、现场堆放地点或施工现场内加工地点，经领料后运至施工操作地点的场内运输损耗以及施工操作地点的堆放损耗与施工操作损耗。

第二节　建筑装饰用块料用量计算

一、建筑陶瓷砖用量计算

建筑陶瓷砖种类很多，装饰上主要有釉面砖、外墙贴面砖、铺地砖、陶瓷马赛克等，面砖的规格及花色见表5-7。

表 5-7 面砖的规格及花色

名　称	规格/mm	花　色
彩釉砖	150×75×7 200×100×7 200×100×8 200×(100，200)×9	乳白、柠檬黄、大红釉、咖啡色 乳白、米黄、柠檬黄、大红釉 茶色白底阴阳面、茶色阴阳面彩砖、点彩砖 各色
墙面砖	200×64×18 95×61×18 140×95×64×18 95×95×64×18	长条面砖 半长条面砖 不等边面砖 等边面砖
紫金砂釉外墙砖	150×(75，150)×8 200×100×8	紫金砂釉
立体彩釉砖	108×108×8	黄绿色、柠檬黄色、浅米黄色

1. 釉面砖

釉面砖又称内墙面砖，是上釉的薄片状精陶建筑装饰材料，主要用于建筑物内装饰、铺贴台面等。白色釉面砖，色纯白釉面光亮、清洁大方；彩色釉面砖分为有光彩色釉面砖，釉面光亮晶莹，色彩丰富；无光彩色釉面砖，釉面半无光，不晃眼，色泽一致，色调柔和；还有各种装饰釉面砖，如花釉砖、结晶釉砖、白地图案砖等。釉面砖不适于严寒地区室外用，经多次冻融，易出现剥落掉皮现象，所以在严寒地区宜慎用。

2. 外墙贴面砖

外墙贴面砖是用作建筑外墙装饰的瓷砖，一般是属陶质的，也有炻质的。其坯体质地密实，釉质也比较耐磨，因此具有耐水、抗冻性，它用于室外不会出现剥落掉皮现象。坯体的颜色较多，如米黄色、紫红色、白色等，主要是所用的原料和配方不同。制品分有釉、无釉两种，颜色丰富，花样繁多，适于建筑物外墙面装饰。它不仅可以防止建筑物表面被大气侵蚀，而且可使立面美观。

外墙面砖的种类和规格见表5-8。

表 5-8 外墙面砖的种类和规格

名　称	一般规格/(mm×mm×mm)	说　明
表面无釉外墙面砖 （又称墙面砖）	200×100×12 150×75×12	有白、浅黄、深黄、红、绿等色
表面有釉外墙面砖 （又称彩釉砖）	75×75×8 108×108×8	有粉红、蓝、绿、金砂釉、黄白等色
线　砖	100×100×150 100×100×10	表面有突起线纹，有釉并有黄绿等色
外墙立体面砖 （又称立体彩釉砖）	100×100×10	表面有釉，做成各种立体图案

3. 铺地砖(缸砖)

铺地砖又称缸砖，是不上釉的，用于铺地，易于清洗，耐磨性较好，适用于交通频繁的地面、楼梯、室外地面，也可用于工作台面。颜色一般有白色、红色、浅黄色和深黄色，地砖一般比墙面砖厚(10 mm以上)，其背纹(或槽)较深(0.5～2 mm)，这样便于施工和提高粘结强度。

4. 陶瓷马赛克

陶瓷马赛克又称陶瓷锦砖，是可以组成各种装饰图案的小瓷砖。它可用于建筑物内、外墙面、地面。陶瓷马赛克产品一般出厂前都已按各种图案粘贴在牛皮纸上，其基本形状和规格见表5-9。

表 5-9　陶瓷马赛克的基本形状和规格

基本形状	名　称		规　格/mm				
			a	b	c	d	厚　度
	正方	大方	39.0	39.0	—	—	5.0
		中大方	23.6	23.6	—	—	5.0
		中方	18.5	18.5	—	—	5.0
		小方	15.2	15.2	—	—	5.0
	长方 (长条)		39.0	18.5	—	—	5.0
	对角	大对角	39.0	19.2	27.9	—	5.0
		小对角	32.1	15.9	22.8	—	5.0
	斜长条 (斜条)		36.4	11.9	37.9	22.7	5.0
	六角		25	—	—	—	5.0
	半八角		15	15	18	40	5.0
	长条对角		7.5	15	18	20	5.0

陶瓷块料的用量计算公式为

$$100 \text{ m}^2 \text{ 用量} = \frac{100}{(块长 + 拼缝) \times (块宽 + 拼缝)} \times (1 + 损耗率)$$

二、建筑石材板(块)用量计算

建筑石材包括天然石和人造石板材,有天然大理石板、花岗石饰面板、人造大理石板、彩色水磨石板等。

1. 天然大理石板

天然大理石是一种富有装饰性的天然石材,石质细腻,光泽度高,颜色及花纹种类丰富。它是厅、堂、馆、所及其他民用建筑中人们追求的室内装饰材料。其常见规格见表5-10。

表 5-10　天然大理石板规格　　　　　　　　　　　　　　　　　mm

长	宽	厚	长	宽	厚
300	150	20	1 200	900	20
300	300	20	305	152	20
400	200	20	305	305	20
400	400	20	610	305	20
600	300	20	610	610	20
600	600	20	915	610	20
900	600	20	1 067	762	20
1 070	750	20	1 220	915	20
1 200	600	20			

2. 花岗石饰面板

花岗石板材由花岗岩、辉长岩、闪长岩等加工而成。岩质坚硬密实,按其结晶颗粒大小可分为细粒、中粒和斑状等几种。花岗石饰面板材,一般采用晶粒较粗,结构较均匀,排列比较规则的原材料经细加工磨光而成,要求表面平整光滑,棱角整齐。其颜色有粉红底黑点、花皮、白底黑点、灰白色、纯黑等。根据加工方法,花岗石可分为四种。

(1)剁斧板材:表面粗糙,具有规则的条状斧纹。

(2)机刨板材:表面平整,或具有相互平行的刨纹。

(3)粗磨板材:表面平滑无光。

(4)抛光板材:表面光亮、色泽鲜明。

花岗石质地坚硬,耐酸碱、耐冻,用途广泛,多用于高级民用建筑、永久性纪念建筑的墙面及铺地。其常用规格见表5-11。

表 5-11　花岗石板材规格　　　　　　　　　　　　　　　　　mm

长	宽	厚	长	宽	厚
300	300	20	305	305	20
400	400	20	305	305	20
600	300	20	610	610	20
600	100	20	610	610	20
900	600	20	915	762	20
1 070	750	20	1 067	915	20

3. 人造石饰面板

(1)有机人造石饰面板。有机人造石饰面板又称聚酯型人造大理石,是以不饱和聚酯树脂为胶结料,以大理石及白云石粉为填充料,加入颜料,配以适量硅砂、陶瓷和玻璃粉等细集料以及硬化剂、稳定剂等成型助剂制作而成的石质装饰板材。其产品规格及主要性能见表5-12。

表5-12 聚酯型人造大理石装饰板的主要性能及规格

项 目	性 能 指 标	常 用 规 格/(mm×mm×mm)
表观密度/(g·cm^{-3})	2.0~2.4	300×300×(5~9)
抗压强度/MPa	70~150	300×400×(8~15)
抗弯强度/MPa	18~35	300×500×(10~15)
弹性模量/MPa	(1.5~3.5)×10^4	300×600×(10~15) 500×1 000×(10~15)
表面光泽度	70~80	1 200×1 500×20

(2)无机人造石饰面板。按胶结料的不同,分为铝酸盐水泥类和氯氧镁水泥类两种。前者以铝酸盐水泥为胶结料,加入硅粉和方解石粉、颜料以及减水剂、早强剂等制成浆料,以平板玻璃为底模制作成人造大理石饰面板。后者是以轻烧氧化镁和氯化镁为主要胶结料,以玻璃纤维为增强材料,采用轧压工艺制作而成的薄型人造石饰面板。两种板材相比以后者为优,具有质轻高强、不燃、易二次加工等特点,为防火隔热多功能装饰板材,其主要性能及规格见表5-13。

表5-13 氯氧镁人造石装饰板主要性能及规格

项 目	性 能 指 标	主 要 规 格/(mm×mm×mm)
表观密度/(g·cm^{-3})	<1.5	2 000×1 000×3
抗弯强度/MPa	>15	2 000×1 000×4
抗压强度/MPa	>10	2 000×1 000×5
抗冲击强度/(kJ·m^{-2})	>5	
注:花色多样,主要分单色和套印花饰两类,常用花色以仿切片胶合板木纹为主,宜用于室内墙面及吊顶罩面。		

(3)复合人造石饰面板。又称浮印大理石饰面板,是采用浮印工艺(中国矿业大学发明专利)以水泥无机人造石板或玻璃陶瓷及石膏制品等为基材复合制成的仿大理石装饰板材。其主要性能及规格见表5-14。

表5-14 浮印大理石饰面板主要性能及规格

项 目	性 能 指 标	规 格 尺 寸/(mm×mm)
抗弯强度/MPa	20.5	
抗冲击强度/(kJ·m^{-2})	5.7	
磨损度/(g·cm^{-2})	0.027 3	按基材规格而定最大可达1 200×800
吸水率/%	2.07	
热稳定性	良好	

4. 彩色水磨石板

彩色水磨石板是以水泥和彩色石屑拌合，经成型、养护、研磨、抛光后制成，具有强度高、坚固耐用、美观、施工简便等特点。它可作为各种饰面板，如墙面板、地面板、窗台板、踢脚板、隔断板、台面板和踏步板等。由于水磨石制品实现了机械化、工厂化、系列化生产，产品的产量、质量都有保证，为建筑工程提供了有利条件。它较之天然大理石有更多的选择性、价廉物美，室内外均可采用，是建筑上广泛采用的装饰材料。其品种规格有定型和不定型两种。定型产品规格见表5-15。

表5-15　彩色水磨石板规格 mm

平板			踢脚板		
500	500	25.30	500	120	19.25
400	400	25	400	120	19.25
305	305	19.25	300	120	19.25

石材板(块)料的用量计算公式为

$$100 \text{ m}^2 \text{ 用量} = \frac{100}{(\text{块长}+\text{拼缝}) \times (\text{块宽}+\text{拼缝})} \times (1+\text{损耗率})$$

三、建筑板材用量计算

建筑板材中的新型装饰板种类繁多，诸如胶合板、纤维板、石膏板、塑料复合钢板、铝合金压型板等。

1. 常用人造板

人造板以木材或其他非木材植物为原料，经一定机械加工分离成各种单元材料后，施加或不施加胶粘剂和其他添加剂胶合而成的板材或模压制品。其中主要包括胶合板、刨花(碎料)板和纤维板等三大类产品，其延伸产品和深加工产品达上百种。

(1)胶合板由蒸煮软化的原木，旋切成大张薄片，然后将各张木纤维方向相互垂直放置，用耐水性好的合成树脂胶粘，再经加压、干燥、锯边、表面修整而成的板材。其层数成奇数，一般为3~13层，分别称三合板、五合板等。用来制作胶合板的树种有椴木、桦木、水曲柳、榉木、色木、柳桉木等。

(2)刨花板是利用施加或未施加胶料的木刨花或木纤维料压制成的板材。刨花板密度小、材质均匀，但易吸湿、强度低。

(3)纤维板是将树皮、刨花、树枝等废料经破碎、浸泡、研磨成木浆，再经加压成型、干燥处理而制成的板材。因成型时温度和压力不同，纤维板可以分为硬质、半硬质、软质三种。

2. 石膏板

石膏板是以建筑石膏为主要原料制成的一种材料。它是一种重量轻、强度较高、厚度较薄、加工方便以及隔声绝热和防火等性能较好的建筑材料，是当前着重发展的新型轻质板材之一。我国生产的石膏板主要有：纸面石膏板、装饰石膏板、石膏空心条板、纤维石膏板、植物秸秆纸面石膏板等。

(1)纸面石膏板纸。纸面石膏板是以石膏料浆为夹芯，两面用纸作护面而成的一种轻质板材。纸面石膏板质地轻、强度高、防火、防蛀、易于加工。普通纸面石膏板用于内墙、隔墙和吊顶。经过防火处理的耐水纸面石膏板可用于湿度较大的房间墙面，如卫生间、厨房、浴室等贴瓷砖、金属板、塑料面砖墙的衬板。

(2)装饰石膏板。装饰石膏板是以建筑石膏为主要原料，掺加少量纤维材料等制成的有多种图案、花饰的板材，如石膏印花板、穿孔吊顶板、石膏浮雕吊顶板、纸面石膏饰面装饰板等。它是一种新型的室内装饰材料，适用于中高档装饰，具有轻质、防火、防潮、易加工、安装简单等特点。特别是新型树脂仿型饰面防水石膏板板面覆以树脂，饰面仿型花纹，其色调图案逼真，新颖大方，板材强度高、耐污染、易清洗，可用于装饰墙面，作护墙板及踢脚板等，是代替天然石材和水磨石的理想材料。

(3)石膏空心条板。石膏空心条板是以建筑石膏为主要原料，掺加适量轻质填充料或纤维材料后加工而成的一种空心板材。这种板材不用纸和胶粘剂，安装时不用龙骨，是发展比较快的一种轻质板材，主要用于内墙和隔墙。

(4)纤维石膏板。纤维石膏板是以建筑石膏为主要原料，并掺加适量纤维增强材料制成。这种板材的抗弯强度高于纸面石膏板，可用于内墙和隔墙，也可代替木材制作家具。

除传统的石膏板外，还有新产品不断增加，如石膏吸声板、耐火板、绝热板和石膏复合板等。石膏板的规格也向高厚度、大尺寸方向发展。

(5)植物秸秆纸面石膏板。不同于普通的纸面石膏板，它因采用大量的植物秸秆，使当地的废物得到了充分利用，既解决了环保问题，又增加了农民的经济收入，又使石膏板的重量减轻，降低了运输成本，同时减少了煤、电的消耗 30%～45%，完全符合国家相关的产业政策。

此外，石膏制品的用途也在拓宽，除作基衬外，还用作表面装饰材料，甚至用作地面砖、外墙基板和墙体芯材等。

3. 铝合金压型板

铝合金压型板选用纯铝、铝合金为原料，经辊压冷加工成各种波形的金属板材。具有重量轻、强度高、刚度好、经久耐用、耐大气腐蚀等特点。铝合金压型板光照反射性好、不燃、回收价值高，适宜作屋面及墙面，经着色可作室内装饰板。铝艺术装饰板是高级建筑的装潢材料。它是采用阳极表面处理工艺而制成的。它有各种图案，并具有质感，适用于门厅、柱面、墙面、吊顶和家具等。

因板材施工多采用镶嵌、压条及圆钉或螺钉固定，也可胶粘等，故一般不计算拼缝，其计算公式为

$$100 \text{ m}^2 \text{ 用量} = \frac{100}{\text{块长} \times \text{块宽}} \times (1 + \text{损耗率})$$

四、顶棚材料用量计算

顶棚材料要求较高，除装饰美观外，尚需具备一定的强度，具有防火、质量轻和一定的吸声性能。由于建材的发展，顶棚材料品种日益增多，如珍珠岩装饰吸声板、矿棉板、钙塑泡沫装饰板、塑料装饰板等。

1. 珍珠岩装饰吸声板

珍珠岩装饰吸声板是颗粒状膨胀珍珠岩用胶粘剂粘合而成的多孔吸声材料,具有质量轻,板面可以喷涂各种涂料,也可进行漆化处理(防潮),表面美观,防火,防潮,不易翘曲、变形等优点。除用作一般室内天棚吊顶饰面吸声材料外,其还可用于影剧场、车间的吸声降噪;用于控制混响时间,对中高频的吸声作用较好。其中复合板结构具有强吸声的效能。

珍珠岩吸声板可按胶粘剂不同区分,有水玻璃珍珠岩吸声板、水泥珍珠岩吸声板和聚合物珍珠岩吸声板;按表面结构形式分,则有不穿孔的凸凹形吸声板、半穿孔吸声板、装饰吸声板和复合吸声板。相应的规格见表5-16。

表 5-16　珍珠岩吸声板规格

名　称	规格/(mm×mm×mm)	名　称	规格/(mm×mm×mm)
膨胀珍珠岩装饰吸声板	500×500×20	膨胀珍珠岩装饰吸声板	$300×300×\frac{12}{18}$
J2—1型珍珠岩高效吸声板	500×500×35	珍珠岩装饰吸声板	400×400×20
J2—2型珍珠岩高效吸声板	$500×500×\frac{15}{10}$	膨胀珍珠岩装饰吸声板	500×500×23
珍珠岩穿孔板	$500×500×\frac{10}{15}$	珍珠岩吸声板	500×250×35
珍珠岩吸声板	500×500×35	珍珠岩穿孔复合板	500×500×40
珍珠岩穿孔复合板	$500×500×\frac{20}{30}$		

2. 矿棉板

矿棉板以矿渣棉为主要原材料,加入适当胶粘剂、防潮剂、防腐剂,加压烘干而成。矿棉板的规格为(mm×mm):500×500、600×600、600×1 000、600×1 200、610×610、625×625、625×1 250等方形或长方形板。常用厚度有13 mm、16 mm、20 mm。其表面有多种处理与图案,色彩品种繁多。目前用得较多的是盲孔矿棉板,这些没穿透的孔不是为了吸声,而是为了装饰,故又称盲孔装饰板。

3. 钙塑泡沫装饰吸声板

钙塑泡沫装饰吸声板以聚乙烯树脂加入无机填料轻质碳酸钙、发泡剂、润滑剂、颜料,以适量的配合比经混炼、模压、发泡成型而成。它分普通板及加入阻燃剂的难燃泡沫装饰板两种。板表面有凹凸图案和平板穿孔图案两种。穿孔板的吸声性能较好,不穿孔的隔声、隔热性能较好。它具有质轻、吸声、耐水及施工方便等特点,适用于大会堂、剧场、宾馆、医院及商店等建筑的室内平顶或墙面装饰吸声等。其常用规格为 500 mm×500 mm、530 mm×530 mm、300 mm×300 mm,厚度为2~8 mm。

4. 塑料装饰吸声板

塑料装饰吸声板以各种树脂为基料,加入稳定剂、色料等辅助材料,经捏合、混炼、拉片、切粒、挤出成型而成。它的种类较多,均以所用树脂取名,如聚氯乙烯塑料板,即以聚氯乙烯为基料的泡沫塑料板。这些材料具有防水、质轻、吸声、耐腐蚀等优点，导热系数低、色彩鲜艳；适用于会堂、剧场、商店等建筑的室内吊顶或墙面装饰。因产品种类繁多，规格及生产单位也比较多，依所选产品规格进行计算。

上述这些板材一般不计算拼缝，其计算公式为

$$100 \text{ m}^2 \text{ 用量} = \frac{100}{\text{块长} \times \text{块宽}} \times (1 + \text{损耗率})$$

第三节 壁纸、地毯用料计算

一、壁纸

壁纸是用于装饰墙壁用的特种纸。壁纸分为很多类，如涂布壁纸、覆膜壁纸、压花壁纸等。通常用漂白化学木浆生产原纸，再经不同工序的加工处理，如涂布、印刷、压纹或表面覆塑，最后经裁切、包装后出厂。因为具有一定的强度、美观的外表和良好的抗水性能，壁纸广泛用于住宅、办公室、宾馆的室内装修等。

壁纸一般按所用材料大体可分为四类：纸面纸基壁纸、纺织物壁纸（布）、天然材料面壁纸及塑料面壁纸。有关的规格见表 5-17。

表 5-17 塑料面壁纸规格

项目	幅度/mm	长度/m	每卷面积/m²	项目	幅度/mm	长度/m	每卷面积/m²
小卷	窄幅 530～600	10～20	5～6	大卷	宽幅 920～1200	50	46～90
中卷	中幅 600～900	20～50	20～40				

壁纸消耗量因不同花纹图案，不同房间面积，不同阴阳角和施工方法（搭缝法、拼缝法），其损耗随之增减，一般在 10%～20% 之间，如斜贴需增加 25%，其中包括搭接、预留和阴阳角搭接（阴角 3 mm，阳角 2 mm）的损耗，不包括运输损耗（在材料预算价格内）。其计算用量如下

墙面（拼缝）100 m² 用量：100 × 1.15 = 115（m²）

墙面（搭缝）100 m² 用量：100 × 1.20 = 120（m²）

天棚斜贴 100 m² 用量：100 × 1.25 = 125（m²）

二、地毯

地毯是一种纺织物，铺放于地上，作为室内装修设施，有美化家居、保温等功能。尤其家中有幼童或长者，可以避免其摔倒受伤。

1. 按图案花饰分类

地毯按图案花饰分为四种：北京式、美术式、彩花式和素凸式。

2. 按质地分类

即使使用同一制造方法生产出的地毯，也由于使用原料、绒头的形式、绒高、手感、组织及密度等因素，都会具有不同的外观效果。常用地毯品种规格见表 5-18。

表 5-18　常用地毯品种规格　　　　　　　　　　　　　　　　　mm

品　　种	规　格	毛高	品　　种	规　格	毛高
羊毛地毯	1 000~2 000	8~15	腈纶机织地毯	2 000~4 000	6~10
丙纶毛圈地毯	2 000~4 000	5~8	进口簇绒丙纶地毯	3 660~4 000	7~10
丙纶剪绒地毯	2 000~4 000	5~8	进口机织尼龙地毯	3 660~4 000	6~15
丙纶机织地毯	2 000~4 000	6~10	进口羊毛地毯	3 660~4 000	8~15
腈纶毛圈地毯	2 000~4 000	5~8	进口腈丙纶羊毛混纺地毯	3 660~4 000	6~10
腈纶剪绒地毯	2 000~4 000	5~8			

常见地毯毯面质地的类别有：

(1)长毛绒地毯是割绒地毯中最常见的一种，绒头长度为 5~10 mm ，毯面上可浮现一根根断开的绒头，平整而均匀一致。

(2)天鹅绒地毯。绒头长度为 5 mm 左右，毯面绒头密集，产生天鹅绒毛般的效果。

(3)萨克森地毯。绒头长度为 15 mm 左右，绒纱经加捻热定型加工，绒头产生类似光纤的效应，有丰满的质感。

(4)强捻地毯即弯头纱地毯。绒头纱的加捻捻度较大，毯面产生硬实的触感和强劲的弹性。绒头方向性不确定，所以毯面产生特殊的情调和个性。

(5)长绒头地毯。绒头长度在 25 mm 以上，既粗又长、毯面厚重，显现高雅的效果。

(6)平圈绒地毯。绒头呈圈状，圈高一致整齐，比割绒的绒头有适度的坚挺和平滑性，行走感舒适。

(7)割/圈绒地毯(含平割/圈绒地毯)。一般地毯的割绒部分的高度超过圈绒的高度，在修剪、平整割绒绒头时并不伤及圈绒的绒头，两种绒头混合可组成毯面的几何图案，有素色提花的效果。平割/圈地毯的割绒技术含量也是比较高的。

大面积铺设所需地毯的用量，其损耗按面积增加 10%；楼梯满铺地毯，先测量每级楼梯深度与高度，将量得的深度与高度相加乘以楼梯的级数，再加上 45 cm 的余量，以便挪动地毯，转移常受磨损的位置。其用量一般是先计算楼梯的正投影面积，然后再乘以系数 1.5。

第四节　油漆、涂料用量计算

涂料是涂于物体表面能形成具有保护、装饰或特殊性能(如绝缘、防腐、标志等)的固态涂膜的一类液体或固体材料的总称，包括油(性)漆、水性漆、粉末涂料。漆是可流动的液体涂料，包括油(性)漆及水性漆。油漆是以有机溶剂为介质或高固体、无溶剂的油性漆。水性漆是可用水溶解或用水分散的涂料。涂料作为家庭装修的主材之一，在装饰装修中占的比例较大，购买涂料的合格与否直接影响到整体装修效果和居室的环境，有时甚至会对人体的健康产生极大的影响。

涂料的分类方法很多，通常有以下几种分类方法：

(1)按涂料的形态可分为水性涂料、溶剂性涂料、粉末涂料、高固体分涂料等；

(2)按施工方法可分为刷涂涂料、喷涂涂料、辊涂涂料、浸涂涂料、电泳涂料等；

(3)按施工工序可分为底漆、中涂漆(二道底漆)、面漆、罩光漆等；

（4）按功能可分为不粘涂料、铁氟龙涂料、装饰涂料、防腐涂料、导电涂料、防锈涂料、耐高温涂料、示温涂料、隔热涂料、防火涂料、防水涂料等；

（5）按用途可分为建筑涂料、罐头涂料、汽车涂料、飞机涂料、家电涂料、木器涂料、桥梁涂料、塑料涂料、纸张涂料、船舶涂料、风力发电涂料、核电涂料等；

（6）家用油漆可分为内墙涂料、外墙涂料、木器漆、金属用漆、地坪漆；

（7）按漆膜性能分为防腐漆、绝缘漆、导电漆、耐热漆等；

（8）按成膜物质分为天然树脂类漆、酚醛类漆、醇酸类漆、氨基类漆、硝基类漆、环氧类漆、氯化橡胶类漆、丙烯酸类漆、聚氨酯类漆、有机硅树脂类漆、氟碳树脂类漆、聚硅氧烷类漆、乙烯树脂类漆等。

常用建筑涂料品种及用量可参考表 5-19。

表 5-19　常用建筑涂料品种及用量参考表

产品名称	适用范围	用量/$(m^2 \cdot kg^{-1})$
多彩花纹装饰涂料	用于混凝土、砂浆、木材、岩石板、钢、铝等各种基层材料及室内墙、顶面	3～4
乙丙各色乳胶漆（外用）	用于室外墙面装饰涂料	5.7
乙丙各色乳胶漆（内用）	用于室内装饰涂料	5.7
乙丙乳液厚涂料	用于外墙装饰涂料	2.3～3.3
苯丙彩砂涂料	用于内、外墙装饰涂料	2～3.3
浮雕涂料	用于内、外墙装饰涂料	0.6～1.25
封底漆	用于内、外墙基体面	10～13
封固底漆	用于内、外墙增加结合力	10～13
各色乙酸乙烯无光乳胶漆	用于室内水泥墙面、天花	5
ST 内墙涂料	水泥砂浆，石灰砂浆等内墙面，贮存为 6 个月	3～6
106 内墙涂料	水泥砂浆，新旧石灰墙面，贮存期为 2 个月	2.5～3.0
JQ—83 耐洗擦内墙涂料	混凝土，水泥砂浆，石棉水泥板，纸面石膏板，贮存期 3 个月	3～4
KFT-831 建筑内墙涂料	室内装饰，贮存期 6 个月	3
LT-31 型 Ⅱ 型内墙涂料	混凝土，水泥砂浆，石灰砂浆等墙面	6～7
各种苯丙建筑涂料	内外墙、顶	1.5～3.0
高耐磨内墙涂料	内墙面，贮存期 1 年	5～6
各色丙烯酸有光、无光乳胶漆	混凝土、水泥砂浆等基面，贮存期 8 个月	4～5
各色丙烯酸凹凸乳胶底漆	水泥砂浆，混凝土基层（尤其适用于未干透者）贮存期一年	1.0
8201-4 苯丙内墙乳胶漆	水泥砂浆，石灰砂浆等内墙面，贮存期 6 个月	5～7
B840 水溶性丙烯醇封底漆	内外墙面，贮存期 6 个月	6～10
高级喷磁型外墙涂料	混凝土，水泥砂浆，石棉瓦楞板等基层	2～3
SB-2 型复合凹凸墙面涂料	内、外墙面	4～5
LT 苯丙厚浆乳胶涂料	外墙面	6～7

产 品 名 称	适 用 范 围	用量/(m² · kg⁻¹)
石头漆(材料)	内、外墙面	0.25
石头漆底漆	内、外墙面	3.3
石头漆、面漆	内、外墙面	3.3

一、油漆用量计算

以一般厚漆用量为例,根据遮盖力实验,其遮盖力可按下式计算

$$X = \frac{G(100 - W)}{A} \times 10\,000 - 37.5$$

式中　　X——遮盖力(g/m²);

　　　　A——黑白格板的涂漆面积(cm²);

　　　　G——黑白格板完全遮盖时涂漆质量(g);

　　　　W——涂料中含清油质量百分数。

将原漆与清油按 3∶1 比例调匀混合后,经试验可测得以下各色厚漆遮盖力:

象牙、白色　　　$\leqslant$220 g/m²

红色　　　　　　$\leqslant$220 g/m²

黄色　　　　　　$\leqslant$180 g/m²

蓝色　　　　　　$\leqslant$120 g/m²

黑色　　　　　　$\leqslant$40 g/m²

灰、绿色　　　　$\leqslant$80 g/m²

铁红色　　　　　$\leqslant$70 g/m²

其他种涂料的遮盖力详见表 5-20。

表 5-20　各种涂料遮盖力表

产品及颜色	遮盖力/(g · m⁻²)	产品及颜色	遮盖力/(g · m⁻²)
(1)各色各类调和漆		红、黄色	$\leqslant$140
黑色	$\leqslant$40	(5)各色硝基外用磁漆	
铁红色	$\leqslant$60	黑色	$\leqslant$20
绿色	$\leqslant$80	铝色	$\leqslant$30
蓝色	$\leqslant$100	深复色	$\leqslant$40
红、黄色	$\leqslant$180	浅复色	$\leqslant$50
白色	$\leqslant$200	正蓝、白色	$\leqslant$60
(2)各色酯胶磁漆		黄色	$\leqslant$70
黑色	$\leqslant$40	红色	$\leqslant$80
铁红色	$\leqslant$60	紫红、深蓝色	$\leqslant$100
蓝、绿色	$\leqslant$80	柠檬黄色	$\leqslant$120
红、黄色	$\leqslant$160	(6)各色过氯乙烯外用磁漆	
灰色	$\leqslant$100	黑色	$\leqslant$20

产品及颜色	遮盖力/(g·m⁻²)	产品及颜色	遮盖力/(g·m⁻²)
(3)各色酚醛磁漆		深复色	≤40
黑色	≤40	浅复色	≤50
铁红、草绿色	≤60	正蓝、白色	≤60
绿灰色	≤70	红色	≤80
蓝色	≤80	黄色	≤90
浅灰色	≤100	深蓝、紫红色	≤100
红、黄色	≤160	柠檬黄色	≤120
乳白色	≤140	(7)聚氨酯磁漆	
地板漆(棕、红)	≤50	红色	≤140
(4)各色醇酸磁漆		白色	≤140
黑色	≤40	黄色	≤150
灰、绿色	≤55	黑色	≤40
蓝色	≤80	蓝灰绿色	≤80
白色	≤100	军黄、军绿色	≤110

二、涂料用量计算

涂料用量计算大多依据产品各自性能特点，以每 1 kg 涂刷面积计算，再加上损耗量，计算公式为

$$涂料用量 = \frac{涂料涂刷面积(m^2)}{每\ 1\ kg\ 涂刷面积(m^2/kg)} \times (1 + 损耗率)$$

外墙涂料、内墙顶棚涂料、地面涂料和特种涂料的参考用量指标见表 5-21～表 5-24。

表 5-21　外墙涂料参考用量　　　　　　　　　　　　　　　m²/kg

名　　　称	主要成分	适用范围	参考用量
(1)浮雕型涂料			
各色丙烯酸凸凹乳胶底漆	苯乙烯、丙烯酸酯	水泥砂浆、混凝土等基层，也适用内墙	1
无机高分子凸凹状涂料	硅溶液	外墙	0.5～0.8
PG—838 浮雕漆厚涂料	丙烯酸	水泥砂浆、混凝土、石棉水泥板、砖墙等基层	1
B—841 水溶性丙烯酸浮雕漆	苯乙酸、丙烯酸酯	砖、水泥砂浆、天花板、纤维板、金属等基层	0.6～1.3
高级喷磁型外墙涂料	丙烯酸酯	混凝土、水泥砂浆等基层	底 8 中 6～7 面 7～8

名　　　称	主要成分	适用范围	参考用量
(2)彩砂类涂料			
彩砂涂料	苯乙烯、丙烯酸酯	水泥砂浆、混凝土、石棉水泥板、砖墙等基层	0.3～0.4
彩色砂粒状外墙涂料	苯乙烯、丙烯酸酯	水泥砂浆、混凝土等基层	0.3
丙烯酸砂壁状涂料	丙烯酸酯	水泥砂浆、混凝土、石膏板、胶合硬木板等基层	0.6～0.8
珠光彩砂外墙涂料	苯乙烯、丙烯酸酯	混凝土、水泥砂浆、加气混凝土等基层	0.2～0.3
彩砂外墙涂料	苯乙烯、丙烯酸酯	水泥砂浆、混凝土及各种板材	0.4～0.5
苯丙彩砂涂料	苯乙烯、丙烯酸酯	水泥砂浆、混凝土等基层	0.3～0.5
(3)厚质类涂料			
乙丙乳液厚涂料	醋酸乙烯、丙烯酸酯	水泥砂浆、加气混凝土等基层	2
各色丙烯酸拉毛涂料	苯乙烯、丙烯酸酯	水泥砂浆等基层，也可用于室内顶棚	1
TJW—2彩色弹涂料材料	硅酸钠	混凝土、水泥砂浆等基层	0.5
104外墙涂料	聚乙烯醇	水泥砂浆、混凝土、砖墙等基层	1～2
外墙多彩涂料	硅酸钠	外墙	0.8
(4)薄质类涂料			
BT丙烯酸外墙涂料	丙烯酸酯	水泥砂浆、混凝土、砖墙等基层	3
LT—2有光乳胶漆	苯乙烯、丙烯酸酯	混凝土、木质及预涂底漆的钢质表面	6～7
SA—1乙丙外墙涂料	脂酸乙烯、丙烯酸酯	水泥砂浆、混凝土、砖墙等基层	3.5～4.5
外墙平光乳胶涂料	苯乙烯、丙烯酸酯	外墙面	6～7
各色外用乳胶涂料	丙烯酸酯	水泥砂浆、白灰砂浆等基层	4～6

表 5-22　内墙顶棚涂料参考用量　　　　　　　　　　　　　　　m²/kg

名　　　称	主要成分	适用范围	参考用量
(1)苯丙类涂料			
苯丙有光乳胶漆	苯乙烯、丙烯酸酯	室内外墙体、顶棚、木制门窗	4～5
苯丙无光内用乳胶漆	苯乙烯、丙烯酸酯	水泥砂浆、灰泥、石棉板、木材、纤维板	6
SJ内墙滚花涂料	苯乙烯、丙烯酸酯	内墙面	5～6
彩色内墙涂料	丙烯酸酯	内墙面	3～4

名　　称	主要成分	适用范围	参考用量
(2)乙丙类涂料			
8101—5 内墙乳胶漆	醋酸乙烯、丙烯酸酯	室内涂饰	4～6
乙-丙内墙涂漆	醋酸乙烯、丙烯酸酯	内墙面	6～8
高耐磨内墙涂料	醋酸乙烯、丙烯酸	内墙面	5～6
(3)聚乙烯醇类涂料			
ST—1 内墙涂料	聚乙烯醇	内墙面	6
象牌 2 型内墙涂料	聚乙烯醇	内墙面	3～4
811# 内墙涂料	聚乙烯醇	内墙面	3
HC—80 内墙涂料	聚乙烯醇、硅溶液	内墙面	2.5～3
(4)硅酸盐类涂料			
砂胶顶棚涂料	有机和无机高分子胶粘剂	天花板	1
C—3 毛面顶棚涂料	有机和无机胶粘剂	室内顶棚	1
(5)复合类涂料			
FN—841 内墙涂料	复合高分子胶粘剂碳酸盐矿物盐	内墙面	2.5～4
TJ841 内墙装饰涂料	有机高分子	内墙面	3～4
(6)丙烯酸类涂料			
PG—838 内墙可擦洗涂料	丙烯酸系乳液、改性水溶性树脂	水泥砂浆、混合砂浆、纸筋、麻刀灰抹面	3
JQ831 耐擦洗内墙涂料	丙烯酸乳液	内墙装饰	3～4
各色丙烯酸滚花涂料	丙烯胶乳液	水泥和抹灰墙面	3
(7)氯乙烯类涂料			
氯偏共聚乳液内墙涂料	氯乙烯、偏氯乙烯	内墙面	3.3
氯偏乳胶内墙涂料	氯乙烯、偏氯乙烯	内墙装饰	5
(8)其他类涂料			
建筑水性涂料	水溶性胶粘剂	内墙面	4～5
854NW 涂料		水泥、灰、砖墙等墙面	3～5
内墙涂花装饰涂料		内墙面	3～4

表 5-23　地面涂料参考用量　　　　　　　　　　　　　　m²/kg

名　　称	主要成分	适用范围	参考用量
F80—31 酚醛地板漆	酚醛树脂	木质地板	2～3
S—700 聚氨酯弹性地面涂料	聚醚	超净车间、精密机房	1.2
多功能聚氨酯弹性彩色地面涂料	聚氨酯	纺织、化工、电子仪表、文化体育建筑地面	0.8

名　　称	主要成分	适用范围	参考用量
505 地面涂料	聚醋酸乙烯	木质、水泥地面	2
过氯乙烯地面涂料	过氯化烯	新旧水泥地面	5
DJQ—1 地面漆	尼龙树脂	水泥面、有弹性	5
氯—偏地坪涂料	聚氯乙烯、偏氯乙烯	耐碱、耐化学腐蚀、水泥地面	5～7

表 5-24　特种涂料参考用量　　　　　　　　　　　　　　　　　　　　　m²/kg

名　　称	主要成分	适用范围	参考用量
(1)防水类涂料			
JS 内墙耐水涂料	聚乙烯醇缩甲醛苯乙烯、丙烯酸酯	浴室厕所、厨房等潮湿部分的内墙	3
NF 防水涂料		地下室及有防水要求的内外墙面	2.5～3
洞库防潮涂料(水乳型)	氯—偏聚合物	内墙防潮	0.2
(2)防霉防腐类涂料			
水性内墙防霉涂料	氯偏乳液	食品厂以及地下室等易霉变的内墙	4
CP 防霉涂料	氯偏聚合物	内墙防霉	0.2
各色丙烯酸过氯乙烯厂房防腐漆	丙烯酸、过氯乙烯	厂房内外墙防腐与涂刷装修	5～8
(3)防火类涂料			
YZ—196 发泡型防火涂料	氮杂环和氧杂环	木结构和木材制品	1(二道)
CT—01—03 微珠防火涂料	无机空心微珠	钢木结构、混凝土结构、木结构建筑、易燃设备	1.5
(4)文物保护类涂料			
古建筑保护涂料	丙烯酸、共聚树脂	石料、金箔、彩面、表面、保护装饰	4～5
丙烯酸文物保护涂料	甲基丙烯酸、108 胶	室多孔性文物和遗迹、陶器、砖瓦、壁画和古建筑物的保护	2
(5)其他类涂料			
WS—1 型卫生灭蚊涂料	聚乙烯醇丙烯酸复合杀蚊剂	城乡住宅、营房、医院、宾馆、畜舍以及有卫生要求的商店、工厂的内墙	2.5～3

第五节　屋面瓦及其他材料用量计算

一、屋面瓦用量计算

建筑常用的屋面瓦有平瓦和波形瓦、古建筑的琉璃瓦和民间的小青瓦等。各种瓦屋面的瓦及砂浆用量计算见表 5-25。

表 5-25　各种瓦屋面的瓦及砂浆用量计算

材　料	用量计算
瓦	每 100 m² 屋面瓦耗用量 $=\dfrac{100}{瓦有效长度×瓦有效宽度}×(1+损耗率)$
脊瓦	每 100 m² 屋面脊瓦耗用量 $=\dfrac{11(9)}{脊瓦长度-搭接长度}×(1+损耗率)$ （每 100 m² 屋面面积屋脊摊入长度：水泥瓦黏土瓦为 11 m，石棉瓦为 9 m。）
抹灰量	每 100 m² 屋面瓦出线抹灰量(m³)＝抹灰宽×抹灰厚×每 100 m² 屋面摊入抹灰长度×(1＋损耗率) （每 100 m² 屋面面积摊入长度为 4 m。）
脊瓦填缝砂浆	脊瓦填缝砂浆用量(m³)$=\dfrac{脊瓦内圆面积×70\%}{2}×$每 100 m² 瓦屋面取定的屋脊长×(1－砂浆空隙率)×(1＋损耗率) （脊瓦用的砂浆量按脊瓦半圆体积的 70% 计算；梢头抹灰宽度按 120 mm 计算，砂浆厚度按 30 mm 计算；铺瓦条间距 300 mm。 瓦的选用规格、搭接长度及综合脊瓦、梢头抹灰长度见表 5-26。）

表 5-26　瓦的选用规格、搭接长度及综合脊瓦、梢头抹灰长度

项　目	规　格/mm		搭　接/mm		有效尺寸/mm		每 100 m² 屋面摊入	
	长	宽	长　向	宽　向	长	宽	脊　长	梢头长
黏　土　瓦	380	240	80	33	300	207	7 690	5 860
小　青　瓦	200	145	133	182	67	190	11 000	9 600
小波石棉瓦	1 820	720	150	62.5	1 670	657.5	9 000	
大波石棉瓦	2 800	994	150	165.7	2 650	828.3	9 000	
黏土脊瓦	455	195	55				11 000	
小波石棉脊瓦	780	180	200	1.5 波			11 000	
大波石棉脊瓦	850	460	200	1.5 波			11 000	

平瓦和波形瓦，其搭接宽度，如波形瓦大波和中波瓦不应少于半个波，小波瓦不应少于一个波；上下两排瓦搭接长度，应以屋面坡度而主，但不应小于 100 mm。

二、卷材(油毡)用量计算

卷材(油毡)用量计算公式如下：

$$\text{油毡100 m}^2 \text{用量} = \frac{\text{每卷面积} \times 100}{(\text{卷材宽} - \text{长边搭接}) \times (\text{卷材长} - \text{短边搭接})} \times (1 + \text{损耗率})$$

本章小结

预算定额中的材料消耗，是指在合理节约使用材料的条件下，直接用到工程上构成工程实体的材料的消耗量，再加上不可避免的施工操作过程中的损耗量所得的总消耗量。材料消耗量一般采用试验法和计算法来确定，计算法主要是根据施工图和设计要求，用理论公式计算出产品的材料用量。本章主要介绍了砂浆配合比材料用量计算、建筑装饰用块料用量计算、建筑装饰用壁纸、地毯用量计算、建筑装饰用油漆、涂料用量计算、屋面瓦及其他材料用量计算。

思考与练习

1. 石灰砂浆配合比为 1∶3(石灰膏比砂)，求每 1 m³ 的材料用量。

2. 釉面瓷砖规格为 200 mm×200 mm，接缝宽为 1.5 mm，损耗率为 1%，求 100 m² 需用量。

3. 花岗石板规格为 400 mm×400 mm，接缝宽为 3 mm，损耗率为 1.5%，求 100 m² 需用量。

4. 石膏装修吸声板规格为 50 mm×50 mm，损耗率为 1.3%，求 300 m² 需用量。

5. 如何计算涂料用量？

6. 如何计算地毯用量？

第六章　建筑装饰投资估算编制

第一节　投资估算概述

一、投资估算的概念与作用

投资估算是指在建设项目投资决策过程中，依据现有的资料和特定的方法，对建设项目的投资数额进行的估计。它是项目建设前期编制项目建议书和可行性研究报告的重要组成部分，是项目决策的重要依据之一。投资估算的准确与否不仅影响到可行性研究工作的质量和经济评价结果，而且也直接关系到下一阶段设计概算和施工图预算的编制，对建设项目资金筹措方案也有直接的影响。因此，全面准确地估算建设项目的工程造价，是可行性研究乃至整个决策阶段造价管理的重要任务。投资估算在项目开发建设过程中的作用有以下几点。

(1)项目建议书阶段的投资估算，是项目主管部门审批项目建议书的依据之一，并对项目的规划、规模起参考作用。

(2)项目可行性研究阶段的投资估算，是项目投资决策的重要依据，也是研究、分析、计算项目投资经济效果的重要条件。当可行性研究报告被批准之后，其投资估算额就是作为设计任务书中下达的投资限额，即作为建设项目投资的最高限额，不得随意突破。

(3)项目投资估算对工程设计概算起控制作用，设计概算不得突破批准的投资估算额，并应控制在投资估算额以内。

(4)项目投资估算可作为项目资金筹措及制订建设贷款计划的依据，建设单位可根据批准的项目投资估算额，进行资金筹措和向银行申请贷款。

(5)项目投资估算是核算建设项目固定资产投资需要额和编制固定资产投资计划的重要依据。

二、投资估算工作内容

(1)工程造价咨询单位可接受有关单位的委托编制整个项目的投资估算、单项工程投资估算、单位工程投资估算或分部分项工程投资估算，也可接受委托进行投资估算的审核与调整，配合设计单位或决策单位进行方案比选、优化设计、限额设计等方面的投资估算工作，亦可进行决策阶段的全过程造价控制等工作。

(2)估算编制一般应依据建设项目的特征、设计文件和相应的工程造价计价依据或资料对建设项目总投资及其构成进行编制，并对主要技术经济指标进行分析。

(3)建设项目的设计方案、资金筹措方式、建设时间等出现调整时，应进行投资估算的调整。

(4)对建设项目进行评估时，应进行投资估算的审核，政府投资项目的投资估算审核除依据设计文件外，还应依据政府有关部门发布的有关规定、建设项目投资估算指标和工程造价信息等计价依据。

(5)设计方案进行方案比选时，工程造价人员应主要依据各个单位或分部分项工程的主要技术经济指标确定最优方案，注册造价工程师应配合设计人员对不同技术方案进行技术经济分析，确定合理的设计方案。

(6)对于已经确定的设计方案，注册造价工程师可依据有关技术经济资料对设计方案提出优化设计的建议与意见，通过优化设计和深化设计使技术方案更加经济合理。

(7)对于采用限额设计的建设项目、单位工程或分部分项工程，注册造价工程师应配合设计人员确定合理的建设标准，进行投资分解与投资分析，确保限额的合理可行。

(8)造价咨询单位在承担全过程造价咨询或决策阶段的全过程造价控制时，除应进行全面的投资估算的编制外，还应主动地配合设计人员通过方案比选、优化设计和限额设计等手段进行工程造价控制与分析，确保建设项目在经济合理的前提下做到技术先进。

三、投资估算的阶段划分和精度要求

在我国，项目投资估算是指在做初步设计之前各工作阶段中的一项工作。在做工程初步设计之前，根据需要可邀请设计单位参加编制项目规划和项目建议书，并可委托设计单位承担项目的初步可行性研究、可行性研究及设计任务书的编制工作，同时应根据项目已明确的技术经济条件，编制和估算出精确度不同的投资估算额。我国建设项目的投资估算分为以下几个阶段。

1. 项目规划阶段的投资估算

建设项目规划阶段是指有关部门根据国民经济发展规划、地区发展规划和行业发展规划的要求，编制一个建设项目的建设规划。此阶段是按项目规划的要求和内容，粗略地估算建设项目所需要的投资额。其对投资估算精度的要求为允许误差大于±30%。

2. 项目建议书阶段的投资估算

在项目建议书阶段，是按项目建议书中的产品方案、项目建设规模、产品主要生产工艺、企业车间组成、初选建厂地点等，估算建设项目所需要的投资额。其对投资估算精度的要求为误差控制在±20%以内。此阶段项目投资估算的意义是可据此判断一个项目是否需要进行下一阶段的工作。

3. 初步可行性研究阶段的投资估算

初步可行性研究阶段，是在掌握了更详细、更深入的资料条件下，估算建设项目所需的投资额。其对投资估算精度的要求为误差控制在±10%以内。此阶段项目投资估算的意义是据以确定是否进行详细可行性研究。

4. 详细可行性研究阶段的投资估算

详细可行性研究阶段的投资估算至关重要，因为这个阶段的投资估算经审查批准之后，便是工程设计任务书中规定的项目投资限额，并可据此列入项目年度基本建设计划。

第二节　建设工程投资估算的费用构成与计算

一、投资估算的费用构成

（1）建设项目总投资由建设投资、建设期利息、固定资产投资方向调节税和流动资金组成。

（2）建设投资是用于建设项目的工程费用、工程建设其他费用及预备费用之和。

（3）工程费用包括建筑工程费、设备及工器具购置费、安装工程费。

（4）预备费包括基本预备费和价差预备费。

（5）建设期贷款利息包括支付金融机构的贷款利息和为筹集资金而发生的融资费用。

（6）建设项目总投资的各项费用按资产属性分别形成固定资产、无形资产和其他资产（递延资产）。项目可行性研究阶段可按资产类别简化归并后进行经济评价。

二、固定资产其他费用的计算

1. 建设管理费

（1）以建设投资中的工程费用为基数乘以建设管理费率计算。

$$建设管理费＝工程费用×建设管理费费率$$

（2）由于工程监理是受建设单位委托的工程建设技术服务，属建设管理范畴。如采用监理，建设单位的部分管理工作量转移至监理单位。监理费应根据委托的监理工作和监理深度在监理合同中商定，或按当地或所属行业部门有关规定计算。

（3）如建设管理采用工程总承包方式，其总包管理费由建设单位与总包单位根据总包工作范围在合同中商定，从建设管理费中支出。

（4）改扩建项目的建设管理费率应比新建项目适当降低。

（5）建设项目按批准的设计文件规定的内容建设，工业项目经负荷试车考核（引进国外设备项目按合同规定试车考核期满）或试运行期能够正常生产合格产品，非工业项目符合设计要求且能够正常使用时，应及时组织验收、移交生产或使用。凡已超过批准的试运行期并符合验收条件，但未及时办理竣工验收手续的建设项目，视同项目已交付生产，其费用不得再从基建投资中支付，所实现的收入作为生产经营收入，不再作为基建收入。

2. 建设用地费

（1）根据征用建设用地面积、临时用地面积，按建设项目所在省（市、自治区）人民政府制定颁发的土地征用补偿费、安置补助费标准和耕地占用税、城镇土地使用税标准计算。

(2)建设用地上的建(构)筑物如需迁建，其迁建补偿费应按迁建补偿协议计列或按新建同类工程造价计算。建设场地平整中的余物拆除清理费在"场地准备及临时设施费"中计算。

(3)建设项目采用"长租短付"方式租用土地使用权，在建设期间支付的租地费用计入建设用地费，在生产经营期间支付的土地使用费应进入营运成本中核算。

3. 可行性研究费

(1)依据前期研究委托合同计列，或参照《国家计委关于印发〈建设项目前期工作咨询收费暂行规定〉的通知》(计投资〔1999〕1283号)规定计算。

(2)编制预可行性研究报告参照编制项目建议书收费标准并可适当调增。

4. 研究试验费

(1)按照研究试验内容和要求进行编制。

(2)研究试验费不包括以下项目：

1)应由科技三项费用(即新产品试制费、中间试验费和重要科学研究补助费)开支的项目。

2)应在建筑安装费用中列支的施工企业对建筑材料、构件和建筑物进行一般鉴定、检查所发生的费用及技术革新的研究试验费。

3)应由勘察设计费或工程费用中开支的项目。

5. 勘察设计费

依据勘察设计委托合同计列，或参照原国家计委、原建设部《关于发布〈工程勘察设计收费管理规定〉的通知》(计价格〔2002〕10号)规定计算。

6. 环境影响评价费

依据环境影响评价委托合同计列，或按照原国家计委、国家环境保护总局《关于规范环境影响咨询收费有关问题的通知》(计价格〔2002〕125号)规定计算。

7. 劳动安全卫生评价费

依据劳动安全卫生预评价委托合同计列，或按照建设项目所在省(市、自治区)劳动行政部门规定的标准计算。

8. 场地准备及临时设施费

(1)场地准备及临时设施应尽量与永久性工程统一考虑。建设场地的大型土石方工程的场地准备及临时设施费应进入工程费用中的总图运输费用中。

(2)新建项目的场地准备和临时设施费应根据实际工程量估算，或按工程费用的比例计算。改扩建项目一般只计拆除清理费。

$$场地准备和临时设施费＝工程费用×费率＋拆除清理费$$

(3)发生拆除清理费时可按新建同类工程造价或主材费、设备费的比例计算。

凡可回收材料的拆除工程，采用以料抵工方式冲抵拆除清理费。

(4)此项费用不包括已列入建筑安装工程费用中的施工单位临时设施费用。

9. 引进技术和引进设备其他费

(1)引进项目图纸资料翻译复制费。根据引起项目的具体情况计列，或按引进货价(F.O.B)的比例估列；引进项目发生备品备件测绘费时，按具体情况估列。

（2）出国人员费用。依据合同或协议规定的出国人次、期限以及相应的费用标准计算。生活费按照财政部、外交部规定的现行标准计算，差旅费按中国民航公布的票价计算。

（3）来华人员费用。依据引进合同或协议有关条款及来华技术人员派遣计划进行计算。来华人员接待费用可按每人次费用指标计算。引进合同价款中已包括的费用内容不得重复计算。

（4）银行担保及承诺费。应按担保或承诺协议计取。编制投资估算和概算时可以以担保金额或承诺金额为基数乘以费率计算。

（5）引进设备材料的国外运输费、国外运输保险费、关税、增值税、外贸手续费、银行财务费、国内运杂费、引进设备材料国内检验费等按引进货价(F.O.B 或 C.I.F)计算后进入相应的设备材料费中。

（6）单独引进软件不计算关税只计算增值税。

10. 工程保险费

（1）不投保的工程不计取此项目费用。

（2）不同的建设项目可根据工程特点选择投保险种，根据投保合同计列保险费用。编制投资估算和概算时可按工程费用的比例估算。

（3）此项费用不包括已列入施工企业管理费中的施工管理用财产、车辆保险费。

11. 联合试运转费

（1）不发生试运转或试运转收入大于(或等于)费用支出的工程，不列此项费用。

（2）当联合试运转收入小于试运转支出时：

$$联合试运转费＝联合试运转费用支出－联合试运转收入$$

（3）联合试运转费不包括应由设备安装工程费用开支的调试及试车费用，以及在试运转中暴露出来的因施工原因或设备缺陷等发生的处理费用。

（4）试运行期按照以下规定确定：引进国外设备项目建设合同中规定的试运行期执行；国内一般性建设项目试运行期原则上按照批准的设计文件所规定的期限执行；个别行业的建设项目试运行期需要超过规定试运行期的，应报项目设计文件审批机关批准。试运行期一经确定，各建设单位应严格按规定执行，不得擅自缩短或延长。

12. 特殊设备安全监督检验费

特殊设备安全监督检验费按照建设项目所在省、市、自治区安全监察部门的规定标准计算。无具体规定的，在编制投资估算和概算时，可按受检设备现场安装费的比例估算。

13. 市政公用设施费

（1）按工程所在地人民政府规定标准计列。

（2）不发生或按规定免征项目不计取。

三、无形资产费用计算方法

无形资产费用主要指专利及专有技术使用费，其计算方法如下：

（1）按专利使用许可协议和专有技术使用合同的规定计列。

（2）专有技术的界定应以省、部级鉴定批准为依据。

（3）项目投资中只计需在建设期支付的专利及专有技术使用费。协议或合同规定在生产期支付的使用费应在生产成本中核算。

(4)一次性支付的商标权、商誉及特许经营权费按协议或合同规定计列。协议或合同规定在生产期支付的商标权或特许经营权费，应在生产成本中核算。

(5)为项目配套的专用设施投资，包括专用铁路线、专用公路、专用通信设施、变送电站、地下管道、专用码头等，如由项目建设单位负责投资但产权不归属本单位的，应做无形资产处理。

四、其他资产费用(递延资产)计算方法

其他资产费用(递延资产)主要指生产准备及开办费，其计算方法如下：

(1)新建项目按设计定员为基数计算，改扩建项目按新增设计定员为基数计算：

$$生产准备费＝设计定员×生产准备费指标(元/人)$$

(2)可采用综合的生产准备费指标进行计算，也可以按费用内容的分类指标计算。

第三节 投资估算编制办法

建设项目投资估算要根据主体专业设计的阶段和深度，结合各自行业的特点，所采用生产工艺流程的成熟性，以及编制者所掌握的国家及地区、行业或部门相关投资估算基础资料和数据的合理、可靠、完整程度(包括造价咨询机构自身统计和积累的、可靠的相关造价基础资料)，采用生产能力指数法、系数估算法、比例估算法、混合法(生产能力指数法与比例估算法、系数估算法与比例估算法等综合使用)、指标估算法进行建设项目投资估算。

建设项目投资估算无论采用何种办法，应充分考虑拟建项目设计的技术参数和投资估算所采用的估算系数、估算指标，在质和量方面所综合的内容，应遵循口径一致的原则。

建设项目投资估算无论采用何种办法，应将所采用的估算系数和估算指标价格、费用水平调整到项目建设所在地及投资估算编制年的实际水平。对于建设项目的边界条件，如建设用地费和外部交通、水、电、通信条件，或市政基础设施配套条件等差异所产生的与主要生产内容投资无必然关联的费用，应结合建设项目的实际情况修正。

一、投资估算文件的组成

(1)投资估算文件一般由封面、签署页、编制说明、投资估算分析、投资估算汇总表、单项工程投资估算汇总表、主要技术经济指标等内容组成。

(2)投资估算编制说明一般阐述以下内容：

1)工程概况；

2)编制范围；

3)编制方法；

4)编制依据；

5)主要技术经济指标；

6)有关参数、率值选定的说明；

7)特殊问题的说明(包括采用新技术、新材料、新设备、新工艺)；必须说明的价格的

确定；进口材料、设备、技术费用的构成与计算参数；采用矩形结构、异形结构的费用估算方法；环保(不限于)投资占总投资的比重；未包括项目或费用的必要说明等；

8)采用限额设计的工程还应对投资限额和投资分解做进一步说明；

9)采用方案比选的工程还应对方案比选的估算和经济指标做进一步说明。

(3)投资分析应包括以下内容：

1)工程投资比例分析。

2)分析设备购置费、建筑工程费、安装工程费、工程建设其他费用、预备费占建设总投资的比例；分析引进设备费用占全部设备费用的比例等。

3)分析影响投资的主要因素。

4)与国内类似工程项目的比较，分析说明投资高低的原因。

(4)总投资估算包括汇总单项工程估算、工程建设其他费用，估算基本预备费、价差预备费，计算建设期利息等。

(5)单项工程投资估算，应按建设项目划分的各个单项工程分别计算组成工程费用的建筑工程费、设备购置费、安装工程费。

(6)工程建设其他费用估算，应按预期将要发生的工程建设其他费用种类，逐渐详细估算其费用金额。

(7)估算人员应根据项目特点，计算并分析整个建设项目、各单项工程和主要单位工程的主要技术经济指标。

二、投资估算的编制依据

(1)投资估算的编制依据是指在编制投资估算时需要进行计量、价格确定、工程计价有关参数、率值确定的基础资料。

(2)投资估算的编制依据主要有以下几个方面：

1)国家、行业和地方政府的有关规定。

2)工程勘察与设计文件，图示计量或有关专业提供的主要工程量和主要设备清单。

3)行业部门、项目所在地工程造价管理机构或行业协会等编制的投资估算指标、概算指标(定额)、工程建设其他费用定额(规定)、综合单价、价格指数和有关造价文件等。

4)类似工程的各种技术经济指标和参数。

5)工程所在地的同期的工、料、机市场价格，建筑、工艺及附属设备的市场价格和有关费用。

6)政府有关部门、金融机构等部门发布的价格指数、利率、汇率、税率等有关参数。

7)与建设项目相关的工程地质资料、设计文件、图纸等。

8)委托人提供的其他技术经济资料。

三、项目建议书阶段投资估算

项目建议书阶段的投资估算一般要求编制总投资估算，总投资估算表中工程费用的内容应分解到主要单项工程，工程建设其他费用可在总投资估算表中分项计算。

项目建议书阶段建设项目投资估算可采用生产能力指数法、系数估算法、比例估算法、混合法(生产能力指数法与比例估算法、系数估算法与比例估算法等综合使用)、指标估法等。

1. 生产能力指数法

生产能力指数法是根据已建成的类似建设项目生产能力和投资额，进行粗略估算拟建建设项目相关投资额的方法，其计算公式为

$$C = C_1 (Q/Q_1)^x \cdot f$$

式中　C——拟建建设项目的投资额；

　　C_1——已建成类似建设项目的投资额；

　　Q——拟建建设项目的生产能力；

　　Q_1——已建成类似建设项目的生产能力；

　　x——生产能力指数（$0 \leqslant x \leqslant 1$）；

　　f——不同的建设时期、不同的建设地点而产生的定额水平、设备购置和建筑安装材料价格、费用变更和调整等综合调整系数。

2. 系数估算法

系数估算法是以已知的拟建建设项目主体工程费或主要生产工艺设备费为基数，以其他辅助费或配套工程费占主体工程费或主要生产工艺设备费的百分比为系数，进行估算拟建建设项目相关投资额的方法，其计算公式为

$$C = E(1 + f_1 P_1 + f_2 P_2 + f_3 P_3 + \cdots) + I$$

式中　　　　C——拟建建设项目的投资额；

　　　　　　E——拟建建设项目的主体工程费或主要生产工艺设备费；

P_1、P_2、P_3——已建成类似建设项目的辅助或配套工程费占主体工程费或主要生产工艺设备费的比重；

f_1、f_2、f_3——由于建设时间、地点不同而产生的定额水平、建筑安装材料价格、费用变更和调整等综合调整系数；

　　　　　　I——根据具体情况计算的拟建建设项目各项其他基本建设费用。

3. 比例估算法

比例估算法是根据已知的同类建设项目主要生产工艺设备投资占整个建设项目的投资比例，先逐项估算出拟建建设项目主要生产工艺设备投资，再按比例进行估算拟建建设项目相关投资额的方法，其计算公式为

$$C = \sum_{i=1}^{n} Q_i P_i / k$$

式中　C——拟建建设项目的投资额；

　　k——主要生产工艺设备费占拟建建设项目投资额的比例；

　　n——主要生产工艺设备的种类；

　　Q_i——第 i 种主要生产工艺设备的数量；

　　P_i——第 i 种主要生产工艺设备购置费（到厂价格）。

4. 混合法

混合法是根据主体专业设计的阶段和深度，投资估算编制者所掌握的国家及地区、行业或部门相关投资估算基础资料和数据（包括造价咨询机构自身统计和积累的相关造价基础

资料），对一个拟建建设项目采用生产能力指数法与比例估算法或系数估算法与比例估算法混合估算其相关投资额的方法。

5. 指标估算法

指标估算法是把拟建建设项目以单项工程或单位工程，按建设内容纵向划分为各个主要生产设施、辅助及公用设施、行政及福利设施以及各项其他基本建设费用，按费用性质横向划分为建筑工程、设备购置、安装工程等，根据各种具体的投资估算指标，进行各单位工程或单项工程投资的估算，在此基础上汇集编制成拟建建设项目的各个单项工程费用和拟建建设项目的工程费用投资估算，再按相关规定估算工程建设其他费用、预备费、建设期贷款利息等，形成拟建建设项目总投资。

四、可行性研究阶段投资估算

(1)可行性研究阶段建设项目投资估算原则上应采用指标估算法，对于对投资有重大影响的主体工程，应估算出分部分项工程量，参考相关综合定额(概算指标)或概算定额编制主要单项工程的投资估算。

(2)预可行性研究阶段、方案设计阶段，项目建设投资估算视设计深度，宜参照可行性研究阶段的编制办法进行。

(3)在一般的设计条件下，可行性研究投资估算深度在内容上应达到规定要求。对于子项单一的大型民用公共建筑，主要单项工程估算应细化到单位工程估算书。可行性研究投资估算深度应满足项目的可行性研究与评估要求，并最终满足国家和地方相关部门批复或备案的要求。

五、投资估算过程中的方案比选、优化设计和限额设计

(1)工程建设项目由于受资源、市场、建设条件等因素的限制，为了提高工程建设投资效果，拟建项目可能因建设场址、建设规模、产品方案、所选用的工艺流程不同等存在多个整体设计方案。而在一个整体设计方案中，亦可存在厂区总平面布置、建筑结构形式等不同的多个设计方案。当出现多个设计方案时，工程造价咨询机构和注册造价工程师有义务与工程设计者配合，为建设项目投资决策者提供方案比选的意见。

(2)建设项目设计方案比选应遵循以下三个原则：

1)建设项目设计方案比选要协调好技术先进性和经济合理性的关系，即在满足设计功能和采用合理先进技术的条件下，尽可能降低投入。

2)建设项目设计方案比选除考虑一次性建设投资的比选，还应考虑项目运营过程中的费用比选，即项目寿命期的总费用比选。

3)建设项目设计方案比选要兼顾近期与远期的要求，即建设项目的功能和规模应根据国家和地区远景发展规划，适当留有发展余地。

(3)建设项目设计方案比选的内容：在宏观方面有建设规模、建设场址、产品方案等；对于建设项目本身有厂区(或居住小区)总平面布置、主体工艺流程选择、主要设备选型等；小的方面有工程设计标准、工业与民用建筑的结构形式、建筑安装材料的选择等。

(4)建设项目设计方案比选的方法：建设项目多方案整体宏观方面的比选，一般采用投

资回收期法、计算费用法、净现值法、净年值法、内部收益率法，以及上述几种方法同时使用等。建设项目本身局部多方案的比选，一般采用价值工程原理或多指标综合评分法（对参与比选的设计方案设定若干评价指标，并按其各自在方案中的重要程度给定各评价指标的权重和评分标准，计算各设计方案的权重加得分的方法）比选；也可采用上述宏观方案的比较方法外。

（5）优化设计的投资估算编制是在方案比选确定的设计方案基础上，通过设计招标、方案竞选、深化设计等措施，在以降低成本或功能提高为目的的优化设计或深化过程中，对投资估算进行调整的过程。

（6）限额设计的投资估算编制的前提条件是严格按照基本建设程序进行，前期设计的投资估算应准确和合理，限额设计的投资估算编制应进一步细化建设项目投资估算，按项目实施内容和标准合理分解投资额度和预留调节金。

本 章 小 结

投资估算的准确与否不仅影响到可行性研究工作的质量和经济评价结果，而且也直接关系到下一阶段设计概算和施工图预算的编制，对建设项目资金筹措方案也有直接的影响。本章主要介绍了投资估算的阶段划分与精度要求；投资估算费用的构成与计算；投资估算文件的编制以及投资估算过程中的方案比选、优化设计和限额设计。

思 考 与 练 习

一、是非题

1. 项目建议书阶段的投资估算，是项目投资决策的重要依据，也是研究、分析、计算项目投资经济效果的重要条件。（   ）

2. 初步可行性研究阶段对投资估算精度的要求为误差控制在±10％以内。（   ）

3. 初步可行性研究阶段的投资估算至关重要，因为这个阶段的投资估算经审查批准之后，便是工程设计任务书中规定的项目投资限额，并可据此列入项目年度基本建设计划。（   ）

4. 项目投资中只计需在建设期支付的专利及专有技术使用费。协议或合同规定在生产期支付的使用费应在生产成本中核算。（   ）

5. 建设项目投资估算无论采用何种办法，在质和量方面所综合的内容，应遵循口径一致的原则。（   ）

二、多项选择题

1. 投资估算是项目建设前期编制（   ）的重要组成部分，是项目决策的重要依据之一。

A. 项目建议书　　　　　　　　　B. 可行性研究报告

C. 项目投资估算　　　　　　　　D. 以上都对

2. 我国建设项目的投资估算分为（　　）几个阶段。

  A. 项目规划阶段   B. 项目建议书阶段

  C. 初步可行性研究阶段   D. 详细可行性研究阶段

3. 建设项目总投资由（　　）组成。

  A. 建设投资   B. 固定资产投资方向调节税和流动资金

  C. 建设期利息   D. 建筑安装工程费

4. 建设项目投资估算可采用（　　）进行建设项目投资估算。

  A. 试验法   B. 系数估算法

  C. 生产能力指数法   D. 指标估算法

5. 建设项目设计方案比选应遵循（　　）原则。

  A. 要协调好技术先进性和经济合理性的关系，即在满足设计功能和采用合理先进技术的条件下，尽可能降低投入

  B. 除考虑一次性建设投资的比选，还应考虑项目运营过程中的费用比选，即项目寿命期的总费用比选

  C. 要兼顾近期与远期的要求，即建设项目的功能和规模应根据国家和地区远景发展规划，适当留有发展余地

  D. 以上都对

三、简答题

1. 什么是投资估算？投资估算在项目开发建设过程中的有何作用？

2. 投资估算的工作内容包括哪些？

3. 我国建设项目的投资估算可划分为哪几个阶段？

4. 投资估算由哪些费用构成？如何计算？

5. 投资估算编制说明一般阐述哪些内容？

6. 投资估算编制的依据有哪些？

7. 如何编制投资估算？

第七章 建筑装饰设计概算编制

1. 能进行概算总投资费用的计算。
2. 具备建筑装饰设计概算编制与审查的能力。

1. 了解设计概算的定义与作用，熟悉设计概算的编制依据。
2. 掌握设计概算总投资的费用构成与计算方法。
3. 掌握建筑装饰设计概算编制的方法。
4. 熟悉设计概算审查的内容，掌握设计概算审查的方法与步骤。

第一节 设计概算概述

一、设计概算的概念与作用

设计概算是初步设计概算的简称，是指在初步设计或扩大初步设计阶段，由设计单位根据初步设计图纸、定额、指标、其他工程费用定额等，对工程投资进行的概略计算。

建设项目设计概算是设计文件的重要组成部分，是确定和控制建设项目全都投资的文件，是编制固定资产投资计划、实行建设项目投资包干、签订承发包合同的依据，是签订贷款合同、项目实施全过程造价控制管理以及考核项目经济合理性的依据。设计概算的作用具体表现如下：

(1)设计概算是确定建设项目、各单项工程及各单位工程投资的依据。按照规定报请有关部门或单位批准的初步设计及总概算，一经批准即作为建设项目静态总投资的最高限额，不得任意突破，必须突破时，需报原审批部门(单位)批准。

(2)设计概算是编制投资计划的依据。计划部门根据批准的设计概算编制建设项目年固定资产投资计划，并严格控制投资计划的实施。若建设项目实际投资数额超过了总概算，那么必须在原设计单位和建设单位共同提出追加投资的申请报告基础上，经上级计划部门审核批准后，方能追加投资。

(3)设计概算是进行拨款和贷款的依据。建设银行根据批准的设计概算和年度投资计划，进行拨款和贷款，并严格实行监督控制。对超出概算的部分，未经计划部门批准，建设银行不得追加拨款和贷款。

(4)设计概算是实行投资包干的依据。在进行概算包干时，单项工程综合概算及建设项目总概算是投资包干指标商定和确定的基础，尤其经上级主管部门批准的设计概算或修正概算，是主管单位和包干单位签订包干合同，控制包干数额的依据。

（5）设计概算是考核设计方案的经济合理性和控制施工图预算的依据。设计单位根据设计概算进行技术经济分析和多方案评价，以提高设计质量和经济效果；同时保证施工图预算在设计概算的范围内。

（6）设计概算是进行各种施工准备、设备供应指标、加工订货及落实各项技术经济责任制的依据。

（7）设计概算是控制项目投资，考核建设成本，提高项目实施阶段工程管理和经济核算水平的必要手段。

二、设计概算的分类

设计概算分为三级概算，即单位工程概算、单项工程综合概算、建设项目总概算。建设工程总概算的编制内容及相互关系如图 7-1 所示。

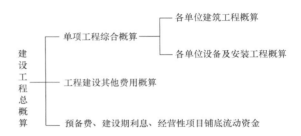

图 7-1　设计概算的编制内容及相互关系

三、设计概算的编制依据

设计概算的编制依据是指编制项目概算所需的一切基础资料，主要有以下方面：

（1）批准的可行性研究报告。

（2）设计工程量。

（3）项目涉及的概算指标或定额。

（4）国家、行业和地方政府有关法律、法规或规定。

（5）资金筹措方式。

（6）正常的施工组织设计。

（7）项目涉及的设备、材料供应及价格。

（8）项目的管理（含监理）、施工条件。

（9）项目所在地区有关的气候、水文、地质地貌等自然条件。

（10）项目所在地区有关的经济、人文等社会条件。

（11）项目的技术复杂程度，以及新技术、专利使用情况等。

（12）有关文件、合同、协议等。

第二节　设计概算的编制办法

一、建设项目总概算及单项工程综合概算的编制

（1）概算编制说明应包括以下主要内容：

1）项目概况：简述建设项目的建设地点、设计规模、建设性质（新建、扩建或改建）、工程类别、建设期（年限）、主要工程内容、主要工程量、主要工艺设备及数量等。

2)主要技术经济指标:项目概算总投资(有引进的给出所需外汇额度)及主要分项投资、主要技术经济指标(主要单位工程投资指标)等。

3)资金来源:按资金来源不同渠道分别说明发生资产租赁的租赁方式及租金。

4)编制依据,参见第一节"三、设计概算的编制依据"。

5)其他需要说明的问题。

6)总说明附表。

①建筑、安装工程工程费用计价程序表;

②引进设备、材料清单及从属费用计算表;

③具体建设项目概算要求的其他附表及附件。

(2)总概算表。概算总投资由工程费用、其他费用、预备费及应列入项目概算总投资中的几项费用组成:

第一部分　工程费用;

第二部分　其他费用;

第三部分　预备费;

第四部分　应列入项目概算总投资中的几项费用:

①建设期利息;

②固定资产投资方向调节税;

③铺底流动资金。

(3)第一部分　工程费用。按单项工程综合概算组成编制,采用二级编制的按单位工程概算组成编制。

1)市政民用建设项目一般排列顺序:主体建(构)筑物、辅助建(构)筑物、配套系统。

2)工业建设项目一般排列顺序:主要工艺生产装置、辅助工艺生产装置、公用工程、总图运输、生产管理服务性工程、生活福利工程、厂外工程。

(4)第二部分　其他费用。一般按其他费用概算顺序列项,具体见下述"二、其他费用、预备费、专项费用概算编制"。

(5)第三部分　预备费。包括基本预备费和价差预备费,具体见下述"二、其他费用、预备费、专项费用概算编制"。

(6)第四部分　应列入项目概算总投资中的几项费用。一般包括建设期利息、铺底流动资金、固定资产投资方向调节税(暂停征收)等,具体见下述"二、其他费用、预备费、专项费用概算编制"。

(7)综合概算以单项工程所属的单位工程概算为基础,采用"综合概算表"进行编制,分别按各单位工程概算汇总成若干个单项工程综合概算。

(8)对单一的、具有独立性的单项工程建设项目,按二级编制形式编制,直接编制总概算。

二、其他费用、预备费、专项费用概算编制

(1)一般建设项目其他费用包括建设用地费、建设管理费、勘察设计费、可行性研究费、环境影响评价费、劳动安全卫生评价费、场地准备及临时设施费、工程保险费、联合试运转费、生产准备及开办费、特殊设备安全监督检验费、市政公用设施建设及绿化补偿费、

232

引进技术和引进设备材料其他费、专利及专有技术使用费、研究试验费等。

1)建设用地费、建设管理费、勘察设计费、可行性研究费、环境影响评价费、劳动安全卫生评价费、场地准备及临时设施费、工程保险费、联合试运转费、特殊设备安全监督检验费、市政公用设施建设及绿化补偿费、引进技术和引进设备材料其他费、研究试验费等。

具体内容参见本书第六章第二节"二、固定资产其他费用的计算"相关内容。

2)专利及专有技术使用费。

①按专利使用许可协议和专有技术使用合同的规定计列。

②专有技术的界定应以省、部级鉴定批准为依据。

③项目投资中只计需要在建设期支付的专利及专有技术使用费。协议或合同规定在生产期支付的使用费应在生产成本中核算。

④一次性支付的商标权、商誉及特许经营权费按协议或合同规定计列。协议或合同规定在生产期支付的商标权或特许经营权费应在生产成本中核算。

⑤为项目配套的专用设施投资,包括专用铁路线、专用公路、专用通信设施、变送电站、地下管道、专用码头等,如由项目建设单位负责投资但产权不归属本单位的,应作无形资产处理。

3)生产准备及开办费。

①新建项目按设计定员为基数计算,改扩建项目按新增设计定员为基数计算:

$$生产准备费＝设计定员×生产准备费用指标(元/人)$$

②可采用综合的生产准备费用指标进行计算,也可以按费用内容的分类指标计算。

(2)引进工程其他费用中的国外技术人员现场服务费、出国人员旅费和生活费折合人民币列入,用人民币支付的其他几项费用直接列入其他费用中。

(3)预备费包括基本预备费和价差预备费,基本预备费以总概算第一部分"工程费用"和第二部分"其他费用"之和为基数的百分比计算;价差预备费一般按下式计

$$P = \sum_{i=1}^{n} I_i \left[(1+f)^m (1+f)^{0.5} (1+f)^{t-1} - 1 \right]$$

式中　P——价差预备费;

　　　n——建设期(年)数;

　　　I_i——建设期第 i 年的投资;

　　　f——投资价格指数;

　　　i——建设期第 i 年;

　　　m——建设前年数(从编制概算到开工建设年数)。

(4)应列入项目概算总投资中的几项费用。

1)建设期利息:根据不同资金来源及利率分别计算。

$$Q = \sum_{j=1}^{n} (P_{j=1} + A_j/2) i$$

式中　　　Q——建设期利息;

　　　$P_{j=1}$——建设期第 $(j-1)$ 年末贷款累计金额与利息累计金额之和;

　　　A_j——建设期第 j 年贷款金额;

　　　i——贷款年利率;

n——建设期年数。

2)铺底流动资金按国家或行业有关规定计算。

3)固定资产投资方向调节税(暂停征收)。

三、单位工程概算的编制

(1)单位工程概算是编制单项工程综合概算(或项目总概算)的依据,单位工程概算项目根据单项工程中所属的每个单体按专业分别编制。

(2)单位工程概算一般分建筑工程、设备及安装工程两大类,建筑工程单位工程概算按下述(3)的要求编制,设备及安装工程单位工程概算按(4)的要求编制。

(3)建筑工程单位工程概算。

1)建筑工程概算费用内容及组成见住房城乡建设部财政部(建标〔2013〕44号)《建筑安装工程费用项目组成》。

2)建筑工程概算要采用"建筑工程概算表"编制,按构成单位工程的主要分部分项工程编制,根据初步设计工程量按工程所在省、市、自治区颁发的概算定额(指标)或行业概算定额(指标),以及工程费用定额计算。

3)对于通用结构建筑,可采用"造价指标"编制概算;对于特殊或重要的建(构)筑物,必须按构成单位工程的主要分部分项工程编制,必要时,结合施工组织设计进行详细计算。

(4)设备及安装工程单位工程概算:

1)设备及安装工程概算费用由设备购置费和安装工程费组成。

2)设备购置费。

定型或成套设备费＝设备出厂价格＋运输费＋采购保管费

引进设备费用分外币和人民币两种支付方式,外币部分按美元或其他国际主要流通货币计算。

非标准设备原价有多种不同的计算方法,如综合单价法、成本计算估价法、系列设备插入估价法、分部组合估价法、定额估价法等。一般采用不同种类设备综合单价法计算,计算公式为

设备费＝∑综合单价(元/吨)×设备单重(吨)

工具、器具及生产家具购置费一般以设备购置费为计算基数,按照部门或行业规定的工具、器具及生产家具费率计算。

3)安装工程费。安装工程费用内容组成,以及工程费用计算方法见住房城乡建设部财政部《建筑安装工程费用项目组成》(建标〔2013〕44号);其中,辅助材料费按概算定额(指标)计算,主要材料费以消耗量按工程所在地当年预算价格(或市场价)计算。

4)引进材料费用计算方法与引进设备费用计算方法相同。

5)设备及安装工程概算采用"设备及安装工程概算表"形式,按构成单位工程的主要分部分项工程编制,根据初步设计工程量按工程所在省、市、自治区颁发的概算定额(指标)或行业概算定额(指标),以及工程费用定额计算。

6)概算编制深度可参照《建设工程工程量清单计价规范》(GB 50500—2013)深度执行。

(5)当概算定额或指标不能满足概算编制要求时,应编制"补充单位估价表"。

四、概算的调整

(1)设计概算批准后一般不得调整。由于特殊原因需要调整概算时，由建设单位调查分析变更原因，报主管部门审批同意后，由原设计单位核实编制、调整概算，并按有关审批程序报批。

(2)调整概算的原因：

1)超出原设计范围的重大变更；

2)超出基本预备费规定范围内不可抗拒的重大自然灾害引起的工程变动和费用增加；

3)超出工程造价调整预备费的国家重大政策性的调整。

(3)影响工程概算的主要因素已经清楚，工程量完成了一定量后方可进行调整，一个工程只允许调整一次概算。

(4)调整概算编制深度与要求、文件组成及表格形式同原设计概算，调整概算还应对工程概算调整的原因做详尽分析说明，所调整的内容在调整概算总说明中要逐项与原批准概算对比，并编制调整前后概算对比表，分析主要变更原因。

(5)在上报调整概算时，应同时提供有关文件和调整依据。

五、设计概算文件的编制程序和质量控制

(1)编制设计概算文件的有关单位应当一起制定编制原则、方法，以及确定合理的概算投资水平，对设计概算的编制质量、投资水平负责。

(2)项目设计负责人和概算负责人对全部设计概算的质量负责；概算文件编制人员应参与设计方案的讨论；设计人员要树立以经济效益为中心的观念，严格按照批准的工程内容及投资额度设计，提出满足概算文件编制深度的技术资料；概算文件编制人员对投资的合理性负责。

(3)概算文件需要经编制单位自审，建设单位(项目业主)复审，工程造价主管部门审批。

(4)概算文件的编制与审查人员必须具有国家注册造价工程师资格，或者具有省市(行业)颁发的造价员资格证，并根据工程项目大小按持证专业承担相应的编审工作。

(5)各造价协会(或者行业)、造价主管部门可根据所主管的工程特点制定概算编制质量的管理办法，并对编制人员采取相应的措施进行考核。

第三节　设计概算的审查

一、设计概算审查的内容

(1)审查设计概算的编制依据。包括国家综合部门的文件，国务院主管部门和各省、市、自治区根据国家规定或授权制定的各种规定及办法，以及建设项目的设计文件等重点审查。

1)审查编制依据的合法性。采用的各种编制依据必须经过国家或授权机关的批准，符

合国家的编制规定,未经批准的不能采用。也不能强调情况特殊,擅自提高概算定额、指标或费用标准。

2)审查编制依据的时效性。各种依据,如定额、指标、价格、取费标准等,都应根据国家有关部门的现行规定进行,注意有无调整和新的规定。有的颁发时间较长,不能全部适用;有的应按有关部门做的调整系数执行。

3)审查编制依据的适用范围。各种编制依据都有规定的适用范围,如各主管部门规定的各种专业定额及其取费标准,只适用于该部门的专业工程;各地区规定的各种定额及其取费标准,只适用于该地区的范围以内。特别是地区的材料预算价格区域性更强,如某市有该市区的材料预算价格,又编制了郊区内一个矿区的材料预算价格,如在该市的矿区进行建设时,其概算采用的材料预算价格,则应用矿区的价格,而不能采用该市的价格。

(2)审查概算编制内容。

1)审查编制说明。审查编制说明可以检查概算的编制方法、深度和编制依据等重大原则问题。

2)审查概算编制内容。一般大中型项目的设计概算,应有完整的编制说明和"三级概算"(即总概算表、单项工程综合概算表、单位工程概算表),并按有关规定的深度进行编制。审查是否有符合规定的"三级概算",各级概算的编制、校对、审核是否按规定签署。

3)审查概算的编制范围。审查概算编制范围是否与主管部门批准的建设项目范围及具体工程内容一致;审查分期建设项目的建筑范围及具体工程范围有无重复交叉,是否重复计算或漏算;审查其他费用所列的项目是否都符合规定,静态投资、动态投资和经营性项目铺底流动资金是否分部列出等。

(3)审查建设规模、标准。审查概算的投资规模、生产能力、设计标准、建设用地、建筑面积、主要设备、配套工程、设计定员等是否符合原批准可行性研究报告或立项批文的标准。如概算总投资超过原批准投资估算10%以上,应进一步审查超估算的原因。

(4)审查设备规格、数量和配置。工业建设项目设备投资比重大,一般占总投资的30%～50%,要认真审查。审查所选用的设备规格、台数是否与生产规模一致,材质、自动化程度有无提高标准,引进设备是否配套、合理,备用设备台数是否适当,消防、环保设备是否计算等。还要重点审查价格是否合理、是否符合有关规定,如国产设备应按当时询价资料或有关部门发布的出厂价、信息价,引进设备应依据询价或合同价编制概算。

(5)审查工程费。建筑安装工程投资是随工程量增加而增加的,要认真审查。要根据初步设计图纸、概算定额及工程量计算规则、专业设备材料表、建构筑物和总图运输一览表进行审查,审查有无多算、重算、漏算。

(6)审查计价指标。审查建筑工程采用工程所在地区的计价定额、费用定额、价格指数和有关人工、材料、机械台班单价是否符合现行规定;审查安装工程所采用的专业部门或地区定额是否符合工程所在地区的市场价格水平,概算指标调整系数、主材价格、人工、机械台班和辅材调整系数是否按当地最新规定执行;审查引进设备安装费率或计取标准、部分行业专业设备安装费率是否按有关规定计算等。

(7)审查其他费用。工程建设其他费用投资约占项目总投资25%,必须认真逐项审查。审查费用项目是否按国家统一规定计列,具体费率或计取标准、部分行业专业设备安装费率是否按有关规定计算等。

二、设计概算审查的方法

设计概算审查主要有以下方法:

(1)对比分析法。对比分析法主要是通过建设规模、标准与立项批文对比;工程数量与设计图纸对比;综合范围、内容与编制方法、规定对比;各项取费与规定标准对比;材料、人工单价与市场价格对比;引进设备、技术投资与报价要求对比;技术经济指标与同类工程对比等。通过以上对比,容易发现设计概算存在的主要问题和偏差。

(2)查询核实法。查询核实法是对一些关键设备和设施、重要装置、引进工程图纸不全、难以核算的较大投资进行多方查询核对,逐项落实的方法。主要设备的市场价向设备供应部门或招标代理公司查询核实;重要生产装置、设施向同类企业(工程)查询了解;引进设备价格及有关税费向进出口公司调查落实;复杂的建安工程向同类工程的建设、承包、施工单位征求意见;深度不够或不清楚的问题直接向原概算编制人员、设计者询问清楚。

(3)联合会审法。联合会审前,可先采取多种形式分头审查,包括设计单位自审,主管、建设、承包单位初审,工程造价咨询公司评审,邀请同行专家预审,审批部门复审等,经层层审查把关后,由有关单位和专家进行联合会审。在会审会上,由设计单位介绍概算编制情况及有关问题,各有关单位、专家汇报初审和预审意见。然后进行认真分析、讨论,结合对各专业技术方案的审查意见所产生的投资增减,逐一核实原概算出现的问题。经过充分协商,认真听取设计单位意见后,实事求是地处理、调整。通过以上复审后,对审查中发现的问题和偏差,按照单项、单位工程的顺序,先按设备费、安装费、建筑费和工程建设其他费用分类整理;然后按照静态投资部分、动态投资部分和铺底流动资金三大类,汇总核增或核减的项目及其投资额;最后将具体审核数据,按照"原编"、"审核结果"、"增减投资"、"增减幅度"四栏列表,并按照原总概算表汇总顺序,将增减项目逐一列出,相应调整所属项目投资合计数,依次汇总审核后的总投资及增减投资额。对于差错较多、问题较大或不能满足要求的,责成按会审意见修改返工后,重新报批;对于无重大原则问题,深度基本满足要求,投资增减不多的,当场核定概算投资额,并提交审批部门复核后,正式下达审批概算。

三、设计概算审查的步骤

设计概算审查是一项复杂而细致的技术经济工作,审查人员既应懂得有关专业技术知识,又应具有熟练编制概算的能力,一般情况下可按如下步骤进行。

(1)概算审查的准备。概算审查的准备工作包括了解设计概算的内容组成、编制依据和方法;了解建设规模、设计能力和工艺流程;熟悉设计图纸和说明书、掌握概算费用的构成和有关技术经济指标;明确概算各种表格的内涵;收集概算定额、概算指标、取费标准等有关规定的文件资料等。

(2)进行概算审查。根据审查的主要内容,分别对设计概算的编制依据、单位工程设计概算、综合概算、总概算进行逐级审查。

(3)进行技术经济对比分析。利用规定的概算定额或指标以及有关技术经济指标与设计概算进行分析对比,根据设计和概算列明的工程性质、结构类型、建设条件、费用构成、投资比例、占地面积、生产规模、设备数量、造价指标、劳动定员等与国内外同类型工程规模进行对比分析，从大的方面找出和同类型工程的差距，为审查提供线索。

（4）研究、定案、调整概算。对概算审查中出现的问题要在对比分析、找出差距的基础上深入现场进行实际调查研究。了解设计是否经济合理、概算编制依据是否符合现行规定和施工现场实际、有无扩大规模、多估投资或预留缺口等情况，并及时核实概算投资。对于当地没有同类型的项目而不能进行对比分析时，可向国内同类型企业进行调查，收集资料，作为审查的参考。经过会审决定的定案问题应及时调整概算，并经原批准单位下发文件。

本 章 小 结

为了提高建设项目投资效益，合理确定建设项目投资额度，合理确定和有效控制工程造价，规范建设项目设计阶段概算文件编制内容和深度，应认真编制与审查设计概算。本章主要介绍了设计概算编制依据、方法与质量控制；设计概算的审查内容、方法与步骤。

思 考 与 练 习

一、是非题

1. 设计概算一经批准即作为建设项目静态总投资的最高限额，不得任意突破，必须突破时，需报原审批部门（单位）批准。（　　　）

2. 工程监理是受建设单位委托的工程建设技术服务，属建设管理范畴。（　　　）

3. 编制预可行性研究报告参照编制项目建议书收费标准，但不可调增。（　　　）

4. 试运行期一经确定，各建设单位应严格按规定执行，不得擅自缩短或延长。（　　　）

5. 进行概算审查时，应分别对设计概算的编制依据、单项工程设计概算、综合概算、总概算进行逐级审查。（　　　）

二、多项选择题

1. 设计概算分为三级概算，即（　　　）。

 A. 单位工程概算   B. 分部工程概算

 C. 单项工程综合概算   D. 建设项目总概算

2. 概算总投资由（　　　）及应列入项目概算总投资中的几项费用组成。

 A. 工程费用   B. 其他费用

 C. 预备费   D. 设备工、器具购置费

3. 影响工程概算的主要因素有（　　　）。

 A. 超出原设计范围的重大变更

 B. 超出基本预备费规定范围内不可抗拒的重大自然灾害引起的工程变动和费用增加

 C. 超出工程造价调整预备费的国家重大政策性的调整

 D. 以上都是

4. 设计概算审查的主要方法有（　　　）。

    A. 对比分析法　　　　　　　　　　B. 查询核实法

    C. 重点审查法　　　　　　　　　　D. 联合会审法

5. 进行技术经济对比分析时，应根据设计和概算列明的（　　　）、建设条件、投资比例、占地面积、生产规模、设备数量、劳动定员等与国内外同类型工程规模进行对比分析，从大的方面找出和同类型工程的差距，为审查提供线索。

    A. 工程性质　　　　　　　　　　　B. 费用构成

    C. 结构类型　　　　　　　　　　　D. 造价指标

三、简答题

1. 什么是建筑装饰工程设计概算？建筑装饰工程设计概算包括哪些内容？

2. 建筑装饰工程设计概算的作用有哪些？

3. 设计概算编制的原则是什么？

4. 试述单位工程概算的编制方法。

5. 设计概算的审查内容有哪些？

6. 试述设计概算审查的步骤。

第八章　建筑装饰施工图预算编制

具备建筑装饰施工图预算编制与审查的能力。

1. 了解施工图预算的定义与作用，熟悉施工图预算的文件组成。
2. 熟悉施工图预算编制的依据，掌握施工图预算编制的步骤与方法。
3. 了解施工图预算审查的意义，熟悉施工图预算审查的内容，掌握建筑装饰施工图预算审查的方法。

第一节　建筑装饰工程施工图预算概述

一、建筑装饰工程施工图预算的概念

建筑装饰工程施工图预算是建筑安装工程施工图预算的组成部分，是工程建设施工阶段核定工程施工造价的重要文件。

建筑装饰工程施工图预算是在建筑装饰工程设计的施工图完成以后，以施工图为依据，根据建筑装饰工程预算定额、费用标准以及工程所在地区的人工、材料、施工机械台班的预算价格所编制的一种确定单位建筑装饰工程预算造价的经济文件。

二、建筑装饰工程施工图预算的作用

建筑装饰工程施工图预算是确定建筑装饰工程造价、进行工程款调拨和实行财务监督管理的基础。其主要作用有以下几点：

(1)是施工图设计阶段合理确定和有效控制工程造价的重要依据。

(2)是签订建设工程施工合同的重要依据。

(3)是办理工程财务拨款、工程贷款和工程结算的依据。

(4)是施工单位进行人工和材料准备、编制施工进度计划、控制工程成本的依据。

(5)是落实或调整年度进度计划和投资计划的依据。

(6)是施工企业降低工程成本、实行经济核算的依据。

第二节　施工图预算文件组成及签署

一、施工图预算编制形式及文件组成

施工图预算根据建设项目实际情况可采用三级预算编制或二级预算编制形式。当建设项目有多个单项工程时，应采用三级预算编制形式，三级预算编制形式由建设项目施工图总预算、单项工程综合预算、单位工程施工图预算组成。当建设项目只有一个单项工程时，应采用二级预算编制形式，二级预算编制形式由建设项目施工图总预算和单位工程施工图预算组成。

1. 三级预算编制形式的工程预算文件组成

三级预算编制形式的工程预算文件的组成如下：

(1)封面、签署页及目录；

(2)编制说明包括工程概况、主要技术经济指标、编制依据、工程费用计算表(建筑、设备、安装工程费用计算方法和其他费用计取的说明)、其他有关说明的问题；

(3)总预算表；

(4)综合预算表；

(5)单位工程预算表；

(6)附件。

2. 二级预算编制形式的工程预算文件组成

二级预算编制形式的工程预算文件组成如下：

(1)封面、签署页及目录；

(2)编制说明包括工程概况、主要技术经济指标、编制依据、工程费用计算表(建筑、设备、安装工程费用计算方法和其他费用计取的说明)、其他有关说明的问题；

(3)总预算表；

(4)单位工程预算表；

(5)附件。

二、施工图预算文件表格格式

(1)建设项目施工图预算文件的封面、签署页、目录、编制说明式样参见《建设项目施工图预算编审规程》(CECA/GC 5—2010)附录 A。

(2)建设项目施工图预算文件的预算表格。包括总预算表、其他费用表、其他费用计算表、综合预算表、综合预算表、建筑工程取费表、建筑工程预算表、设备及安装工程取费表、设备及安装工程预算表、补充单位估价表、主要设备材料数量及价格表、分部工程工料分析表、分部工程工种数量分析汇总表、单位工程材料分析汇总表、进口设备材料货价及从属费用计算表，表格格式参见《建设项目施工图预算编审规程》(CECA/GC 5—2010)附录 B。

(3)调整预算表格。

1)调整预算"正表"表格，其格式同上述"(2)建设项目施工图预算文件的预算表格"。

2)调整预算对比表格。包括总预算对比表、综合预算对比表、其他费用对比表及主要设备材料数量及价格对比表，表格格式参见《建设项目施工图预算编审规程》(CECA/GC 5—2010)附录 B。

三、施工图预算文件签署

(1)建设项目施工图预算文件签署页应按编制人、审核人、审定人等顺序签署，其中编制人、审核人、审定人还需加盖执业或从业印章。

(2)表格签署要求：总预算表、综合预算表签编制人、审核人、项目负责人等，其他各表均签编制人、审核人。

(3)建设项目施工图预算应经签署齐全后方能生效。

第三节　施工图预算的编制

建设项目施工图预算的编制应由相应专业资质的单位和造价专业人员完成。编制单位应在施工图预算成果文件上加盖公章和资质专用章，对成果文件质量承担相应责任；注册造价工程师和造价员应在施工图预算文件上签署执业(从业)印章，并承担相应责任。对于大型或复杂的建设项目，应委托多个单位共同承担其施工图预算文件编制时，委托单位应指定主体承担单位，由主体承担单位负责具体编制工作的总体规划、标准的统一、编制工作的部署、资料的汇总等综合性工作，其他各单位负责其所承担的各个单项、单位工程施工图预算文件的编制。

施工图预算的编制应保证编制依据的合法性、全面性和有效性，以及预算编制成果文件的准确性、完整性。

建设项目施工图预算应按照设计文件和项目所在地的人工、材料和机械等要素的市场价格水平进行编制，应充分考虑项目其他因素对工程造价的影响；并应确定合理的预备费，力求能够使投资额度得以科学合理地确定，以保证项目的顺利进行。

一、施工图预算的编制依据

编制依据是指编制建设项目施工图预算所需的一切基础资料。建设项目施工图预算的编制依据主要有以下方面：

(1)国家、行业、地方政府发布的计价依据、有关法律法规或规定。

(2)工程施工合同或协议书。装饰工程施工合同是发包单位和承包单位履行双方各自承担的责任和分工的经济契约，也是当事人按有关法令、条例签订的权利和义务的协议。它完整表达甲乙双方对有关工程价值既定的要求，明确了双方的责任以及分工协作、互相制约、互相促进的经济关系。经双方签订的合同包括双方同意的有关修改承包合同的设计和变更文件，承包范围，结算方式，包干系数的确定，材料量、质和价的调整，协商记录，会议纪要以及资料和图表等。这些都是编制装饰工程概预算的主要依据。

(3)经过批准和会审的施工图纸和设计文件。预算编制单位必须具备建设单位、设计单位和施工单位共同会审的全套施工图和设计变更通知单，经三方签署的图纸会审记录，以及有关的各类标准图集。完整的建筑装饰施工图及其说明，以及图上注明采用的全部标准图是进行预算列项和计算工程量的重要依据之一。全套施工图应包括装饰工程施工图图样说明、总平面布置图、平面图、立面图、剖面图、装饰效果图和局部装饰大样图，以及门窗和材料明细表等。除此以外，预算部门还应具备所需的一切标准图(包括国家标准图和地区标准图)。通过这些资料，可以对工程概况(如工程性质、结构等)有一个详细的了解，这是编制施工图预算的前提条件。

(4)批准的施工图设计图纸及相关标准图集和规范。

(5)经过批准的设计总概算文件。经过批准的设计总概算文件是国家控制拨款或贷款的最高限额，也是控制单位工程预算的主要依据。因此，在编制装饰工程施工图预算时，必须以此为依据，使其预算造价不能突破单项工程概算中所规定的限额。如工程预算确定的投资总额超过设计概算，应补做调整设计概算，并经原批准单位批准后方可实施。

(6)装饰工程预算定额。装饰工程预算定额对于各分项工程项目都进行了详细的划分，同时对于分项工程的内容、工程量计算规则等都有明确的规定。装饰工程预算定额还给出了各个项目的人工、材料、机械台班的消耗量，是编制建筑装饰施工图预算的基础资料。

(7)经过批准的施工组织设计或施工方案。建筑装饰工程施工组织设计具体规定了装饰工程中各分部分项工程的施工方法、施工机具、构配件加工方式、施工进度计划技术组织措施和现场平面布置等内容，它直接影响整个装饰工程的预算造价，是计算工程量、选套定额项目和计算其他费用的重要依据。施工组织设计或施工方案必须合理，且必须经过上级主管部门批准。

(8)材料价格。材料费在装饰工程造价中所占的比重很大，由于工程所在地区不同，运费不同，必将导致材料预算价格的不同。因此，要正确计算装饰工程造价，必须以相应地区的材料预算价格进行定额调整或换算，作为编制装饰工程预算的主要依据。

(9)项目所在地区有关的气候、水文、地质地貌等的自然条件。

(10)项目的技术复杂程度，以及新技术、专利使用情况等。

(11)项目所在地区有关的经济、人文等社会条件。

二、施工图预算的编制步骤

(一)收集编制施工图预算的相关资料

编制建筑装饰工程施工图预算相关资料主要包括经过交底会审后的施工图样、经批准的设计总概算书、施工组织设计、国家和地区主管部门颁布的装饰工程预算定额、工人工资标准、材料预算价格、机械台班价格、单位估价表、工程施工合同、预算工作手册等资料。

(二)熟悉审核图样内容，掌握设计意图

施工图是计算工程量、套用定额项目的主要依据，必须认真按楼地面、墙柱面、门窗、天棚吊顶等各分部内容进行阅读，切实掌握图样设计意图，掌握工程全貌，这是迅速、准确编制装饰工程施工图预算的关键。

1. 整理施工图样

装饰工程施工图样，应把目录上所排列的总说明、平面图、立面图、剖面图和构造详图等按顺序进行整理，将目录放在首页，装订成册，避免使用过程中引起混乱而造成失误。

2. 审核施工图样

审核施工图样的目的就是看其是否齐全，根据施工图样的目录，对全套图样进行核对，发现缺少应及时补全，同时收集有关的标准图集。使用时必须了解标准图的应用范围、设计依据、选用条件、材料及施工要求等，弄清标准图规格尺寸的表示方法。

3. 熟悉图样

熟悉施工图是正确计算工程量的关键。经过对施工图样进行整理、审核后，就可以进行阅读。其目的在于了解该装饰工程中，各图样之间、图样与说明之间有无矛盾和错误；各设计标高、尺寸、室内外装饰材料和做法要求，以及施工中应注意的问题；采用的新材料、新工艺、新构件和新配件等是否需要编制补充定额或单位估价表；各分项工程的构造、尺寸和规定的材料品种、规格以及它们之间的相互关系是否明确；相应项目的内容与定额规定的内容是否一致等。同时做好记录，为精确计算工程量、正确套用定额项目创造有利条件。

4. 交底会审

施工单位在熟悉和审核图样的基础上，参加由建设单位主持、设计单位参加的图样交底会审会议，并妥善解决好图样交底和会审中发现的问题。

(三)熟悉施工组织设计和施工现场情况

施工组织设计是施工单位根据施工图样、组织施工的基本原则和上级主管部门的有关规定及现场的实际情况等资料编制的，是用以指导拟建工程施工过程中各项活动的技术、经济、组织的综合性文件。在编制装饰工程预算前，应深入施工现场，了解施工方法、机械选择、施工条件以及技术组织措施，熟悉并注意施工组织设计中影响工程预算造价的有关内容，严格按照施工组织设计所确定的施工方法和技术组织措施等要求，准确计算工程量，套取相应的定额项目，使施工图预算能够反映现场实际情况。

(四)熟悉预算定额并按要求计算工程量

预算定额是编制装饰工程施工图预算基础资料的主要依据。熟悉和了解现行地区装饰工程预算定额的内容、形式和使用方法，结合施工图样，迅速、准确地确定工程项目，根据工程量计算规则计算工程量，并将设计中有关定额上没有的项目单独列出来，以便编制补充定额或采用实物计价法进行计算。

(五)计算人工费、材料费、施工机具使用费总和

项目工程量计算完毕并复核无误后，把装饰工程施工图中已经确定下来的计算项目和与其相对应的预算定额中的定额编号、计量单位、工程量、预算定额基价及相应的人工费、材料费、施工机具使用费等填入工程预算表中，分别求出各分项工程的人工费、材料费、施工机具使用费。

(六)计算企业管理费、利润、规费和税金，确定工程造价

在全部工程项目人工费、材料费、施工机具使用费计算完成后，根据各地主管部门所定费用定额或取费标准中的费用"计算程序"和计费标准，计算企业管理费、利润、规费和税金，最后得出装饰工程的工程造价。

(七)计算工程技术经济指标

汇总上述各项费用及部分报价的项目，得到工程造价，在此基础上分析计算各项经济技术指标。

(1)每平方米建筑面积造价指标＝工程预算造价/建筑面积；

(2)每立方米建筑体积造价指标＝工程预算造价/建筑体积；

(3)每平方米建筑面积人工量消耗指标＝人工量/建筑面积；

(4)每平方米建筑面积主要材料消耗指标＝相应材料消耗量/建筑面积。

(八)编制主要材料汇总表

根据分部分项工程量，按定额编号从装饰预算定额中查出各分项工程定额计量单位人工、材料的数量，并以此计算出相应分项工程所需人工和各种材料的消耗量，最后汇总计算出该项工程所需人工、各种材料的总消耗量，填入"工料分析表"。

(九)编制装饰工程施工图预算书

编制装饰工程施工图预算书主要包括以下几项工作内容：

1. 校核

装饰施工图预算初步编制完成后，需进行校核，以保证装饰预算的质量。

2. 编写装饰工程预算的编制说明

编制说明主要由编制依据、施工地点、施工企业资质等内容组成。编制说明的目的是使人们很容易了解预算的编制对象、工程概况、编制依据、预算中已经考虑和未考虑的问题等，以便审核和结算时有所参考。

3. 整理和装订

编制填写工程预算的各种表格，如封面、编制说明、工程费用计算表、工程计价表等，然后将各表格按顺序进行整理并装订。

三、施工图预算编制方法

建设项目施工图预算由总预算、综合预算和单位工程预算组成。

施工图预算总投资包含建筑工程费、设备及工器具购置费、安装工程费、工程建设其他费用、预备费、建设期贷款利息、固定资产投资方向调节税及铺底流动资金。

1. 总预算编制

建设项目总预算由综合预算汇总而成。

总预算造价由组成该建设项目的各个单项工程综合预算以及经计算的工程建设其他费、预备费、建设期贷款利息、固定资产投资方向调节税汇总而成。

施工图总预算应控制在已批准的设计总概算投资范围以内。

2. 综合预算编制

综合预算由组成本单项工程的各单位工程预算汇总而成。

综合预算造价由组成该单项工程的各个单位工程预算造价汇总而成。

3. 单位工程预算编制

单位工程预算包括建筑工程预算和设备安装工程预算。

单位工程预算的编制应根据施工图设计文件、预算定额(或综合单价)以及人工、材料及施工机械台班等价格资料进行编制，主要编制方法有单价法和实物量法。

(1)单价法。分为定额单价法和工程量清单单价法。

1)定额单价法使用事先编制好的分项工程的单位估价表来编制施工图预算的方法。

2)工程量清单单价法是指根据招标人按照国家统一的工程量计算规则提供工程数量，采用综合单价的形式计算工程造价的方法。

(2)实物量法。是依据施工图纸和预算定额的项目划分及工程量计算规则，先计算出分部分项工程量，然后套用预算定额(实物量定额)来编制施工图预算的方法。

4. 建筑工程预算编制

建筑工程预算费用内容及组成，应符合住房城乡建设部、财政部发布的（建标〔2013〕44号）《建筑安装工程费用项目组成》的有关规定。

建筑工程预算按构成单位工程本部分项工程编制，根据设计施工图纸计算各分部分项工程量，按工程所在省（自治区、直辖市）或行业颁发的预算定额或单位估价表，以及建筑安装工程费用定额进行编制。

5. 安装工程预算编制

安装工程预算费用组成应符合住房城乡建设部、财政部发布（建标〔2013〕44号）《建筑安装工程费用项目组成》的有关规定。

安装工程预算按构成单位工程的分部分项工程编制，根据设计施工图计算各分部分项工程工程量，按工程所在省（自治区、直辖市）或行业颁发的预算定额或单位估价表，以及建筑安装工程费用定额进行编制。

6. 设备及工具、器具购置费组成

设备购置费由设备原价和设备运杂费构成；工具、器具购置费一般以设备购置费为计算基数，按照规定的费率计算。

进口设备原价即该设备的抵岸价，引进设备费用分外币和人民币两种支付方式，外币部分按美元或其他国际主要流通货币计算。

国产标准设备原价即其出厂价，国产非标准设备原价有多种不同的计算方法，如综合单价法、成本计算估价法、系列设备插入估价法、分部组合估价法、定额估价法等。

工具、器具及生产家具购置费，是指按项目初步设计要求，保证初期正常生产必须购置的没有达到固定资产标准的设备、仪器、生产家具和备品备件的购置费用。

7. 工程建设其他费用、预备费等

工程建设其他费用、预备费及应列入建设项目施工图总预算中的几项费用的计算方法与计算顺序，应参照本书第三章中相关内容编制。

8. 调整预算的编制

工程预算批准后，一般情况下不得调整。由于重大设计变更、政策性调整及不可抗力等原因造成的可以调整。

调整预算编制深度与要求、文件组成及表格形式同原施工图预算。调整预算还应对工程预算调整的原因做详尽分析说明，所调整的内容调整预算总说明中要逐项与原批准预算对比，并编制调整前后预算对比表，分析主要变更原因。在上报调整预算时，应同时提供有关文件和调整依据。需要进行分部工程、单位工程及人工、材料等分析的参见《建设项目施工图预算编审规程》（CECA/GC 5—2010）附录 B。

第四节　施工图预算审查与质量管理

一、施工图预算审查的意义

建筑装饰工程施工图预算是建筑装饰工程建设施工过程中的重要文件，它的编制准确程度不仅直接关系到建设单位和施工单位的经济利益，同时也关系到装饰工程的经济合理性，因此，对装饰工程预算进行审查是确保预算造价准确的重要环节，具有十分重要的意义，主要体现在以下几个方面：

(1)能够合理确定装饰工程造价。

(2)能够为签订工程承发包合同的当事人或参与招投标的单位提供可靠的造价指标，确定承发包双方的经济利益。

(3)能够为银行提供拨付工程进度款、办理工程价款结算的可靠依据。

(4)能够为建设单位、监理单位进行造价控制、合同管理、资金筹备、材料采购等工作提供依据。

(5)能够为施工单位的成本核算与控制、施工方案的编制与优化、施工过程中的材料采购、内部结算与造价控制提供依据。

二、施工图预算审查的原则及依据

(一)建筑装饰工程施工图预算审查的原则

如前所述，建筑装饰工程施工图预算审查有着极其重要的意义，因此，在审查过程中一定要坚持一定的原则，才能保证对预算的有效监督审核，否则，不但起不了监督作用，还会为工程各方提供错误的决策信息，甚至造成巨大的经济损失。因此，加强和遵循审查的原则性是装饰工程施工图预算审查的一个非常重要的前提，归纳起来有以下几条原则。

1. 坚持实事求是的原则

审查装饰工程施工图预算的主要内容是审核工程预算造价，因此，在审查过程中，参与审核装饰工程施工图预算的人员要结合国家的有关政策和法律规定、相关的图纸和技术经济资料，按照一定的审核方法逐项合理地核实其预算工程量和造价等内容，不论是多估冒算还是少算漏项，都应一一如实调整。遵循实事求是的原则，并结合施工现场条件、相关的技术措施恰当地计算有关费用。

2. 坚持清正廉洁的作风

审查人员应从国家的利益出发，站在维护双方合法利益的角度上，按照国家有关装饰材料的性能和质量要求，来合理确定所用材料的质量和价格。

3. 坚持科学的工作态度

目前，因装饰工程材料和工艺的变化较大，一时间还没有相应完整的配套标准，造成了装饰工程定额的缺口还较多。如遇定额缺项，必须坚持科学的工作态度，以施工图为基础并结合相应施工工艺，对项目进行充分分解，按不同的劳动分工、不同的工艺特点和复杂程度区分和认识施工过程的性质和内容，研究工时和材料消耗的特点，经过综合分析和计算，确定合理的工程单项造价。

(二)建筑装饰工程施工图预算审查的依据

建筑装饰工程施工图预算的审查依据通常包括：

(1)国家或地方现行规定的各项方针、政策、法律法规。

(2)建设单位与施工单位双向认可并经审核的施工图纸及附属文件。

(3)工程承包合同或相关招标资料。

(4)现行装饰工程预算定额及相关规定。

(5)各种经济信息，如装饰材料的动态价格、造价信息等资料。

(6)各类工程变更和经济洽商。

(7)拟采用的施工方案、现场地形及环境资料。

三、施工图预算审查的方式、内容与方法

1. 施工图审查方式

施工图预算文件的审查，应当委托具有相应资质的工程造价咨询机构进行。从事建设工程施工图预算审查的人员，应具备相应的执业(从业)资格，需在施工图预算审查文件上加盖注册造价工程师执业资格专用章或造价员从业资格专用章，并出具施工图预算审查意见报告，报告要加盖工程造价咨询企业的公章和资质专用章。

根据预算编制单位和审查部门的不同，建筑装饰工程预算审查的方式有以下几种：

(1)单独审查。一般是指编制单位经过自审后，将预算文件分别送交建设单位和有关银行进行审核，建设单位和有关银行(或审计单位)进行审查，对审查中发现的问题，经与施工单位交换意见后协商解决。

(2)委托会审。一般是指因建设单位或银行自身审查力量不足而难以完成审查任务，委托具有审查资格的咨询部门代其进行审查，并与施工单位交换意见，协商定案。

(3)会审。一般是指工程装饰规模大，且装饰高档豪华、造价高的工程预算，因采用单独审查或委托审查比较困难而采用设计、建设、施工等单位会同建设银行一起审查的方式。这种方式定案时间短、效率高，但组织工作较复杂。

2. 施工图预算审查内容

施工图预算审查的主要内容包括：

(1)审查施工图预算的编制是否符合现行国家、行业、地方政府有关法律、法规和规定要求。

(2)审查工程计算的准确性、工程量计算规则与计价规范规则或定额规则的一致性。

(3)审查在施工图预算的编制过程中，各种计价依据使用是否恰当，各项费率计取是否正确；审查依据主要有施工图设计资料、有关定额、施工组织设计、有关造价文件规定和技术规范、规程等。

(4)审查各种要素市场价格选用是否合理。

(5)审查施工图预算是否超过概算以及进行偏差分析。

3. 施工图预算审查方法

施工图预算审查主要有以下方法：

(1)全面审查法。全面审查法是指按照全部施工图的要求，结合有关预算定额分项工程中的工程细目，逐一、全部地进行审核的方法。其具体计算方法和审核过程与编制预算的计算方法和编制过程基本相同。

全面审查法的优点是全面、细致，所审核过的工程预算质量高，差错比较少；缺点是工作量太大。全面审查法一般适用于一些工程量较小、工艺比较简单、编制工程预算力量较薄弱的设计单位所承包的工程。

(2)重点审查法。抓住工程预算中的重点进行审查的方法，称为重点审查法，一般情况下，重点审查法的内容如下：

1)选择工程量大或造价较高的项目进行重点审查。

2)对补充单价进行重点审查。

3)对计取的各项费用的费用标准和计算方法进行重点审查。

重点审查工程预算的方法应灵活掌握。例如，在重点审查中，如发现问题较多，应扩大审查范围；反之，如没有发现问题，或者发现的差错很小，应考虑适当缩小审查范围。

（3）经验审查法。经验审查法是指监理工程师根据以前的实践经验，审查容易发生差错的那些部分工程细目的方法。如土方工程中的平整场地、土壤分类等比较容易出错的地方，应重点加以审查。

（4）分解对比审查法。把一个单位工程，按费用构成进行分解，然后再把相关费用按工种工程和分部工程进行分解，分别与审定的标准图预算进行对比分析的方法，称为分解对比审查法。

这种方法是把拟审的预算造价与同类型的定型标准施工图或复用施工图的工程预算造价相比较，如果出入不大，就可以认为本工程预算问题不大，不再审查。如果出入较大，比如超过或少于已审定的标准设计施工图预算造价的 1% 或 3% 以上（根据本地区要求），应按分部分项工程进行分解，边分解边对比，哪里出入较大，就进一步审查那一部分工程项目的预算价格。

四、施工图预算质量管理

建设项目施工图预算编制单位应建立相应的质量管理体系，对编制建设项目施工图预算基础资料的收集、归纳和整理，成果文件的编制、审核和修改、提交、报审和归档等，都要有具体的规定。

预算编制人员应配合设计人员树立以经济效益为核心的观念，严格按照批准的初步设计文件的要求和工程内容开展施工图设计，同时要做好价值分析和方案比选。

建设项目施工图预算编制者应对施工图预算编制委托者提供的书面资料（委托者提供的书面资料应加盖公章或有效合法的签名）进行有效性和合理性核对，应保证自身收集的或已有的造价基础资料和编制依据全面有效。

建设项目施工图预算的成果文件应经相关负责人进行审核、审定二级审查。工程造价文件的编制、审核、审定人员应在工程造价成果文件上加盖注册造价工程师执业资格专用章或造价员从业资格专用章。

本章小结

建筑装饰工程施工图预算是建筑安装工程施工图预算的组成部分，是工程建设施工阶段核定工程造价的重要经济文件。本章主要介绍了施工图预算的编制与审查。施工图预算的编制应由相应专业资质的单位和造价专业人员完成。编制单位应在施工图预算成果文件上加盖公章和资质专用章，对成果文件质量承担相应责任；注册造价工程师和造价员应在施工图预算文件上加盖执业（从业）印章，并承担相应责任。

一、是非题

1. 施工图预算根据建设项目实际情况可采用三级预算编制或二级预算编制形式。（　　　）

2. 建设项目施工图预算由总预算、综合预算和单项工程预算组成。（　　　）

3. 定额单价法使用事先编制好的分项工程的单位估价表来编制施工图预算的方法。（　　　）

4. 施工图预算的编制应保证编制依据的准确性、全面性和有效性，以及预算编制成果文件的合法性、完整性。（　　　）

5. 全面审查法一般适用于一些工程量较小、工艺比较简单、编制工程预算力量较薄弱的设计单位所承包的工程。（　　　）

二、多项选择题

1. 编制装饰工程施工图预算书主要包括（　　　）等几项工作内容。

    A. 校核　　　　　　　　　　　　　B. 编写装饰工程预算的编制说明

    C. 整理　　　　　　　　　　　　　D. 装订

2. 单位工程预算的编制的主要方法有（　　　）。

    A. 单价法　　　　　B. 总价法　　　　　C. 实物量法　　　　　D. 以上都对

3. 根据预算编制单位和审查部门的不同，建筑装饰工程预算审查的方式有（　　　）。

    A. 单独审查　　　　　B. 会审　　　　　C. 委托审查　　　　　D. 重点审查

4. 建筑装饰工程施工图预算编制的主要作用表现在（　　　）。

    A. 能够合理确定装饰工程造价

    B. 能够为签订工程承发包合同的当事人或参与招投标的单位提供可靠的造价指标，确定承发包双方的经济利益

    C. 能够为建设单位、监理单位进行造价控制、合同管理、资金筹备、材料采购等工作提供依据

    D. 能够为施工单位的成本核算与控制、施工方案的编制与优化、施工过程中的材料采购、内部结算与造价控制提供依据

三、简答题

1. 什么是建筑装饰工程施工图预算？它的主要作用是什么？

2. 建筑装饰工程施工图预算的编制依据是什么？

3. 试述建筑装饰工程施工图预算的编制方法及步骤。

4. 建筑装饰工程施工图预算审查有何意义？

5. 建筑装饰工程施工图预算审查的原则和依据是什么？

6. 建筑装饰工程施工图预算审查的方法有哪几种？

7. 如何编制建筑装饰工程施工图预算？

第九章　建筑装饰工程结算与竣工决算

▶能力目标◀

1. 初步具备工程结算的能力。
2. 能进行工程结算与竣工决算编制。

▶知识目标◀

1. 了解工程结算的概念与意义，熟悉工程结算编审的一般原则，掌握工程结算的编制与审查方法。
2. 了解竣工决算的概念与作用，熟悉竣工决算编制的内容，掌握决算编制的步骤与方法。

第一节　建筑装饰工程结算

一、建筑装饰工程结算的概念及意义

1. 建筑装饰工程结算的概念

建筑装饰工程结算是指在建筑装饰工程的经济活动中，施工单位依据承包合同中关于付款条款的规定和已经完成的工程量，并按照规定的程序向业主(建设单位)收取工程价款的一项经济活动。

由于建筑装饰工程施工周期长，人工、材料和资金耗用量大，在工程实施的过程中为了合理补偿工程承包商的生产资金，通常将已完成的部分施工工程量作为"假定合格建筑装饰产品"，按有关文件规定或合同约定的结算方式结算工程价款，并按规定时间和额度支付给工程承包商，这种行为通常称为工程结算。

2. 建筑装饰工程结算的意义

(1)建筑装饰工程结算是反映工程进度的主要指标。在施工过程中，工程价款的结算主要是按照已完成的工程量进行结算，也就是说，承包商完成的工程量越多，所应结算的工程价款也应越多，所以，根据累计结算的工程价款占合同总价款的比例，能够近似地反映出工程的进度情况，有利于准确掌握工程进度。

(2)建筑装饰工程结算是加速资金周转的重要环节。承包商能够尽早地结算工程价款，有利于资金回笼，降低内部运营成本。通过加速资金周转，可提高资金使用的有效性。

(3)建筑装饰工程结算是考核经济效益的重要指标。对于承包商来说，只有工程价款如数地结算，才能够获得相应的利润，进而达到预期的经济效益。

二、工程结算编审一般原则

(1)工程造价咨询单位应以平等、自愿、公平和诚实信用的原则订立工程咨询服务合同。

(2)在结算编制和结算审查中，工程造价咨询单位和工程造价咨询专业人员必须严格遵循国家相关法律、法规和规章制度，坚持实事求是、诚实信用和客观公正的原则。拒绝任何一方违反法律、行政法规、社会公德、影响社会经济秩序和损害公共利益的要求。

(3)工程结算编制应当遵循承发包双方在建设活动中平等和责、权、利对等原则；工程结算审查应当遵循维护国家利益、发包人和承包人合法权益的原则。造价咨询单位和造价咨询专业人员应以遵守职业道德为准则，不受干扰，公正、独立地开展咨询服务工作。

(4)工程结造价咨询企业和工程造价专业人员在进行结算编制和结算审查时，应依据工程造价咨询服务台合同约定的工作范围和工作内容开展工作，严格履行合同义务，做好工作计划和工作组织，掌握工程建设期间政策和价款调整的有关因素，认真开展现场调研，全面、准确、客观地反映建设项目工程价款确定和调整的各项因素。

(5)工程结算编制严禁巧立名目、弄虚作假、高估冒算，工程结算审查严禁滥用职权、营私舞弊或提供虚假结算审查报告。

(6)承担工程结算编制或工程结算审查咨询服务的受托人，应严格履行合同，及时完成工程造价咨询服务合同约定范围内的工程结算编制和审查工作。

(7)工程造价咨询单位承担工程结算编制，其成果文件一般应得到委托人的认可。

(8)工程造价咨询单位单方承担工程结算审查，其成果文件一般应得到审查委托人、结算编制人和结算审查受托人以及建设单位共同认可，并签署"结算审定签署表"。确因非常原因不能共同签署时，工程造价咨询单位应单独出具成果文件，并承担相应法律责任。

(9)工程造价专业人员在进行工程结算审查时，应独立开展工作，有权拒绝其他人的修改和其他要求，并保留其意见。

(10)工程结算编制应采用书面的形式，有电子文本要求的，应一并报送与书面形式内容一致的电子版本。

(11)工程结算应严格按工程结算编制程序进行编制，做到程序化、规范化，结算资料必须完整。

(12)结算编制或审核委托人应与委托人在咨询服务委托合同内约定结算编制工作的所需时间，并在约定的期限内完成工程结算编制工作。合同未做约定或约定不明的，结算编制或审核受托人应以财务部、原建设部联合颁发的《建设工程价款结算暂行办法》(财建〔2004〕369号)第十三条有关结算期限规定为依据，在规定期限内完成结算编制或审查工作。结算编制或审查委托人未在合同约定活规定期限内完成，且无正当理由延期的，应当承担违约责任。

三、建设项目工程结算编制

(一)结算编制文件组成

工程结算文件一般由工程结算汇总表、单项工程结算汇总表、单位工程结算汇总表和分部分项(措施、其他、零星)工程结算表及结算编制说明等组成。工程结算汇总表、单项工程结算汇总表、单位工程结算汇总表应当按表格所规定的内容详细编制。

工程结算编制说明可根据委托工程的实际情况，以单位工程、单项工程或建设项目为对象进行编制，并应说明以下内容：

(1)工程概况；

(2)编制范围；

(3)编制依据；

(4)编制方法；

(5)有关材料、设备、参数和费用说明；

(6)其他有关问题的说明。

工程结算文件提交时，受委托人应当同时提供与工程结算相关的附件，包括所依据的发承包合同调整条款、设计变更、工程洽商、材料及设备定价单、调价后的单价分析表等与工程结算相关的书面证明材料。

(二)编制程序

工程结算应按准备、编制和定稿三个工作阶段进行，并实行编制人、校对人和审核人分别署名盖章确认的编审签署制度。

1.结算编制准备阶段

(1)收集与工程结算编制相关的原始资料；

(2)熟悉工程结算资料内容，进行分类、归纳、整理；

(3)召集相关单位或部门的有关人员参加工程结算预备会议，对结算内容和结算资料进行核对与充实完善；

(4)收集建设期内影响合同价格的法律和政策性文件；

(5)掌握工程项目发承包方式、现场施工条件、应采用的工程计价标准、定额、费用标准、材料价格变化等情况。

2.结算编制阶段

(1)根据竣工图及施工图以及施工组织设计进行现场踏勘，对需要调整的工程项目进行观察、对照、必要的现场实测和计算，做好书面或影像记录；

(2)按既定的工程量计算规则计算需调整的分部分项、施工措施或其他项目工程量；

(3)按招标文件、施工发承包合同规定的计价原则和计价办法对分部分项、施工措施或其他项目进行计价；

(4)对于工程量清单或定额缺项以及采用新材料、新设备、新工艺的，应根据施工过程中的合理消耗和市场价格，编制综合单价或单位估价分析表；

(5)工程索赔应按合同约定的索赔处理原则、程序和计算方法，提出索赔费用，经发包人确认后作为结算依据；

(6)汇总计算工程费用，包括编制分部分项费、施工措施项目费、其他项目费、零星工作项目费等表格，初步确定工程结算价格；

(7)编写编制说明；

(8)计算主要技术经济指标；

(9)提交结算编制的初步成果文件待校对、审核。

工程结算编制人员按其专业分别承担其工作范围内的工程结算相关编制依据收集、整理工作，编制相应的初步成果文件，并对其编制的初步成果文件质量负责。

3. 结算编制定稿阶段

(1)由结算编制受托人单位的部门负责人对初步成果文件进行检查、校对；

(2)工程结算审定人对审核后的初步成果文件进行审定；

(3)工程结算编制人、审核人、审定人分别在工程结算成果文件上署名，并应签署造价工程师或造价员执业或从业印章；

(4)工程结算文件经编织、审核、审定后，工程造价咨询企业的法定代表人或其授权人在成果文件上签字或盖章；

(5)工程造价咨询企业在正式的工程上加盖工程造价咨询企业执业印章。

工程审核人员应由专业负责人和技术负责人承担，对其专业范围内的内容进行审核，并对其审核专业的工程结算成果文件的质量负责；工程审定人员应由专业负责人和技术负责人承担，对工程结算的全部内容进行审定，并对工程结算成果文件的质量负责。

(三)编制依据

工程结算编制依据是指编制工程结算时需要的工程计量、价格确定、工程计价有关参数、率值确定的基础资料。

(1)建设期内影响合同的法律、法规和规范性文件。

(2)国务院建设行政主管部门以及各省、自治区、直辖市和有关部门发布的工程造价计价标准、计价办法、有关规定及相关解释。

(3)施工发承包合同，专业分包合同及补充合同，有关材料、设备采购合同。

(4)招投标文件，包括招标答疑文件、投标承诺、中标报价书及其组成内容。

(5)工程竣工图或施工图、施工图会审记录，经批准的施工组织设计，以及设计变更、工程洽商和相关会议纪要。

(6)经批准的开、竣工报告或停工、复工报告。

(7)工程材料及设备中标价、认价单。

(8)双方确认追加(减)的工程价款。

(9)影响工程造价的相关资料。

(10)结算编制委托合同。

(四)编制原则

1. 按工程的施工内容或完成阶段进行编制

工程结算按工程的施工内容或完成阶段，可按竣工结算、分阶段结算、合同终止结算和专业分包结算等形式进行编制。

(1)工程结算的编制应对相应的施工合同进行编制。当在合同范围内设计整个项目的，应按建设项目组成，将各单位工程汇总为单项工程，再将各单位工程汇总为建设项目，编制相应的建设项目工程结算成果文件。

(2)实行分阶段结算的建设项目，应按合同要求进行分阶段结算，出具各阶段工程结算成果文件。在竣工结算时，将各阶段工程结算汇总，编制相应竣工结算成果文件。除合同另有约定外，分阶段结算的工程项目，其工程结算文件用于价款支付时，应包括下列内容：

1)本周期已完成工程的价款；

2)累计已完成的工程价款；

3)累计已支付的工程价款；

4)本周期已完成计日工金额；

5)应增加和扣减的变更金额；

6)应增加和扣减的索赔金额；

7)应抵扣的工程预付款；

8)应扣减的质量保证金；

9)根据合同应增加和扣减的其他金额；

10)本付款周期实际应支付的工程价款。

（3）进行合同终止结算时，应按已完工程的实际工程量和施工合同的有关约定，编制合同终止结算。

（4）实行专业分包结算的工程，应将各专业分包合同的要求，对各专业分包分别编制工程结算。总承包人应按工程总承包合同的要求将各专业分包结算汇总在相应的单位工程或单项工程结算内进行工程总承包结算。

2. 区分施工合同类型及工程结算的计价模式进行编制

工程结算编制应区分施工合同类型及工程结算的计价模式采用相应的工程结算编制方法。

（1）施工合同类型按计价方式可分为总价合同、单价合同、成本加酬金合同。

1)工程结算编制时，采用总价合同的，应在合同价基础上对设计变更、工程洽商以及工程索赔等合同约定可以调整的内容进行调整。

2)工程结算的编制时，采用单价合同的，工程结算的工程量应按照经发承包双方在施工合同中约定的方法对合同价款进行调整。

3)工程结算的编制时，采用成本加酬金合同的，应依据合同约定的方法计算各个分部分项工程以及设计变更、工程洽商、施工措施等内容的工程成本，并计算酬金及有关税费。

（2）工程结算的计价模式应分为单价法和实物量法，单价法分为定额单价法和工程量清单单价法。

(五)编制方法

采用工程量清单方式计价的工程，一般采用单价合同，应按工程量清单单价法编制工程结算。

（1）分部分项工程费应依据施工合同相应约定以及实际完成的工程量、投标时的综合单价等进行计算。

（2）工程结算中涉及工程单价调整时，应当遵循以下原则：

1)合同中已有适用于变更工程、新增工程单价的，按已有的单价结算；

2)合同中有类似变更工程、新增工程单价的，可以参照类似单价作为结算依据；

3)合同中没有适用或类似变更工程、新增工程单价的，结算编制受委托人可商洽承包人或发包人提出适当的价格，经对方确认后作为结算依据。

（3）工程结算编制时，措施项目费应依据合同约定的项目和金额计算，发生变更、新增的措施项目，以发承包双方合同约定的计价方式计算，其中措施项目清单中的安全文明费用应按照国家或省级、行业建设主管部门的规定计算。施工合同中未约定措施项目费结算方法时，措施项目费可按以下方法结算。

1)与分部分项实体相关的措施项目，应随该分部分项工程的实体工程量的变化，依据双方确定的工程量、合同约定的综合单价进行结算。

2)独立性的措施项目，应充分体现其竞争性，一般应固定不变，按合同价中相应的措施项目费用进行结算。

3)与整个建设项目相关的综合取定的措施项目费用，可按照投标时的取费基数及费率基数及费率进行结算。

(4)其他项目费应按以下方法进行结算：

1)计日工按发包人实际签证的数量和确定的事项进行结算；

2)暂估价中的材料单价按发承包双方最终确认价，在分部分项工程费中对相应综合单价进行调整，计入相应的分部分项工程；

3)专业工程结算价应按中标价或发包人、承包人与分包人最终确认的分包工程价进行结算；

4)总承包服务费因依据合同约定的结算方式进行结算；

5)暂列金额应按合同约定计算实际发生的费用，并分别列入相应的分部分项工程费、措施项目费中。

(5)招标工程量清单漏项、设计变更、工程洽商等费用应依据施工图，以及发承包双方签证资料确认的数量和合同约定的计价方式进行结算，其费用列入相应的分部分项工程费或措施项目费中。

(6)工程索赔费用应依据发承包双方确认的索赔事项和合同约定的计价方式进行结算，其费用列入相应的分部分项工程费或措施项目费中。

(7)规费和税金应按国家、省级或行业建设主管部门的规费规定计算。

(六)编制的成果文件形式

1. 工程结算成果文件的形式

(1)工程结算书封面，包括工程名称、编制单位和印章、日期等。

(2)签署页，包括工程名称、编制人、审核人、审定人姓名和执业(从业)印章、单位负责人印章(或签字)等。

(3)目录。

(4)工程结算编制说明需对下列情况加以说明：工程概况；编制范围；编制依据；编制方法；有关材料、设备、参数和费用说明；其他有关问题的说明。

(5)工程结算相关表式。

(6)必要的附件。

2. 工程结算相关表式

(1)工程结算汇总表；

(2)单项工程结算汇总表；

(3)单位工程结算汇总表；

(4)分部分项清单计价表；

(5)措施项目清单与计价表；

(6)其他项目清单与计价汇总表；

(7)规费、税金项目清单与计价表；

(8)必要的相关表格。

以上表格读者可查阅《建设项目工程结算编审规程》(CECA/GC 3—2010)附录 A。

四、建设项目工程结算审查

(一)结算审查文件组成

工程结算审查文件一般由工程结算审查报告、结算审定签署表、工程结算审查汇总对比表、分部分项(措施、其他、零星)工程结算审查对比表以及结算内容审查说明等组成。

(1)工程结算审查报告可根据该委托工程项目的实际情况，以单位工程、单项工程或建设项目为对象进行编制，并应说明以下内容：

1)概述；

2)审查范围；

3)审查原则；

4)审查依据；

5)审查方法；

6)审查程序；

7)审查结果；

8)主要问题；

9)有关建议。

(2)结算审定签署表由结算审查受托人填制，并由结算审查委托单位、结算编制人和结算审查受委托人签字盖章。当结算审查委托人与建设单位不一致时，按工程造价咨询合同要求或结算审查委托人的要求，确定是否增加建设单位在结算审定签署表上签字盖章。

(3)工程结算审查汇总对比表、单项工程结算审查汇总对比表、单位工程结算审查汇总对比表应当按表格所规定的内容详细编制。

(4)结算内容审查说明应阐述以下内容：

1)主要工程子目调整的说明；

2)工程数量增减变化较大的说明；

3)子目单价、材料、设备、参数和费用有重大变化的说明；

4)其他有关问题的说明。

(二)审查程序

工程结算审查应按准备、审查和审定三个工作阶段进行，并实行编制人、校对人和审核人分别署名盖章确认的内部审核制度。

1. 结算审查准备阶段

(1)审查工程结算手续的完备性、资料内容的完整性，对不符合要求的应退回限时补正；

(2)审查计价依据及资料与工程结算的相关性、有效性；

(3)熟悉招投标文件、工程发承包合同、主要材料设备采购合同及相关文件；

(4)熟悉竣工图纸或施工图纸、施工组织设计、工程概况，以及设计变更、工程洽商和工程索赔情况等；

(5)掌握工程量清单计价规范、工程预算定额等与工程相关的国家和当地的建设行政主管部门发布的工程计价依据及相关规定。

2.结算审查阶段

(1)审查结算项目范围、内容与合同约定的项目范围、内容的一致性。

(2)审查工程量计算的准确性、工程量计算规则与计价规范或定额保持一致性。

(3)审查结算单价时应严格执行合同约定或现行的计价原则、方法。对于清单或定额缺项以及采用新材料、新工艺的,应根据施工过程中的合理消耗和市场价格审核结算单价。

(4)审查变更签证凭据的真实性、合法性、有效性,核准变更工程费用。

(5)审查索赔是否依据合同约定的索赔处理原则、程序和计算方法以及索赔费用的真实性、合法性、准确性。

(6)审查取费标准时,应严格执行合同约定的费用定额标准及有关规定,并审查取费依据的时效性、相符性。

(7)编制与结算相对应的结算审查对比表。

(8)提交工程结算审查初步成果文件,包括编制与工程结算相对应的工程结算审查对比表,待校对、复核。

工程结算审查编制人员按其专业分别承担其工作范围内的工程结算审查相关编制依据收集、整理工作,编制相应的初步成果文件,并对其编制的成果文件质量负责。

3.结算审定阶段

(1)工程结算审查初稿编制完成后,应召开由结算编制人、结算审查委托人及结算审查受托人共同参加的会议,听取意见,并进行合理的调整;

(2)由结算审查受托人单位的部门负责人对结算审查的初步成果文件进行检查、校对;

(3)由结算审查受托人单位的主管负责人审核批准;

(4)发承包双方代表人和审查人应分别在"结算审定签署表"上签认并加盖公章;

(5)对结算审查结论有分歧的,应在出具结算审查报告前,至少组织两次协调会;凡不能共同签认的,审查受托人可适时结束审查工作,并做出必要说明;

(6)在合同约定的期限内,向委托人提交经结算审查编制人、校对人、审核人和受托人单位盖章确认的正式的结算审查报告。

工程结算审核审查人员应由专业负责人或技术负责人担任,对其专业范围内的内容进行校对、复核,并对其审核专业内的工程结算审查成果文件的质量负责;工程结算审查审定人员应由专业负责人或技术负责人担任,对工程结算审查的全部内容进行审定,并对工程结算审查成果文件的质量负责。

(三)审查依据

工程结算审查委托合同和完整、有效的工程结算文件。工程结算审查依据主要有以下几个方面:

(1)建设期内影响合同价格的法律、法规和规范性文件;

(2)工程结算审查委托合同;

(3)完整、有效的工程结算书;

(4)施工发承包合同,专业分包合同及补充合同,有关材料、设备采购合同;

(5)与工程结算编制相关的国务院建设行政主管部门以及各省、自治区、直辖市和有关部门发布的建设工程造价计价标准、计价方法、计价定额、价格信息、相关规定等计价依据；

(6)招标文件、投标文件；

(7)工程竣工图或施工图、经批准的施工组织设计、设计变更、工程洽商、索赔与现场签证，以及相关的会议纪要；

(8)工程材料及设备中标价、认价单；

(9)双方确认追加(减)的工程价款；

(10)经批准的开、竣工报告或停、复工报告；

(11)工程结算审查的其他专项规定；

(12)影响工程造价的其他相关资料。

(四)审查原则

1. 按工程的施工内容或完成阶段分类进行编制

工程价款结算审查按工程的施工内容或完成阶段分类，其形式包括竣工结算审查、分阶段结算审查、合同终止结算审查和专业分包结算审查。

(1)建设项目由多个单项工程或单位工程构成的，应按建设项目划分标准的规定，分别审查各单项工程或单位工程的竣工结算，将审定的工程结算汇总，编制相应的工程结算审定文件。

(2)分阶段结算的审定工程，应分别审查各阶段工程结算，将审定结算汇总，编制相应的工程结算审查成果文件。除合同另有约定外，分阶段结算的支付申请文件应审查以下内容：

1)本周期已完成工程的价款；

2)累计已完成的工程价款；

3)累计已支付的工程价款；

4)本周期已完成计日工金额；

5)应增加和减扣的变更金额；

6)应增加和减扣的索赔金额；

7)应抵扣的工程预付款；

8)应扣减的质量保证金；

9)根据合同应增加和扣减的其金额；

10)本付款合同增加和扣减的其他金额。

(3)合同终止工程的结算审查，应按发包人和承包人认可的已完工程的实际工程量和施工合同的有关规定进行审查。合同中止结算审查方法基本同工程结算的审查方法。

(4)专业分包工程的结算审查，应在相应的单位工程或单项工程结算内分别审查各专业分包工程结算，并按分包合同分别编制专业分包工程结算审查成果文件。

2. 按施工发承包合同类型及工程结算的计价模式进行编制

(1)工程结算审查应区分施工发承包合同类型及工程结算的计价模式采用相应的工程结算审查方法。

1)审查采用总价合同的工程结算时，应审查与合同所约定的结算编制方法的一致性，按照合同约定可以调整的内容，在合同价基础上对调整的设计变更、工程洽商以及工程索赔等合同约定可以调整的内容进行审查。

2)审查采用单价合同的工程结算时，应审查按照竣工图或施工图以内的各个分部分项工程量计算的准确性，依据合同约定的方式审查分部分项工程项目价格，并对设计变更、工程洽商、施工措施以及工程索赔等调整内容进行审查。

3)审查采用成本加酬金合同的工程结算时，应依据合同约定的方法审查各个分部分项工程以及设计变更、工程洽商、施工措施等内容的工程成本，并审查酬金及有关税费的取定。

(2)采用工程量清单计价的工程结算审查：

1)工程项目的所有分部分项工程量，以及实施工程项目采用的措施项目工程量；为完成所有工程量并按规定计算的人工费、材料费和施工机械使用费、企业管理费利润，以及规费和税金取定的准确性；

2)对分部分项工程和措施项目以外的其他项目所需计算的各项费用进行审查；

3)对设计变更和工程变更费用依据合同约定的结算方法进行审查；

4)对索赔费用依据相关签证进行审查；

5)合同约定的其他约定审查。

工程结算审查应按照与合同约定的工程价款方式对原合同进行审查，并应按照分项分部工程费、措施费、措施项目费、其他项目费、规费、税金项目进行汇总。

(3)采用预算定额计价的工程结算审查：

1)套用定额的分部分项工程量、措施项目工程量和其他项目，以及为完成所有工程量和其他项目并按规定计算的人工费、材料费、机械使用费、规费、企业管理费、利润和税金与合同约定的编制方法的一致性，计算的准确性；

2)对设计变更和工程变更费用在合同价基础上进行审查；

3)工程索赔费用按合同约定或签证确认的事项进行审查；

4)合同约定的其他费用的审查。

(五)审查方法

工程结算的审查应依据施工发承包合同约定的结算方法进行，根据施工发承包合同类型，采用不同的审查方法。本书所述审查方法主要适用于采用单价合同的工程量清单单价法编制竣工结算的审查。

(1)审查工程结算，除合同约定的方法外，对分部分项工程费用的审查应参照相关规定。

(2)工程结算审查时，对原招标工程量清单描述不清或项目特征发生变化，以及变更工程、新增工程中的综合单价应按下列方法确定：

1)合同中已有使用的综合单价，应按已有的综合单价确定；

2)合同中有类似的综合单价，可参照类似的综合单价确定；

3)合同中没有适用或类似的综合单价，由承包人提出综合单价，经发包人确认后执行。

(3)工程结算审查中设计措施项目费用的调整时，措施项目费应依据合同约定的项目和金额计算，发生变更、新增的措施项目，以发承包双方合同约定的计价方式计算，其中措施项目清单中的安全文明措施费用应审查是否按国家或省级、行业建设主管部门的规定计算。施工合同中未约定措施项目费结算方法时，按以下方法审查：

1)审查与分部分项实体消耗相关的措施项目，应随该分部分项工程的实体工程量的变化是否依据双方确定的工程量、合同约定的综合单价进行结算；

2)审查独立性的措施项目是否按合同价中相应的措施项目费用进行结算；

3)审查与整个建设项目相关的综合取定的措施项目费用是否参照投标报价的取费基数及费率进行结算。

(4)工程结算审查中涉及其他项目费用的调整时，按下列方法确定：

1)审查计日工是否按发包人实际签证的数量、投标时的计日工单价，以及确认的事项进行结算；

2)审查暂估价中的材料单价是否按发承包双方最终确认价在分部分项工程费中对相应综合单件进行调整，计入相应分部分项工程费用；

3)对专业工程结算价的审查应按中标价或发包人、承包人与分包人最终确定的分包工程价进行结算；

4)审查总承包服务费是否依据合同约定的结算方式进行结算，以总价形式的固定的总承包服务费不予调整，以费率形式确定的总包服务费，应按专业分包工程中标价或发包人、承包人与分包人最终确定的分包工程价为基数和总承包单位的投标费率计算总承包服务费；

5)审查计算金额是否按合同约定计算实际发生的费用，并分别列入相应的分部分项工程费、措施项目费中。

(5)投标工程量清单的漏项、设计变更、工程洽商等费用应依据施工图以及发承包双方签证资料确认的数量和合同约定的计价方式进行结算，其费用列入相应的分部分项工程费或措施项目费中。

(6)工程结算审查中设计索赔费用的计算时，应依据发承包双发确认的索赔事项和合同约定的计价方式进行结算，其费用列入相应的分部分项工程费或措施项目费中。

(7)工程结算审查中进行设计规费和税金的计算时，应按国家、省级或行业建设主管部门的规定计算并调整。

(六)审查的成果文件形式

1. 工程结算审查成果

(1)工程结算书封面。

(2)签署页。

(3)目录。

(4)结算审查报告书。

(5)结算审查相关表式。

(6)有关的附件。

2. 工程结算相关表式

采用工程量清单计价的工程结算审查相关表时宜按规定的格式编制，包括以下内容：

(1)工程结算审定表；

(2)工程结算审查汇总对比表；

(3)单项工程结算审查汇总对比表；

(4)单位工程结算审查汇总对比表；

(5)分部分项工程清单与计价结算审查对比表；

（6）措施项目清单与计价审查对比表；

（7）其他项目清单与计价审查汇总对比表；

（8）规费税金项目清单与计价审查对比表。

以上表格读者可查阅《建设项目工程结算编审规程》(CECA/GC 3—2010)附录 B。

五、质量管理

1. 工程造价咨询企业

工程造价咨询企业承担工程结算编制或工程结算审核，应满足国家或行业有关质量标准的精度要求。当工程结算编制或工程结算审核委托方对质量标准有更高的要求时，应在工程造价咨询合同中予以明确。

工程造价咨询企业应对工程结算编制和审核方法的正确性，工程结算编审范围的完整性，计价依据的正确性、完整性和时效性，工程计量与计价的准确性负责。

工程造价咨询企业对工程结算的编制和审核应实行编制、审核与审定三级质量管理制度，并应明确审核、审定人员的工作程度。

2. 工程造价咨询单位

工程造价咨询单位对项目的策划和工作大纲的编制，基础资料收集、整理，工程结算编制审核和修改的过程文件的整理和归档，成果文件的印制、签署、提交和归档，工作中其他相关文件借阅、使用、归还与移交，均应建立具体的管理制度。

3. 工程造价专业人员

工程造价专业人员从事工程结算的编制和工程结算审查工作的应当实行个人签署负责制，审核、审定人员对编制人员完成的工作进行修改应保持工作记录，承担相应责任。

六、档案管理

工程造价咨询企业对与工程结算编制和工程结算审查业务有关的成果文件、工作过程文件、使用和移交的其他文件清单、重要会议纪要等，均应收集齐全，整理立卷后归档。

工程造价咨询单位应建立完善的工程结算编制与审查档案管理制度。工程结算编制和工程结算审查文件的归档应符合国家、相关部门或行业组织发布的相关规定。工程造价咨询单位归档的文件保存期，成果文件应为 10 年，过程文件和相关移交清单、会议纪要等一般应为 5 年。

归档的工程结算编制和审查的成果文件应包括纸质原件和电子文件。其他文件及依据可为纸质原件、复印件或电子文件。归档文件应字迹清晰、图表整洁、签字盖章手续完备。归档文件应采用耐久性强的书写材料，不得使用易退色的书写材料。

归档文件应必须完整、系统，能够反映工程结算编制和审查活动的全过程。归档文件必须经过分类整理，并应组成符合要求的案卷。归档可以分阶段进行，也可以在项目结算完成后进行。

向有关单位移交工作中使用或借阅的文件，应编制详细的移交清单，双方签字、盖章后方可交接。

第二节　建筑装饰工程竣工决算

一、竣工决算的概念与作用

1. 竣工决算的概念

竣工决算是建设工程经济效益的全面反映，是项目法人核定各类新增资产价值、办理其交付使用的依据。通过竣工决算，一方面能够正确反映建设工程的实际造价和投资结果；另一方面，可以通过竣工决算与概算、预算的对比分析，考核投资控制的工作成效，总结经验教训，积累技术经济方面的基础资料，提高未来建设工程的投资效益。

2. 竣工决算的作用

(1)竣工决算是综合、全面地反映竣工项目建设成果及财务情况的总结性文件，它采用货币指标、实物数量、建设工期和种种技术经济指标，综合、全面地反映建设项目自开始建设到竣工为止的全部建设成果和财物状况。

(2)竣工决算是办理交付使用资产的依据，也是竣工验收报告的重要组成部分。建设单位与使用单位在办理交付资产的验收交接手续时，通过竣工决算反映了交付使用资产的全部价值，包括固定资产、流动资产、无形资产和递延资产的价值。同时，它还详细提供了交付使用资产的名称、规格、数量、型号和价值等明细资料，是使用单位确定各项新增资产价值并登记入账的依据。

(3)竣工决算是分析和检查设计概算的执行情况以及考核投资效果的依据。竣工决算反映了竣工项目计划、实际的建设规模、建设工期以及设计和实际的生产能力，反映了概算总投资和实际的建设成本，同时还反映了所达到的主要技术经济指标。通过对这些指标计划数、概算数与实际数进行对比分析，不仅可以全面掌握建设项目计划和概算执行情况，而且可以考核建设项目投资效果，为今后制订基建计划、降低建设成本、提高投资效果提供必要的资料。

二、竣工决算的编制

(一)竣工决算的编制依据

(1)经批准的可行性研究报告及其投资估算。

(2)经批准的初步设计或扩大初步设计及其概算或修正概算。

(3)经批准的施工图设计及其施工图预算。

(4)设计交底或图纸会审纪要。

(5)招投标的招标控制价和中标价、承包合同、工程结算资料。

(6)施工记录或施工签证单，以及其他施工中发生的费用记录，如索赔报告与记录、停(交)工报告等。

(7)竣工图及各种竣工验收资料。

(8)历年基建资料、历年财务决算及批复文件。

(9)设备、材料调价文件和调价记录。

(10)有关财务核算制度、办法和其他有关资料、文件等。

(二)竣工决算的编制步骤和方法

1. 收集、整理和分析原始资料

收集和整理出一套较为完整的相关资料，是编制竣工决算的必要条件。在工程进行的过程中，应注意保存和收集资料，在竣工验收阶段则要系统地整理出所有技术资料、工程结算经济文件、施工图纸和各种变更与签证资料，分析其准确性。

2. 清理各项账务、债务和结余物资

在收集、整理和分析资料的过程中，应注意建设工程从筹建到竣工投产(或使用)的全部费用的各项账务、债权和债务的清理，既要核对账目，又要查点库存实物的数量，做到账物相等、相符；对结余的各种材料、工器具和设备要逐项清点核实，妥善管理，并按照规定及时处理、收回资金；对各种往来款项要及时进行全面清理，为编制竣工决算提供准确的数据依据。

3. 填写竣工决算报表

依照建设项目竣工决算报表的内容，根据编制依据中的有关资料进行统计或计算各个项目的数量，并将其结果填入相应表格栏目中，完成所有报表的填写。这是编制工程竣工决算的主要工作。

4. 编写建设工程竣工决算说明书

根据建设项目竣工决算说明的内容、要求以及编制依据材料和填写在报表中的结果编写说明。

5. 上报主管部门审查

以上编写的文字说明和填写的表格经核对无误，可装订成册，即可作为建设项目竣工文件，并报主管部门审查，同时把其中财务成本部分送交开户银行签证。竣工决算在上报主管部门的同时，抄送设计单位；大、中型建设项目的竣工决算还需抄送财政部、建设银行总行和省、市、自治区财政局和建设银行分行各一份。

建设项目竣工决算的文件，由建设单位负责组织人员编制，在竣工建设项目办理验收使用一个月之内完成。

三、竣工决算的内容

竣工决算是建设工程从筹建到竣工投产全过程中发生的所有实际支出，包括设备工器具购置费、建筑安装工程费和其他费用等。竣工决算由竣工财务决算说明书、竣工财务决算报表、竣工工程平面示意图、工程造价比较分析四部分组成。其中竣工财务决算报表和竣工财务决算说明书属于竣工财务决算的内容。竣工财务决算是竣工决算的组成部分，是正确核定新增资产价值、反映竣工项目建设成果的文件，是办理固定资产交付使用手续的依据。

1. 竣工财务决算说明书

竣工财务决算说明书主要反映竣工工程建设成果和经验，是对竣工决算报表进行分析和补充说明的文件，是全面考核分析工程投资与造价的书面总结，其内容主要包括：

(1)建设项目概况。对工程总的评价，一般从进度、质量、安全和造价、施工方面进行分析说明。进度方面主要说明开工和竣工时间，对照合理工期和要求工期分析是提前还是延期；质量方面主要根据竣工验收委员会或相当一级质量监督部门的验收评定等级、合格率和优良品率；安全方面主要根据劳资和施工部门的记录，对有无设备和人身事故进行说明；造价方面主要对照概算造价，说明节约还是超支，用金额和百分率进行分析说明。

(2)资金来源及运用等财务分析。主要包括工程价款结算、会计账务的处理、财产物资情况及债权债务的清偿情况。

(3)基本建设收入、投资包干结余、竣工结余资金的上交分配情况。通过对基本建设投资包干情况的分析，说明投资包干数、实际支用数和节约额、投资包干结余的有机构成和包干结余的分配情况。

(4)各项经济技术指标的分析。概算执行情况分析，根据实际投资完成额与概算进行对比分析；新增生产能力的效益分析，说明支付使用财产占总投资额的比例、占支付使用财产的比例、不增加固定资产的造价占投资总额的比例，分析有机构成和成果。

(5)工程建设的经验及项目管理和财务管理工作以及竣工财务决算中有待解决的问题。

(6)需要说明的其他事项。

2.竣工财务决算报表

建设项目竣工财务决算报表要根据大、中型建设项目和小型建设项目分别制定。大、中型建设项目竣工决算报表包括建设项目竣工财务决算审批表，大、中型建设项目竣工工程概况表，大、中型建设项目竣工财务决算表，大、中型建设项目交付使用资产总表；小型建设项目竣工财务决算报表包括建设项目竣工财务决算审批表、竣工财务决算总表、建设项目交付使用资产明细表。

(1)建设项目竣工财务决算审批表(表9-1)。该表作为竣工决算上报有关部门审批时使用，其格式是按照中央级小型项目审批要求设计的，地方级项目可按审批要求做适当修改。

表9-1　建设项目竣工财务决算审批表

建设项目法人(建设单位)		建设性质	
建设项目名称		主管部门	
开户银行意见： (盖章) 年　　月　　日			
专员办审批意见： (盖章) 年　　月　　日			
主管部门或地方财政部门审批意见： (盖章) 年　　月　　日			

（2）大、中型建设项目竣工工程概况表（表9-2）。该表综合反映大、中型建设项目的基本概况，内容包括该项目的总投资、建设起止时间、新增生产能力、主要材料消耗、建设成本、完成主要工程量和主要技术经济指标及基本建设支出情况，为全面考核和分析投资效果提供依据。

表9-2　大、中型建设项目竣工工程概况表

建设项目（单项工程）名称			建设地址					项目	概算	实际	主要指标
主要设计单位			主要施工企业					建筑安装工程			
占地面积	计划	实际	总投资/万元	设计		实际		设备、工具器具			
				固定资产	流动资产	固定资产	流动资产	基建支出			
								待摊投资 其中：建设单位管理费			
新增生产能力	能力（效益）名称	设计		实际				其他投资			
								待核销基建支出			
								非经营项目转出投资			
建设起、止时间	设计	从　年　月开工至　年　月竣工						合　　计			
	实际	从　年　月开工至　年　月竣工						主要材料消耗	名称	单位	概算	实际
设计概算批准文号									钢材	t		
完成主要工程量	建筑面积/m²		设备（台、套、t）						木材	m³		
									水泥	t		
	设计	实际	设计		实际			主要技术经济指标				
收尾工程	工程内容		投资额		完成时间							

（3）大、中型建设项目竣工财务决算表（表9-3）。该表反映竣工的大、中型建设项目从开工到竣工全部资金来源和资金运用的情况，它是考核和分析投资效果、落实结余资金，并作为报告上级核销基本建设支出和基本建设拨款的依据。在编制该表前，应先编制出项目竣工年度财务决算，根据编制出的竣工年度财务决算和历年财务决算编制项目的竣工财务决算。此表采用平衡表形式，即资金来源合计等于资金支出合计。

表 9-3　大、中型建设项目竣工财务决算表　　　　　　　　　　　　　　元

资金来源	金额	资金占用	金额	补充资料
一、基建拨款		一、基本建设支出		1. 基建投资借款期末余额
1. 预算拨款		1. 交付使用资产		
2. 基建基金拨款		2. 在建工程		2. 应收生产单位投资借款期末余额
3. 进口设备转账拨款		3. 待核销基建支出		
4. 器材转账拨款		4. 非经营项目转出投资		3. 基建结余资金
5. 煤代油专用基金拨款		二、应收生产单位投资借款		
6. 自筹资金拨款		三、拨款所属投资借款		
7. 其他拨款		四、器材		
二、项目资本金		其中：待处理器材损失		
1. 国家资本		五、货币资金		
2. 法人资本		六、预付及应收款		
3. 个人资本		七、有价证券		
三、项目资本公积金		八、固定资产		
四、基建借款		固定资产原值		
五、上级拨入投资借款		减：累计折旧		
六、企业债券资金		固定资产净值		
七、待冲基建支出		固定资产清理		
八、应付款		待处理固定资产损失		
九、未交款				
1. 未交税金				
2. 未交基建收入				
3. 未交基建包干结余				
4. 其他未交款				
十、上级拨入资金				
十一、留成收入				
合　　计		合　　计		

（4）大、中型建设项目交付使用资产总表（表 9-4）。该表反映建设项目建成后新增固定资产、流动资产、无形资产和其他资产价值的情况和价值，作为财产交接、检查投资计划完成情况和分析投资效果的依据。小型项目不编制"交付使用资产总表"，直接编制"交付使用资产明细表"；大、中型项目在编制"交付使用资产总表"的同时，还需编制"交付使用资产明细表"。

表 9-4　大、中型建设项目交付使用资产总表　　　　　　　　　　　　　元

单项工程项目名称	总计	固定资产					流动资产	无形资产	其他资产
		建筑工程	安装工程	设备	其他	合计			

支付单位盖章　　年　月　日　　　　　　　　　　接收单位盖章　　年　月　日

(5)建设项目交付使用资产明细表(表9-5)。该表反映交付使用的固定资产、流动资产、无形资产和其他资产及其价值的明细情况,是办理资产交接的依据和接收单位登记资产账目的依据,也是使用单位建立资产明细账和登记新增资产价值的依据。大、中型和小型建设项目均需编制此表。编制时要做到齐全完整、数字准确,各栏目价值应与会计账目中相应科目的数据保持一致。

表 9-5　建设项目交付使用资产明细表

单位工程项目名称	建筑工程			设备、工具、器具、家具					流动资产		无形资产		其他资产	
	结构	面积/m²	价值/元	规格型号	单位	数量	价值/元	设备安装费/元	名称	价值/元	名称	价值/元	名称	价值/元
合计														

支付单位盖章　　年　月　日　　　　　　　　　　　　接收单位盖章　　年　月　日

(6)小型建设项目竣工财务决算总表(表9-6)。由于小型建设项目内容比较简单,因此,可将工程概况与财务情况合并编制一张"竣工财务决算总表",该表主要反映小型建设项目的全部工程和财务情况。

表 9-6　小型建设项目竣工财务决算总表

建设项目名称			建设地址			资金来源		资金运用	
初步设计概算批准文号						项　目	金额/元	项　目	金额/元
						一、基建拨款 其中:预算拨款		一、交付使用资产	
占地面积	计划	实际	总投资/万元	计划		实际		二、待核销基建支出	
				固定资产	流动资金	固定资产	流动资金		
						二、项目资本		三、非经营项目转出投资	
						三、项目资本公积金			
新增生产能力	能力(效益)名称	设计	实际			四、基建借款		四、应收生产单位投资借款	
						五、上级拨入借款			
建设起止时间	计划		从　年　月开工 至　年　月竣工			六、企业债券资金		五、拨付所属投资借款	
	实际		从　年　月开工 至　年　月竣工			七、待冲基建支出		六、器材	

项目	概算/元	实际/元	八、应付款		七、货币资金	
基建支出　建筑安装工程			九、未付款 其中：未交基建收入 　　　未交包干收入		八、预付及应收款	
设备、工具、器具					九、有价证券	
待摊投资 　　　　　其中：建设单位管理费					十、原有固定资产	
			十、上级拨入资金			
其他投资			十一、留成收入			
待核销基建支出						
非经营性项目转出投资						
合　　计			合　　计		合　　计	

3. 竣工工程平面示意图

建设工程竣工工程平面示意图是真实地记录各种地上、地下建筑物、构筑物等情况的技术文件，是工程进行交工验收、维护改建和扩建的依据，是国家的重要技术档案。国家规定：各项新建、扩建、改建的基本建设工程，特别是基础、地下建筑、管线、结构、井巷、桥梁、隧道、港口、水坝以及设备安装等隐蔽部位，都要编制竣工图。为确保竣工图质量，必须在施工过程中（不能在竣工后）及时做好隐蔽工程检查记录，整理好设计变更文件。其具体要求有：

(1)凡按图竣工没有变动的，由施工单位(包括总包和分包施工单位，下同)在原施工图上加盖"竣工图"标志后，即作为竣工图。

(2)凡在施工过程中，虽有一般性设计变更，但能将原施工图加以修改补充作为竣工图的，可不重新绘制，由施工单位负责在原施工图(必须是新蓝图)上注明修改的部分，并附以设计变更通知单和施工说明，加盖"竣工图"标志后，作为竣工图。

(3)凡结构形式改变、施工工艺改变、平面布置改变、项目改变以及有其他重大改变，不宜再在原施工图上修改、补充时，应重新绘制改变后的竣工图。由原设计原因造成的，由设计单位负责重新绘制；由施工原因造成的，由施工单位负责重新绘图；由其他原因造成的，由建设单位自行绘制或委托设计单位绘制。施工单位负责在新图上加盖"竣工图"标志，并附以有关记录和说明，作为竣工图。

(4)为了满足竣工验收和竣工决算需要，还应绘制反映竣工工程全部内容的工程设计平面示意图。

4. 工程造价比较分析

工程造价比较分析是指对控制工程造价所采取的措施、效果及其动态的变化进行认真的比较对比，总结经验教训。批准的概算是考核建设工程造价的依据。在分析时，可先对比整个项目的总概算，然后将建筑安装工程费、设备工器具费和其他工程费用逐一与竣工决算表中所提供的实际数据和相关资料及批准的概算、预算指标及实际的工程造价进行对比分析，以确定竣工项目总造价是节约还是超支，并在对比的基础上，总结先进经验，找出节约和超支的内容和原因，提出改进措施。在实际工作中，应主要分析以下内容：

(1)主要实物工程量。对于实物工程量出入比较大的情况，必须查明原因。

(2)主要材料消耗量。考核主要材料消耗量，要按照竣工决算表中所列明的三大材料实际超概算的消耗量，查明是在工程的哪个环节超出量最大，再进一步查明超耗的原因。

(3)考核建设单位管理费、建筑及安装工程措施项目费、企业管理费和规费的取费标准。建设单位管理费、建筑及安装工程措施项目费、企业管理费和规费的取费标准要按照国家和各地的有关规定，根据竣工决算报表中所列的建设单位管理费与概预算所列的建设单位管理费数额进行比较，依据规定查明多列或少列的费用项目，确定其节约超支的数额，并查明原因。

本 章 小 结

工程结算与竣工决算是工程项目承包中一项十分重要的工作，不仅是反映工程进度的主要依据，而且也成为考核经济效益的重要指标和加速资金周转的重要环节。因此，工程结算与竣工决算在工程造价中起到了相当重要的作用，应重点掌握工程结算、竣工决算的编制与审查工作。

思 考 与 练 习

一、是非题

1. 工程结算应按准备、编制和定稿三个工作阶段进行，并实行编制人、校对人和审核人分别署名盖章确认的编审签署制度。　　　　　　　　　　　　　　　　（　　）

2. 工程结算文件提交时，受委托人应当同时提供与工程结算相关的附件。　（　　）

3. 工程结算编制时，采用总价合同的，应按照经发承包双方在施工合同中约定的方法对合同价款进行调整。　　　　　　　　　　　　　　　　　　　　　（　　）

4. 独立性的措施项目，应充分体现其竞争性，一般应固定不变。　　　　（　　）

5. 采用工程量清单方式计价的工程，一般采用总价合同，应按工程量清单单价法编制工程依据结算。　　　　　　　　　　　　　　　　　　　　　　　　　（　　）

二、多项选择题

1. 工程结算按工程的施工内容或完成阶段，可分为(　　)等形式进行编制。

　　A. 竣工结算　　　　　　　　　　　B. 分阶段结算

　　C. 合同终止结算　　　　　　　　　D. 专业分包结算

2. 施工合同类型按计价方式可分为(　　)。

　　A. 总价合同　　　　　　　　　　　B. 成本合同

　　C. 单价合同　　　　　　　　　　　D. 成本加酬金合同

3. 有关工程结算编制措施项目费时的方法描述正确的有( )。

    A. 与分布项实体相关的措施项目，应随该分布分项工程的实体工程量的变化，依据双方确定的工程量、合同约定的综合单价进行结算

    B. 独立性的措施项目，应充分体现其竞争性，应固定不变

    C. 与整个建设项目相关的综合取定的措施项目费用，可按照投标时的取费基数及费率基数及费率进行结算

    D. 以上都对

4. 工程结算编制的内容包括( )。

    A. 工程概况　　　　　　　　　　　B. 编制依据

    C. 编制范围　　　　　　　　　　　D. 有关材料、设备参数和费用说明

5. 工程咨询服务合同应遵守的原则( )。

    A. 平等　　　　　　　　　　　　　B. 自愿

    C. 公平　　　　　　　　　　　　　D. 公正

三、简答题

1. 什么是工程结算？工程结算的意义是什么？

2. 我国现行的工程价款结算主要有哪些方式？

3. 试述工程结算编制的程序和方法。

4. 工程结算审查的方法有哪些？

5. 什么是竣工决算？竣工决算的作用是什么？

6. 试述竣工决算的编制步骤和方法。

第十章　工程量清单及其计价

1. 初步具备编制工程量清单的能力。
2. 能进行工程量清单投标报价的计算。

了解工程量计价的意义与计价过程，熟悉工程量清单计价与传统定额预算计价的差别，掌握工程量清单及清单计价的编制。

第一节　建筑装饰工程量清单概述

我国工程造价计价依据包括概、预算定额，预算价格，费用定额以及有关计价办法、规定等，是在 20 世纪 50 年代初期，为适应当时的基本建设管理体制而建立起来并在长期的工程实践中日趋完善的，对合理确定和有效控制工程造价曾起到了积极作用。随着我国建筑市场的快速发展，招标投标制、合同制的逐步推行，以及加入世界贸易组织与国际接轨等要求，经原建设部批准颁布，我国于 2003 年 2 月 17 日开始实施《建设工程工程量清单计价规范》(GB 50500—2003)，时过 10 年，住房和城乡建设部发布了《建设工程工程量清单计价规范》(GB 50500—2013)(以下简称《13 计价规范》)，该规范是在《建设工程工程量清单计价规范》(GB 50500—2008)(以下简称《08 计价规范》)基础上，以原建设部发布的工程基础定额、消耗量定额、预算定额以及各省、自治区、直辖市或行业建设主管部门发布的工程计价定额为参考，以工程计价相关的国家或行业的技术标准、规范、规程为依据，收集近年来新的施工技术、工艺和新材料的项目资料，经过整理，在全国广泛征求意见后编制而成。

《13 计价规范》适用于建设工程发承包及实施阶段的招标工程量清单、招标控制价、投标报价的编制，工程合同价款的约定，竣工结算的办理以及施工过程中的工程计量、合同价款支付、施工索赔与现场签证、合同价款调整和合同价款争议的解决等计价活动。

《13 计价规范》规定："建设工程发承包及实施阶段的工程造价应由分部分项工程费、措施项目费、其他项目费、规费和税金组成。"这说明了不论采用什么计价方式，建设工程发承包及实施阶段的工程造价均由这五部分组成，这五部分也称为建筑安装工程费。

一、工程量清单计价的意义

1. 装饰工程量清单是装饰工程造价确定的依据

(1)装饰工程量清单是编制招标控制价的依据。实行工程量清单计价的建设工程，其招标控制价的编制应根据《13 计价规范》的有关要求、施工现场的实际情况、合理的施工方法等进行编制。

（2）工程量清单是确定投标报价的依据。投标报价应根据招标文件中的工程量清单和有关要求、施工现场实际情况及拟定的施工方案或施工组织设计，依据企业定额和市场价格信息，或参照建设行政主管部门发布的社会平均消耗量定额进行编制。

（3）工程量清单是评标、定标的依据。工程量清单是招标、投标的重要组成部分和依据，因此，它也是评标委员会在对标书的评审中参考的重要依据。

（4）工程量清单是甲、乙双方确定工程合同价款的依据。

2. 装饰工程量清单是装饰工程造价控制的依据

（1）装饰工程量清单是计算装饰工程变更价款和追加合同价款的依据。在工程施工中，因设计变更或追加工程影响工程造价时，合同双方应根据工程量清单和合同其他约定调整合同价格。

（2）装饰工程量清单是支付装饰工程进度款和竣工结算的依据。在施工过程中，发包人应按照合同约定和施工进度支付工程款，依据已完项目工程量和相应单价计算工程进度款。工程竣工验收通过后，承包人应依据工程量清单的约定及其他资料办理竣工结算。

（3）装饰工程量清单是装饰工程索赔的依据。在合同的履行过程中，对于并非自己的过错，而是由对方过错造成的实际损失，合同一方可向对方提出经济补偿和（或）工期顺延的要求，即"索赔"。工程量清单是合同文件的组成部分，因此，它是索赔的重要依据之一。

二、工程量清单计价的过程

就我国目前的实际情况而言，工程量清单计价作为一种市场价格的形成机制，其作用主要在工程招标投标阶段。因此，工程量清单计价的操作过程可以从招标、投标和评标三个阶段来阐述。

1. 招标阶段

招标单位在工程方案、初步设计或部分施工图设计完成后，即可委托招标控制价编制单位（或招标代理单位）按照统一的工程量计算规则，再以单位工程为对象，计算并列出各分部分项工程的工程量清单，作为招标文件的组成部分发放给各投标单位。其工程量清单的粗细程度、准确程度取决于工程的设计深度及编制人员的技术水平和经验等。在分部分项工程量清单中，项目编码、项目名称、项目特征、计量单位和工程量等项目，由招标单位根据全国统一的工程量清单项目设置规则和计量规则填写。单价与合价由投标人根据自己的施工组织设计以及招标单位对工程的质量要求等因素综合评定后填写。

2. 投标阶段

投标单位接到招标文件后，首先，要对招标文件进行仔细的分析研究，对图纸进行透彻的理解。其次，要对招标文件中所列的工程量清单进行审核，审核中，要视招标单位是否允许对工程量清单所列的工程量误差进行调整来确定审核办法。如果允许调整，就要详细审核工程量清单所列的各工程项目的工程量，发现有较大误差的，应通过招标单位答疑会提出调整意见，取得招标单位同意后进行调整；如果不允许调整工程量，则不需要对工程量进行详细的审核，只对主要项目或工程量大的项目进行审核，发现这些项目有较大误差时，可以通过综合单价计价法来调整。综合单价法的优点是当工程量发生变更时，易于查对，能够反映承包商的技术能力和工程管理能力。

3. 评标阶段

在评标时可以对投标单位的最终总报价以及分项工程的综合单价的合理性进行评分。由于采用了工程量清单计价方法，所有投标单位都站在同一起跑线上，因而竞争更为公平合理，有利于实现优胜劣汰，而且在评标时应坚持倾向于合理低标价中标的原则。当然，在评标时仍然可以采用综合计分的方法，不仅考虑报价因素，而且还对投标单位的施工组织设计、企业业绩或信誉等按一定的权重分值分别进行计分，按总评分的高低确定中标单位；或者采用两阶段评标的办法，即先对投标单位的技术方案进行评价，在技术方案可行的前提下，再以投标单位的报价作为评标定标的唯一因素，这样既可以保证工程建设质量，又有利于为业主选择一个合理的、报价较低的单位中标。

三、工程量清单计价与传统定额预算计价的差别

1. 编制工程量的单位不同

传统定额预算计价法是：建设工程的工程量分别由招标单位和投标单位分别按图计算。工程量清单计价法是：工程量由招标单位统一计算或委托有工程造价咨询资质单位统一计算，"工程量清单"是招标文件的重要组成部分，各投标单位根据招标人提供的"工程量清单"，根据自身的技术装备、施工经验、企业成本、企业定额、管理水平自主填写报单价。

2. 编制工程量清单时间不同

传统的定额预算计价法是在发出招标文件后编制（招标与投标人同时编制或投标人编制在前，招标人编制在后）。工程量清单报价法必须在发出招标文件前编制。

3. 表现形式不同

采用传统的定额预算计价法一般是总价形式。工程量清单报价法采用综合单价形式，综合单价包括人工费、材料费、机械使用费、管理费、利润，并考虑风险因素。工程量清单报价具有直观、单价相对固定的特点，工程量发生变化时，单价一般不做调整。

4. 编制依据不同

传统的定额预算计价法依据图纸；人工、材料、机械台班消耗量依据建设行政主管部门颁发的预算定额；人工、材料、机械台班单价依据工程造价管理部门发布的价格信息进行计算。工程量清单报价法，根据建设部第107号令《建筑工程施工发包与承包计价管理办法》规定，招标控制价的编制根据招标文件中的工程量清单和有关要求、施工现场情况、合理的施工方法以及按建设行政主管部门制定的有关工程造价计价办法编制。企业的投标报价则根据企业定额和市场价格信息，或参照建设行政主管部门发布的社会平均消耗量定额编制。

5. 费用组成不同

传统预算定额计价法的工程造价由人工费、材料费、施工机具使用费、企业管理费、利润、规费和税金组成。工程量清单计价法工程造价由分部分项工程费、措施项目费、其他项目费、规费、税金组成。包括完成每项工程包含的全部工程内容的费用；完成每项工程内容所需的费用（规费、税金除外）；工程量清单中没有体现的，施工中又必须发生的工程内容所需费用；由风险因素而增加的费用。

6. 评标所用的方法不同

传统预算定额计价法投标一般采用百分制评分法。采用工程量清单计价法投标，一般采用合理低报价中标法，既要对总价进行评分，还要对综合单价进行分析评分。

7. 项目编码不同

采用传统的预算定额计价法的项目编码，全国各省市采用不同的定额子目。采用工程量清单计价全国实行统一编码，项目编码采用 12 位阿拉伯数字表示。1～9 位为统一编码，其中，1、2 位为附录顺序码，3、4 位为专业工程顺序码，5、6 位为分部工程顺序码。7～9 位为分项工程项目名称顺序码，10～12 位为清单项目名称顺序码。前 9 位码不能变动，后 3 位码由清单编制人根据项目设置的清单项目编制。

8. 合同价调整方式不同

传统的定额预算计价法合同价调整方式有：变更签证、定额解释、政策性调整。工程量清单计价法合同价调整方式主要是索赔。工程量清单的综合单价一般通过招标中报价的形式体现，一旦中标，报价作为签订施工合同的依据相对固定下来，工程结算按承包商实际完成工程量乘以清单中相应的单价计算，减少了调整活口。采用传统的预算定额经常有定额解释及定额规定，结算中又有政策性文件调整，工程量清单计价单价不能随意调整。

9. 工程量计算时间前置

工程量清单，在招标前由招标人编制；也可能业主为了缩短建设周期，通常在初步设计完成后就开始施工招标，在不影响施工进度的前提下陆续发放施工图纸，因此，承包商据以报价的工程量清单中各项工作内容下的工程量一般为概算工程量。

10. 投标计算口径达到了统一

因为各投标单位都根据统一的工程量清单报价，达到了投标计算口径统一，不再是传统预算定额招标，各投标单位各自计算工程量，各投标单位计算的工程量均不一致。

11. 索赔事件增加

因承包商对工程量清单单价包含的工作内容一目了然，故凡建设方不按清单内容施工的，任意要求修改清单的，都会增加施工索赔的因素。

第二节　装饰工程工程量清单编制

工程量清单是表示建设工程的分部分项工程项目、措施项目、其他项目的名称和相应数量以及规费、税金项目等内容的明细清单。由招标人按照《房屋建筑与装饰工程工程量计算规范》(GB 50854—2013)附录中的编码、项目名称、计量单位和工程量计算规则进行编制。

招标工程量清单应由招标人负责编制，若招标人不具有编制工程量清单的能力，则可根据《工程造价咨询企业管理办法》(建设部第 149 号令)的规定，委托具有工程造价咨询资质的工程造价咨询人编制。

招标工程量清单必须作为招标文件的组成部分，其准确性(数量不算错)和完整性(不缺项漏项)应由招标人负责。招标人应将工程量清单连同招标文件一起发(售)给投标人。投标人依据工程量清单进行投标报价时，对工程量清单不负有核实的义务，更不具有修改和调整的权力。如招标人委托工程造价咨询人编制工程量清单，其责任仍由招标人负责。

一、分部分项工程量清单编制

分部分项工程是分部工程与分项工程的总称。分部工程是单位工程的组成部分，是按结构部位及施工特点或施工任务将单位工程划分为若干分部工程。如房屋建筑与装饰工程分为土石方工程，桩基工程，砌筑工程，混凝土及钢筋混凝土工程，门窗工程，楼地面装饰工程，天棚工程，油漆、涂料、裱糊工程等分部工程。分项工程是分部工程的组成部分，是按不同施工方法、材料、工序等将分部工程分为若干个分项或项目的工程。如天棚工程分为天棚抹灰、天棚吊顶、采光天棚、天棚其他装饰等分项工程。

分部分项工程项目清单必须载明项目编码、项目名称、项目特征、计量单位和工程量，这五个要件在分部分项工程项目清单的组成中缺一不可。

1. 项目编码的确定

项目编码是指分项工程和措施项目工程量清单项目名称的阿拉伯数字标志的顺序码。工程量清单项目编码应采用 12 位阿拉伯数字表示，1~9 位应按《房屋建筑与装饰工程工程量计算规范》(GB 50854—2013)附录规定设置，10~12 位应根据拟建工程的工程量清单项目名称设置，同一招标工程的项目编码不得有重码。各位数字的含义如下：

(1)第 1、2 位专业工程代码。房屋建筑与装饰工程为 01，仿古建筑为 02，通用安装工程为 03，市政工程为 04，园林绿化工程为 05，矿山工程为 06，构筑物工程为 07，城市轨道交通工程为 08，爆破工程为 09。

(2)第 3、4 位专业工程附录分类顺序码。在《房屋建筑与装饰工程工程量计算规范》(GB 50854—2013)附录中，房屋建筑与装饰工程共分为 17 部分，其各自专业工程附录分类顺序码分别为：附录 A 土石方工程，附录分类顺序码 01；附录 B 地基处理与边坡支护工程，附录分类顺序码 02；附录 C 桩基工程，附录分类顺序码 03；附录 D 砌筑工程，附录分类顺序码 04；附录 E 混凝土及钢筋混凝土工程，附录分类顺序码 05；附录 F 金属结构工程，附录分类顺序码 06；附录 G 木结构工程，附录分类顺序码 07；附录 H 门窗工程，附录分类顺序码 08；附录 J 屋面及防水工程，附录分类顺序码 09；附录 K 保温、隔热、防腐工程，附录分类顺序码 10；附录 L 楼地面装饰工程，附录分类顺序码 11；附录 M 墙、柱面装饰与隔断、幕墙工程，附录分类顺序码 12；附录 N 天棚工程，附录分类顺序码 13；附录 P 油漆、涂料、裱糊工程，附录分类顺序码 14；附录 Q 其他装饰工程，附录分类顺序码 15；附录 R 拆除工程，附录分类顺序码 16；附录 S 措施项目，附录分类顺序码 17。

(3)第 5、6 位分部工程顺序码。以房屋建筑与装饰工程中的天棚工程为例，在《房屋建筑与装饰工程工程量计算规范》(GB 50854—2013)附录 N 中，天棚工程共分为 4 节，其各自分部工程顺序码分别为：N.1 天棚抹灰，分部工程顺序码 01；N.2 天棚吊顶，分部工程顺序码 02；N.3 采光天棚，分部工程顺序码 03；N.4 天棚其他装饰，分部工程顺序码 04。

(4)第 7~9 位分项工程项目名称顺序码。以天棚工程中天棚吊顶为例，在《房屋建筑与装饰工程工程量计算规范》(GB 50854—2013)附录 N 中，天棚吊顶共分为 6 项，其各自分项工程项目名称顺序码分别为：吊顶天棚 001，格栅吊顶 002，吊筒吊顶 003，藤条造型悬挂吊顶 004，织物软雕吊顶 005，装饰网架吊顶 006。

(5)第 10~12 位清单项目名称顺序码。以天棚工程中吊筒吊顶为例，按《房屋建筑与装饰工程工程量计算规范》(GB 50854—2013)的有关规定，吊筒吊顶需描述的清单项目特征包括：吊筒形状、规格；吊筒材料种类；防护材料种类。清单编制人在对吊筒吊顶进行编码时，即可在全国统一9位编码011302003的基础上，根据不同的吊筒形状、规格，吊筒材料种类，防护材料种类等因素，对10～12位编码自行设置，编制出清单项目名称顺序码001、002、003、004、…

2. 项目名称的确定

分部分项工程清单的项目名称应按《房屋建筑与装饰工程工程量计算规范》(GB 50854—2013)附录的项目名称结合拟建工程的实际确定。

3. 项目特征描述

项目特征是表征构成分部分项工程项目、措施项目自身价值的本质特征，是对体现分部分项工程量清单、措施项目清单值的特有属性和本质特征的描述。分部分项工程清单的项目特征应按《房屋建筑与装饰工程工程量计算规范》(GB 50854—2013)附录中规定的项目特征，结合拟建工程项目的实际特征予以描述。

(1)项目特征描述的作用：

1)项目特征是区分清单项目的依据。工程量清单项目特征是用来表述分部分项工程量清单项目的实质内容，用于区分计价规范中同一清单条目下各个具体的清单项目。没有项目特征的准确描述，对于相同或相似的清单项目名称，就无从区分。

2)项目特征是确定综合单价的前提。由于工程量清单项目的特征决定了工程实体的实质内容，必然直接决定了工程实体的自身价值。因此，工程量清单项目特征描述得准确与否，直接关系到工程量清单项目综合单价的准确确定。

3)项目特征是履行合同义务的基础。实行工程量清单计价时，工程量清单及其综合单价是施工合同的组成部分，因此，如果工程量清单项自特征的描述不清甚至漏项、错误，导致在施工过程中更改，就会发生分歧，甚至引起纠纷。

(2)项目特征描述的要求：为达到规范、简洁、准确、全面描述项目特征的要求，在描述工程量清单项目特征时应注意以下几点：

1)涉及正确计量的内容必须描述。如010802002彩板门，当以"樘"为单位计量时，项目特征需要描述门洞口尺寸；当以"m²"为单位计量时，则门洞口尺寸描述的意义不大，可不描述。

2)涉及材质要求的内容必须描述。如油漆的品种，是调和漆还是硝基清漆等；管材的材质，是碳钢管还是塑钢管、不锈钢管等；混凝土构件混凝土的种类，是清水混凝土还是彩色混凝土，是预拌(商品)混凝土还是现场搅拌混凝土。

3)对计量计价没有实质影响的内容可以不描述；应由投标人根据施工方案确定的可以不描述；应由投标人根据当地材料和施工要求确定的可以不描述；我 应由施工措施解决的可以不描述。

4)对采用标准图集或施工图纸能够全部或部分满足项目特征描述要求的，项目特征描述可直接采用详见××图集或××图号的方式。

5)对注明由投标人根据施工现场实际自行考虑决定报价的，项目特征可不描述。

4. 计量单位的确定

分部分项工程量清单的计量单位应按《房屋建筑与装饰工程工程量计算规范》(GB

50854—2013)附录中规定的计量单位确定。规范中的计量单位均为基本单位，与定额中所采用的基本单位扩大一定的倍数不同。如质量以"t"或"kg"为单位，长度以"m"为单位，面积以"m²"为单位，体积以"m³"为单位，自然计量的以"个、件、套、组、樘"为单位。当计量单位有两个或两个以上时，应根据所编工程量清单项目的特征要求，选择最适宜表现该项目特征并方便计量的单位。例如，门窗工程有"樘"和"m²"两个计量单位，实际工作中，就应该选择最适宜、最方便计量的单位来表示。

不同的计量单位汇总后的有效位数也不同，根据《房屋建筑与装饰工程工程量计算规范》(GB 50854—2013)规定，工程计量时每一项目汇总的有效位数应遵守下列规定：

(1)以"吨"为计量单位的，应保留小数点后三位，第四位小数四舍五入。

(2)以"m³"、"m²"、"m"、"kg"为计量单位的，应保留小数点后两位，第三位小数四舍五入。

(3)以"樘"、"个"等为计量单位的，应取整数。

5. 工程数量确定

分部分项工程量清单中所列工程量应按《房屋建筑与装饰工程工程量计算规范》(GB 50854—2013)附录中规定的工程量计算规则计算。

6. 工作内容

工作内容是指为了完成分部分项工程项目或措施项目所需要发生的具体施工作业内容。"13计价规范"附录中给出的是一个清单项目所可能发生的工作内容，在确定综合单价时，需要根据清单项目特征中的要求，或根据工程具体情况，或根据常规施工方案，从中选择其具体的施工作业内容。

工作内容不同于项目特征，在清单编制时不需要描述。项目特征体现的是清单项目质量或特性的要求或标准，工作内容体现的是完成一个合格的清单项目需要具体做的施工作业，对于一项明确了分部分项工程项目或措施项目，工作内容确定了其工程成本。

如010809001木窗台板，其项目特征为：①基层材料种类；②窗台板材质、规格、颜色；③防护材料种类。工程内容为：①基层清理；②基层制作、安装；③窗台板制作、安装；④刷防护材料。通过对比可以看出，如"窗台板材质、规格、颜色"是对窗台板质量标准的要求，属于项目特征；"窗台板制作、安装"是窗台板制作、安装过程中的工艺和方法，体现的是如何做，属于工作内容。

7. 补充项目

随着工程建设中新材料、新技术、新工艺等的不断涌现，《房屋建筑与装饰工程工程量计算规范》(GB 50854—2013)附录所列的工程量清单项目不可能包含所有项目。在编制工程量清单时，当出现规范附录中未包括的清单项目时，编制人应做补充，并报省级或行业工程造价管理机构备案，省级或行业工程造价管理机构应汇总报住房和城乡建设部标准定额研究所。

工程量清单项目的补充应涵盖项目编码、项目名称、项目描述、计量单位、工程量计算规则以及包含的工作内容，按《房屋建筑与装饰工程工程量计算规范》(GB 50854—2013)附录中相同的列表方式表述。

补充项目的编码由专业工程代码(工程量计算规范代码)与B和三位阿拉伯数字组成，

并应从××B001起顺序编制，同一招标工程的项目不得重码。

二、措施项目清单编制

措施项目清单应根据拟建工程的实际情况列项。措施项目清单的编制需考虑多种因素，除工程本身的因素外，还涉及水文、气象、环境、安全等因素。由于影响措施项目设置的因素太多，计量规范不可能将施工中可能出现的措施项目一一列出。在编制措施项目清单时，因工程情况不同，出现《房屋建筑与装饰工程工程量计算规范》(GB 50854—2013)附录中未列的措施项目，可根据工程的具体情况对措施项目清单做补充。

《房屋建筑与装饰工程工程量计算规范》(GB 50854—2013)将措施项目划分为两类：一类是不能计算工程量的项目，如文明施工和安全防护、临时设施等，就以"项"计价，称为"总价项目"；另一类是可以计算工程量的项目，如脚手架、降水工程等，就以"量"计价，更有利于措施费的确定和调整，称为"单价项目"。

措施项目清单必须根据相关工程现行国家计量规范的规定编制。编制招标工程量清单时，表中的项目可根据工程实际情况进行增减。

三、其他项目清单编制

其他项目清单应按照：①暂列金额；②暂估价，包括材料暂估单价、工程设备暂估单价、专业工程暂估价；③计日工；④总承包服务费列项。出现上述未列项目，应根据工程实际情况补充。

工程建设标准的高低、工程的复杂程度、工程的工期长短、工程的组成内容、发包人对工程管理要求等都直接影响其他项目清单的具体内容，本书仅提供了四项内容作为列项参考，不足部分可根据工程的具体情况进行补充。

1. 暂列金额

暂列金额是招标人暂定并包括在合同中的一笔款项。不管采用何种合同形式，其理想的标准是，一份合同的价格就是其最终的竣工结算价格，或者至少两者应尽可能接近。我国规定对政府投资工程实行概算管理，经项目审批部门批复的设计概算是工程投资控制的刚性指标，即使商业性开发项目也有成本的预先控制问题，否则，无法相对准确地预测投资的收益和科学合理地进行投资控制。但工程建设自身的特性决定了工程的设计需要根据工程进展不断地进行优化和调整，业主需求可能会随工程建设进展而出现变化，工程建设过程还会存在一些不能预见、不能确定的因素。消化这些因素必然会影响合同价格的调整，暂列金额正是因应这类不可避免的价格调整而设立，以便达到合理确定和有效控制工程造价的目标。

暂列金额应根据工程特点按有关计价规定估算。

2. 暂估价

暂估价是指招标阶段直至签订合同协议时，招标人在招标文件中提供的用于支付必然要发生但暂时不能确定价格的材料以及专业工程的金额。暂估价类似于FIDIC合同条款中的 Prine Cost Items，在招标阶段预见肯定要发生，只是因为标准不明确或者需要由专业承包人完成，暂时无法确定价格。暂估价数量和拟用项目应当结合工程量清单中的"暂估价表"予以补充说明。

为方便合同管理，需要纳入分部分项工程项目清单综合单价中的暂估价应只是材料、工程设备费，以方便投标人组价。

专业工程的暂估价应是综合暂估价，包括除规费和税金以外的管理费、利润等。总承包招标时，专业工程设计深度往往是不够的，一般需要交由专业设计人设计，出于提高可建造性考虑，国际上惯例，一般由专业承包人负责设计，以发挥其专业技能和专业施工经验的优势。这类专业工程交由专业分包人完成是国际工程的良好实践，目前在我国工程建设领域也已经比较普遍。公开透明、合理地确定这类暂估价的实际开支金额的最佳途径就是通过施工总承包人与工程建设项目招标人共同组织招标。

暂估价中的材料、工程设备暂估单价应根据工程造价信息或参照市场价格估算，列出明细表；专业工程暂估价应分不同专业，按有关计价规定估算，列出明细表。

3. 计日工

计日工是为了解决现场发生的零星工作的计价而设立的。国际上常见的标准合同条款中，大多数都设立了计日工（Daywork）计价机制。计日工对完成零星工作所消耗的人工工时、材料数量、施工机械台班进行计量，并按照计日工表中填报的适用项目的单价进行计价支付。计日工适用的所谓零星工作一般是指合同约定之外或者因变更而产生的、工程量清单中没有相应项目的额外工作，尤其是那些时间不允许事先商定价格的额外工作。

计日工应列出项目名称、计量单位和暂估数量。

4. 总承包服务费

总承包服务费是为了解决招标人在法律、法规允许的条件下进行专业工程发包以及自行供应材料、工程设备，并需要总承包人对发包的专业工程提供协调和配合服务，对甲供材料、工程设备提供收、发和保管服务以及进行施工现场管理时发生并向总承包人支付的费用。招标人应预计该项费用，并按投标人的投标报价向投标人支付该项费用。

总承包服务费应列出服务项目及其内容等。

编制招标工程其他项目清单，应汇总"暂列金额"和"专业工程暂估价"，以提供给投标人报价。

四、规费、税金项目清单编制

1. 规费项目清单

根据住房和城乡建设部、财政部印发的《建筑安装工程费用项目组成》（建标〔2013〕44号）的规定，规费包括工程排污费、社会保险费（养老保险、失业保险、医疗保险、工伤保险、生育保险）、住房公积金。规费是政府和有关权力部门规定必须缴纳的费用，对《建筑安装工程费用项目组成》未包括的规费项目，编制人在编制规费项目清单时应根据省级政府或省级有关权力部门的规定列项。

2. 税金项目清单

根据住房和城乡建设部、财政部印发的《建筑安装工程费用项目组成》（建标〔2013〕44号）的规定，目前我国税法规定应计入建筑安装工程造价的税种包括营业税、城市建设维护税、教育费附加和地方教育附加。如国家税法发生变化，税务部门依据职权增加了税种，应对税金项目清单进行补充。

第三节　装饰工程工程量计价

一、招标控制价编制

国有资金投资的建设工程招标，招标人必须编制招标控制价。若招标人不具备编制工程量清单的能力，可委托工程造价咨询人编制。

1. 综合单价

综合单价中应包括招标文件中划分的应由投标人承担的风险范围及其费用。招标文件中没有明确的，如是工程造价咨询人编制，应提请招标人明确；如是招标人编制，应予明确。

2. 分部分项工程和措施项目中的单价项目

分部分项工程和措施项目中的单价项目应根据拟定的招标文件和招标工程量清单项目中的特征描述及有关要求确定综合单价计算：

(1)采用的工程量应是招标工程量清单提供的工程量；

(2)综合单价应按下列依据确定：

1)《13 计价规范》；

2)国家或省级、行业建设主管部门颁发的计价定额和计价办法；

3)建设工程设计文件及相关资料；

4)拟定的招标文件及招标工程量清单；

5)与建设项目相关的标准、规范、技术资料；

6)施工现场情况、工程特点及常规施工方案；

7)工程造价管理机构发布的工程造价信息，当工程造价信息没有发布时，参照市场价；

8)其他的相关资料。

(3)招标文件提供了暂估单价的材料，应按招标文件确定的暂估单价计入综合单价；

(4)综合单价应当包括招标文件中招标人要求投标人所承担的风险内容及其范围(幅度)产生的风险费用。

3. 措施项目中的总价项目

措施项目中的总价项目应根据拟定的招标文件和常规施工方案按规范的规定计价。规费和税金按规范规定计算。

4. 其他项目

其他项目应按下列规定计价：

(1)暂列金额应按招标工程量清单中列出的金额填写；暂列金额由招标人根据工程特点、工期长短，按有关计价规定进行估算确定，一般可以分部分项工程费的 $10\%\sim15\%$ 为参考。

(2)暂估价中的材料、工程设备单价应按招标工程量清单中列出的单价计入综合单价；暂估价中的材料单价应按照工程造价管理机构发布的工程造价信息或参考市场价格确定。

（3）暂估价中的专业工程金额应按招标工程量清单中列出的金额填写；暂估价中的专业工程暂估价应分不同专业，按有关计价规定估算。

（4）计日工应按招标工程量清单中列出的项目，根据工程特点和有关计价依据确定综合单价计算；招标人应根据工程特点，按照列出的计日工项目和有关计价依据计算。

（5）总承包服务费应根据招标工程量清单列出的内容和要求估算。招标人应根据招标文件中列出的内容和向总承包人提出的要求参照下列标准计算：

1）招标人仅要求对分包的专业工程进行总承包管理和协调时，按分包的专业工程估算造价的 1.5% 计算；

2）招标人要求对分包的专业工程进行总承包管理和协调并同时要求提供配合服务时，根据招标文件中列出的配合服务内容和提出的要求，按分包的专业工程估算造价的 3%～5% 计算；

3）招标人自行供应材料的，按招标人供应材料价值的 1% 计算。

5. 规费和税金

规费和税金应按国家或省级、行业建设主管部门规定的标准计算。

二、投标报价编制

投标价应由投标人或受其委托具有相应资质的工程造价咨询人编制。投标报价编制和确定的最基本特征是投标人自主报价，它是市场竞争形成价格的体现。但投标人自主决定投标报价必须由投标人或受其委托具有相应资质的工程造价咨询人编制。

1. 综合单价

综合单价中应包括招标文件中划分的应由投标人承担的风险范围及其费用，招标文件中没有明确的，应提请招标人明确。

2. 分部分项工程和措施项目中的单价项目

分部分项工程和措施项目中的单价项目，应根据招标文件和招标工程量清单项目中的特征描述确定综合单价计算。分部分项工程和措施项目中的单价项目最主要的是确定综合单价，包括：

（1）确定依据。确定分部分项工程和措施项目中的单价项目综合单价的最重要依据之一是该清单项目的特征描述，投标人投标报价时，应依据招标工程量清单项目的特征描述确定清单项目的综合单价。在招投标过程中，当出现招标工程量清单特征描述与设计图纸不符时，投标人应以招标工程量清单的项目特征描述为准，确定投标报价的综合单价。当施工中施工图纸或设计变更与招标工程量清单项目特征描述不一致时，发承包双方应按实际施工的项目特征依据合同约定重新确定综合单价。综合单价的具体确定依据如下：

1）《13 计价规范》；

2）国家或省级、行业建设主管部门颁发的计价办法；

3）企业定额，国家或省级、行业建设主管部门颁发的计价定额和计价办法；

4）招标文件、招标工程量清单及其补充通知、答疑纪要；

5）建设工程设计文件及相关资料；

6）施工现场情况、工程特点及投标时拟定的施工组织设计或施工方案；

7)与建设项目相关的标准、规范等技术资料；

8)市场价格信息或工程造价管理机构发布的工程造价信息；

9)其他的相关资料。

(2)材料、工程设备暂估价。招标工程量清单中提供了暂估单价的材料、工程设备，按暂估的单价进入综合单价。

(3)风险费用。招标文件中要求投标人承担的风险内容和范围，投标人应考虑进入综合单价。在施工过程中，当出现的风险内容及其范围(幅度)在招标文件规定的范围内时，合同价款不做调整。

3. 措施项目中的总价项目

措施项目中的总价项目金额应根据招标文件及投标时拟定的施工组织设计或施工方案，按规定自主确定。其中安全文明施工费应按规定确定。

(1)措施项目的内容应依据招标人提供的措施项目清单和投标人投标时拟定的施工组织设计或施工方案；

(2)措施项目费由投标人自主确定，但其中安全文明施工费必须按国家或省级、行业建设主管部门的规定确定。

4. 其他项目

其他项目应按下列规定报价：

(1)暂列金额应按招标工程量清单中列出的金额填写，不得变动；

(2)暂估价不得变动和更改；材料、工程设备暂估价应按招标工程量清单中列出的单价计入综合单价；专业工程暂估价应按招标工程量清单中列出的金额填写；

(3)计日工应按招标工程量清单中列出的项目和数量，自主确定综合单价并计算计日工金额；

(4)总承包服务费应依据招标人在招标文件中列出的分包专业工程内容和供应材料、设备情况，按照招标人提出协调、配合与服务要求和施工现场管理需要自主确定。

5. 规费和税金

规费和税金应按《13 计价规范》规定确定。

招标工程量清单与计价表中列明的所有需要填写单价和合价的项目，投标人均应填写且只允许有一个报价。未填写单价和合价的项目，可视为此项费用已包含在已标价工程量清单中其他项目的单价和合价之中。当竣工结算时，此项目不得重新组价予以调整。

投标总价应当与分部分项工程费、措施项目费、其他项目费和规费、税金的合计金额一致。即投标人在进行工程量清单招标的投标报价时，不能进行投标总价优惠(或降价、让利)，投标人对投标报价的任何优惠(或降价、让利)均应反映在相应清单项目的综合单价中。

本 章 小 结

本章主要介绍了工程量清单计价的意义与计价过程，工程量清单计价法与定额计价法的区别，工程量清单的编制、招标控制价编制以及投标报价编制。

思考与练习

1. 什么是工程量清单？
2. 工程量清单计价的目的和意义分别是什么？
3. 工程量清单编制内容是什么？
4. 项目编码如何编制？
5. 什么是综合单价？
6. 工程量清单计价和定额计价有何区别？

附录 装饰工程工程量清单前九位全国统一编码

装饰工程工程量清单前九位全国统一编码

专业工程名称	分部工程	分项工程	
	项目名称	计量单位	项目编码
附录 H 门窗工程			
木门	木质门	1. 樘 2. m²	010801001
	木质门带套		010801002
	木质连窗门		010801003
	木质防火门		010801004
	木门框	1. 樘 2. m	010801005
	门锁安装	个 (套)	010801006
金属门	金属(塑钢)门		010802001
	彩板门		010802002
	钢质防火门		010802003
	防盗门		010802004
金属卷帘(闸)门	金属卷帘(闸)门		010803001
	防火卷帘(闸)门		010803002
厂库房大门、特种门	木板大门		010804001
	钢木大门		010804002
	全钢板大门		010804003
	防护铁丝门	1. 樘 2. m²	010804004
	金属格栅门		010804005
	钢制花饰大门		010804006
	特种门		010804007
其他门	电子感应门		010805001
	旋转门		010805002
	电子对讲门		010805003
	电动伸缩门		010805004
	全玻自由门		010805005
	镜面不锈钢饰面门		010805006
	复合材料门		010805007

专业工程名称	分部工程	分项工程	
	项目名称	计量单位	项目编码
木窗	木质窗	1. 樘 2. m²	010806001
	木飘(凸)窗		010806002
	木橱窗		010806003
	木纱窗		010806004
金属窗	金属(塑钢、断桥)窗	1. 樘 2. m²	010807001
	金属防火窗		010807002
	金属百叶窗		010807003
	金属纱窗		010807004
	金属格栅窗		010807005
	金属(塑钢、断桥)橱窗		010807006
	金属(塑钢、断桥)飘(凸)窗		010807007
	彩板窗		010807008
	复合材料窗		010807009
门窗套	木门窗套	1. 樘 2. m² 3. m	010808001
	木筒子板		010808002
	饰面夹板筒子板		010808003
	金属门窗套		010808004
	石材门窗套		010808005
	门窗木贴脸	1. 樘 2. m	010808006
	成品木门窗套	1. 樘 2. m² 3. m	010808007
窗台板	木窗台板	m²	010809001
	铝塑窗台板		010809002
	金属窗台板		010809003
	石材窗台板		010809004
窗帘、窗帘盒、轨	窗帘	1. m 2. m²	010810001
	木窗帘盒	m	010810002
	饰面夹板、塑料窗帘盒		010810003
	铝合金窗帘盒		010810004
	窗帘轨		010810005

专业工程名称	分部工程	分项工程	
	项目名称	计量单位	项目编码
附录L 楼地面装饰工程			
整体面层 及找平层	水泥砂浆楼地面	m²	011101001
	现浇水磨石楼地面		011101002
	细石混凝土楼地面		011101003
	菱苦土楼地面		011101004
	自流坪楼地面		011101005
	平面砂浆找平层		011101006
块料面层	石材楼地面		011102001
	碎石材楼地面		011102002
	块料楼地面		011102003
橡塑面层	橡胶板楼地面	m²	011103001
	橡胶板卷材楼地面		011103002
	塑料板楼地面		011103003
	塑料卷材楼地面		011103004
其他材料面层	地毯楼地面		011104001
	竹、木(复合)地板		011104002
	金属复合地板		011104003
	防静电活动地板		011104004
踢脚线	水泥砂浆踢脚线	1. m² 2. m	011105001
	石材踢脚线		011105002
	块料踢脚线		011105003
	塑料板踢脚线		011105004
	木质踢脚线		011105005
	金属踢脚线		011105006
	防静电踢脚线		011105007
楼梯面层	石材楼梯面层	m²	011106001
	块料楼梯面层		011106002
	拼碎块料面层		011106003
	水泥砂浆楼梯面层		011106004
	现浇水磨石楼梯面层		011106005
	地毯楼梯面层		011106006
	木板楼梯面层		011106007
	橡胶板楼梯面层		011106008
	塑料板楼梯面层		011106009

专业工程名称	分部工程	分项工程		
	项目名称	计量单位	项目编码	
台阶装饰	石材台阶面	m²	011107001	
	块料台阶面		011107002	
	拼碎块料台阶面		011107003	
	水泥砂浆台阶面		011107004	
	现浇水磨石台阶面		011107005	
	剁假石台阶面		011107006	
附录 M　墙、柱面装饰与隔断、幕墙工程				
墙面抹灰	墙面一般抹灰	m²	011201001	
	墙面装饰抹灰		011201002	
	墙面勾缝		011201003	
	立面砂浆找平层		011201004	
柱(梁)面抹灰	柱、梁面一般抹灰		011202001	
	柱、梁面装饰抹灰		011202002	
	柱、梁面砂浆找平		011202003	
	柱面勾缝		011202004	
零星抹灰	零星项目一般抹灰		011203001	
	零星项目装饰抹灰		011203002	
	零星项目砂浆找平		011203003	
墙面块料面层	石材墙面		011204001	
	碎拼石材墙面		011204002	
	块料墙面		011204003	
	干挂石材钢骨架	t	011204004	
柱(梁)面镶贴块料	石材柱面		011205001	
	块料柱面		011205002	
	拼碎块柱面		011205003	
	石材梁面		011205004	
	块料梁面		011205005	
镶贴零星块料	石材零星项目	m²	011206001	
	块料零星项目		011206002	
	拼碎块零星项目		011206003	
墙饰面	墙面装饰板		011207001	
	墙面装饰浮雕		011207002	
柱(梁)饰面	柱(梁)面装饰		011208001	
	成品装饰柱	1. 根 2. m	011208002	

专业工程名称	分部工程	分项工程		
	项目名称	计量单位	项目编码
幕墙工程	带骨架幕墙	m²	011209001
	全玻(无框玻璃)幕墙		011209002
隔断	木隔断	m²	011210001
	金属隔断		011210002
	玻璃隔断		011210003
	塑料隔断		011210004
	成品隔断	1. m² 2. 间	011210005
	其他隔断	m²	011210006
附录 N　天棚工程工程量清单计价			
天棚抹灰	天棚抹灰		011301001
天棚吊顶	吊顶天棚		011302001
	格栅吊顶		011302002
	吊筒吊顶		011302003
	藤条造型悬挂吊顶	m²	011302004
	织物软雕吊顶		011302005
	装饰网架吊顶		011302006
采光天棚	采光天棚		011303001
天棚其他装饰	灯带(槽)		011304001
	送风口、回风口	个	011304002
附录 P　油漆、涂料、裱糊工程			
门油漆	木门油漆	1. 樘 2. m²	011401001
	金属门油漆		011401002
窗油漆	木窗油漆		011402001
	金属窗油漆		011402002
木扶手及其他板条、线条油漆	木扶手油漆	m	011403001
	窗帘盒油漆		011403002
	封檐板、顺水板油漆		011403003
	挂衣板、黑板框油漆		011403004
	挂镜线、窗帘棍、单独木线油漆		011403005
木材面油漆	木护墙、木墙裙油漆	m²	011404001
	窗台板、筒子板、盖板、门窗套、踢脚线油漆		011404002
	清水板条天棚、檐口油漆		011404003
	木方格吊顶天棚油漆		011404004

专业工程名称	分部工程	分项工程	
	项目名称	计量单位	项目编码
木材面油漆	吸声板墙面、天棚面油漆	m²	011404005
	暖气罩油漆		011404006
	其他木材面		011404007
	木间壁、木隔断油漆		011404008
	玻璃间壁露明墙筋油漆		011404009
	木栅栏、木栏杆(带扶手)油漆		011404010
	衣柜、壁柜油漆		011404011
	梁柱饰面油漆		011404012
	零星木装修油漆		011404013
	木地板油漆		011404014
	木地板烫硬蜡面		011404015
金属面油漆	金属面油漆	1. t 2. m²	011405001
抹灰面油漆	抹灰面油漆	m²	011406001
	抹灰线条油漆	m	011406002
	满刮腻子		011406003
喷刷涂料	墙面喷刷涂料	m²	011407001
	天棚喷刷涂料		011407002
	空花格、栏杆刷涂料		011407003
	线条刷涂料	m	011407004
	金属构件刷防火涂料	1. m² 2. t	011407005
	木材构件喷刷防火涂料		011407006
裱糊	墙纸裱糊	m²	011408001
	织锦缎裱糊		011408002
附录Q 其他装饰工程			
柜类、货架	柜台	1. 个 2. m 3. m³	011501001
	酒柜		011501002
	衣柜		011501003
	存包柜		011501004
	鞋柜		011501005
	书柜		011501006
	厨房壁柜		011501007
	木壁柜		011501008
	厨房低柜		011501009

专业工程名称	分部工程	分项工程	
	项目名称	计量单位	项目编码
柜类、货架	厨房吊柜	1. 个 2. m 3. m³	011501010
	矮柜		011501011
	吧台背柜		011501012
	酒吧吊柜		011501013
	酒吧台		011501014
	展台		011501015
	收银台		011501016
	试衣间		011501017
	货架		011501018
	书架		011501019
	服务台		011501020
压条、装饰线	金属装饰线	m	011502001
	木质装饰线		011502002
	石材装饰线		011502003
	石膏装饰线		011502004
	镜面玻璃线		011502005
	铝塑装饰线		011502006
	塑料装饰线		011502007
	GRC 装饰线条		011502008
暖气罩	饰面板暖气罩	m²	011504001
	塑料板暖气罩		011504002
	金属暖气罩		011504003
扶手、栏杆、栏板装饰	金属扶手、栏杆、栏板	m	011503001
	硬木扶手、栏杆、栏板		011503002
	塑料扶手、栏杆、栏板		011503003
	GRC 栏杆、扶手		011503004
	金属靠墙扶手		011503005
	硬木靠墙扶手		011503006
	塑料靠墙扶手		011503007
	玻璃栏板		011503008
暖气罩	饰面板暖气罩	m²	011504001
	塑料板暖气罩		011504002
	金属暖气罩		011504003

专业工程名称	分部工程	分项工程		
	项目名称	计量单位	项目编码	
浴厕配件	洗漱台	1. m² 2. 个	011505001	
	晒衣架		011505002	
	帘子杆	个	011505003	
	浴缸拉手		011505004	
	卫生间扶手		011505005	
	毛巾杆（架）	套	011505006	
	毛巾环	副	011505007	
	卫生纸盒	个	011505008	
	肥皂盒		011505009	
	镜面玻璃	m²	011505010	
	镜箱	个	011505011	
雨篷、旗杆	雨篷吊挂饰面	m²	011506001	
	金属旗杆	根	011506002	
	玻璃雨篷	m²	011506003	
招牌、灯箱	平面、箱式招牌		011507001	
	竖式标箱	个	011507002	
	灯箱		011507003	
	信报箱		011507004	
美术字	泡沫塑料字	个	011508001	
	有机玻璃字		011508002	
	木质字		011508003	
	金属字		011508004	
	吸塑字		011508005	
附录 R　拆除工程				
砖砌体拆除	砖砌体拆除	1. m³ 2. m	011601001	
混凝土及钢筋 混凝土构件拆除	混凝土构件拆除	1. m³ 2. m² 3. m	011602001	
	钢筋混凝土构件拆除		011602002	
木构件拆除	木构件拆除		011603001	
抹灰层拆除	平面抹灰层拆除	m²	011604001	
	立面抹灰层拆除		011604002	
	天棚抹灰面拆除		011604003	
块料面层拆除	平面块料拆除		011605001	
	立面块料拆除		011605002	

专业工程名称	分部工程	分项工程		
	项目名称	计量单位	项目编码	
龙骨及饰面拆除	楼地面龙骨及饰面拆除	m²	011606001	
	墙柱面龙骨及饰面拆除		011606002	
	天棚面龙骨及饰面拆除		011606003	
屋面拆除	刚性层拆除		011607001	
	防水层拆除		011607002	
铲除油漆涂料裱糊面	铲除油漆面	1. m² 2. m	011608001	
	铲除涂料面		011608002	
	铲除裱糊面		011608003	
栏杆栏板、轻质 隔断隔墙拆除	栏杆、栏板拆除	m²	011609001	
	隔断隔墙拆除		011609002	
门窗拆除	木门窗拆除	1. m² 2. 樘	011610001	
	金属门窗拆除		011610002	
金属构件拆除	钢梁拆除	1. t 2. m	011611001	
	钢柱拆除		011611002	
	钢网架拆除	t	011611003	
	钢支撑、钢墙架拆除	1. t 2. m	011611004	
	其他金属构件拆除		011611005	
管道及卫生洁具拆除	管道拆除	m	011612001	
	卫生洁具拆除	1. 套 2. 个	011612002	
灯具、玻璃拆除	灯具拆除	套	011613001	
	玻璃拆除	m²	011613002	
其他构件拆除	暖气罩拆除	1. 个 2. m	011614001	
	柜体拆除		011614002	
	窗台板拆除	1. 块 2. m	011614003	
	筒子板拆除		011614004	
	窗帘盒拆除	m	011614005	
	窗帘轨拆除		011614006	
开孔(打洞)	开孔(打洞)	个	011615001	
附录 S 措施项目				
脚手架工程	综合脚手架	m²	011701001	
	外脚手架		011701002	
	里脚手架		011701003	
	悬空脚手架		011701004	
	挑脚手架	m	011701005	

专业工程名称	分部工程	分项工程	
	项目名称	计量单位	项目编码
脚手架工程	满堂脚手架		011701006
	整体提升架		011701007
	外装饰吊篮		011701008
混凝土模板及支架	基础		011702001
	矩形柱		011702002
	构造柱		011702003
	异形柱		011702004
	基础梁		011702005
	矩形梁		011702006
	异形梁		011702007
	圈梁		011702008
	过梁		011702009
	弧形、拱形梁		011702010
	直形墙		011702011
	弧形墙		011702012
	短肢剪力墙、电梯井壁		011702013
	有梁板		011702014
	无梁板	m²	011702015
	平板		011702016
	拱板		011702017
	薄壳板		011702018
	空心板		011702019
	其他板		011702020
	栏板		011702021
	天沟、檐沟		011702022
	雨篷、悬挑板、阳台板		011702023
	楼梯		011702024
	其他现浇构件		011702025
	电缆沟、地沟		011702026
	台阶		011702027
	扶手		011702028
	散水		011702029
	后浇带		011702030
	化粪池		011702031
	检查井		011702032

专业工程名称	分部工程	分项工程		
	项目名称	计量单位		项目编码
垂直运输	垂直运输	1. m² 2. 天		011703001
超高施工增加	超高施工增加	m²		011704001
大型机械设备进出场及安拆	大型机械设备进出场及安拆	台次		011705001
施工排水、降水	成井	m		011706001
	排水、降水	昼夜		011706002
安全文明施工及 其他措施项目	安全文明施工	—		011707001
	夜间施工			011707002
	非夜间施工照明			011707003
	二次搬运			011707004
	冬雨期施工			011707005
	地上、地下设施、建筑物 的临时保护设施			011707006
				011707007
	已完工程及设备保护			

参 考 文 献

[1] 中华人民共和国国家标准.GB 50500—2013 建设工程工程量清单计价规范[S].北京：中国计划出版社，2013.

[2]《建设工程工程量清单计价规范》规范编制组.《2013 建设工程计价计量规范辅导》[M].北京：中国计划出版社，2013.

[3] 中华人民共和国国家标准.GB 50854—2013 房屋建筑与装饰工程工程量计算规范[S].北京：中国计划出版社，2013.

[4] 中华人民共和国建设部.GJD—101—1995 全国统一建筑工程基础定额（土建）[S].北京：中国计划出版社，1995.

[5] 中华人民共和国建设部.GYD—901—2002 全国统一建筑装饰装修工程消耗量定额[S].北京：中国建筑工业出版社，2002.

[6] 王春宁.建筑工程概预算[M].哈尔滨：黑龙江科学技术出版社，2000.

[7] 王志儒.怎样编制建筑装饰工程概预算[M].北京：中国建筑工业出版社，1994.

[8] 许炳权.装饰装修工程概预算[M].北京：中国建筑工业出版社，2003.